普通高等教育电气工程与自动化（应用型）系列教材

电力系统分析
第 2 版

主　编　朱一纶
参　编　吴　彪　吴岱曦

机械工业出版社

本书针对应用型本科学生的特点编写，介绍了电力系统的稳态分析方法、电力系统的故障分析方法和电力系统的稳定性分析计算，强调基本概念、基本理论和基本技能，注重分析问题、解决问题方法的培养和训练，并介绍了计算机在电力系统分析中的应用。

本书共分为九章，分别为：电力系统概述、电力系统元件等效电路和参数、简单电力系统潮流分析、复杂电力系统潮流计算、电力系统功率平衡与控制、电力系统三相短路故障分析、电力系统不对称运行分析方法、电力系统不对称故障分析、电力系统稳定性分析。

本书的另一个特点是为每章配备了选择、填空、简答和计算四类习题，便于教师课堂检查和学生课后复习。

本书可作为高等院校电气工程及其自动化专业学生用书，也可供从事电力系统运行、设计和研究的广大工程技术人员参考。

图书在版编目（CIP）数据

电力系统分析/朱一纶主编. —2 版. —北京：机械工业出版社，2018.2（2024.1 重印）

普通高等教育电气工程与自动化（应用型）系列教材

ISBN 978-7-111-59279-2

Ⅰ. ①电…　Ⅱ. ①朱…　Ⅲ. ①电力系统-系统分析-高等学校-教材

Ⅳ. ①TM711

中国版本图书馆 CIP 数据核字（2018）第 036145 号

机械工业出版社（北京市百万庄大街 22 号　邮政编码 100037）
策划编辑：王雅新　责任编辑：王雅新　王小东
责任校对：佟瑞鑫　封面设计：张　静
责任印制：邓　博
三河市航远印刷有限公司印刷
2024 年 1 月第 2 版第 10 次印刷
184mm×260mm · 15 印张 · 363 千字
标准书号：ISBN 978-7-111-59279-2
定价：36.00 元

电话服务　　　　　　　　　网络服务
客服电话：010-88361066　　机 工 官 网：www.cmpbook.com
　　　　　010-88379833　　机 工 官 博：weibo.com/cmp1952
　　　　　010-68326294　　金 书 网：www.golden-book.com
封底无防伪标均为盗版　机工教育服务网：www.cmpedu.com

前 言

　　电力系统分析是电气工程及其自动化专业的专业核心课程，通过电力系统分析课程的学习，学生了解电力系统的构成、电力系统的分析计算方法、电力系统常见的故障及其处理方法、电力系统的稳定性判断方法，为将来从事电力生产行业、电力设备制造行业、电能输送行业等打下必要的基础。本书针对应用型本科学生的特点编写，介绍了电力系统的稳态分析方法、电力系统的故障分析方法和电力系统的稳定性分析方法，强调基本概念、基本理论和基本技能，注重分析问题、解决问题方法的培养和训练，并介绍了计算机在电力系统分析中的应用。

　　本书共分为九章，分别为：电力系统概述、电力系统元件等效电路和参数、简单电力系统潮流分析、复杂电力系统潮流计算、电力系统功率平衡与控制、电力系统三相短路故障分析、电力系统不对称运行分析方法、电力系统不对称故障分析、电力系统稳定性分析。

　　本书编者结合自己在教学中的体会，在编写过程中力求深入浅出，条理清楚，层次分明，理论与实际应用相结合，结合概念和分析方法列举了大量的例题，并为每章配备了选择、填空、简答和计算四类习题，便于教师课堂检查和学生课后复习。

　　本书可作为高等院校电气工程及其自动化专业学生用书，也可供从事电力系统运行、设计和研究的广大工程技术人员参考。

　　本书第 1 版出版后，被很多学校选为教材，也有很多老师与编者通信，指出了教材中的一些不足之处，在此基础上，编者进行了较全面的修订，对书中所有的习题和例题进行校核，南京金陵科技学院的吴彪、吴岱曦老师参加了部分编写工作。

　　由于编者水平有限，书中如有不妥之处，敬请读者批评指正。

　　编者的电子邮箱：zhuyilun2002@163.com

编　者

目　　录

第1章

电力系统概述

电能是现代社会中最主要、最方便的能源，因为电能具有传输方便、易于转换成其他能量等优点，被极其广泛地应用于各行各业，可以说没有电力工业就没有国民经济的现代化。电力系统就是指由生产、输送、分配、使用电能的设备以及测量、继电保护、控制装置乃至能量管理系统所组成的统一整体。

1.1 电力系统基本概念

1.1.1 电力系统的组成

电力系统（Power System）由三部分组成（如图 1-1 所示）：发电机（电源）、负荷（用电设备）以及电力网（连接发电机和负荷的设备，如变压器、电力线路等）。这三部分都带有相应的监测、保护设备。如果考虑结合发电厂的动力设备，如火力发电厂的锅炉、汽轮机等，水力发电厂的水库和水轮机等，核电站的反应堆等，则统称为动力系统，见表 1-1。本书重点讨论电力系统运行状况及其分析计算的基本原理和方法。

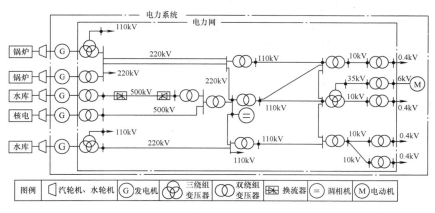

图 1-1 电力系统和电力网示意图

表 1-1 动力系统、电力系统、电力网关系

动力系统	动力部分	动力设备——锅炉,汽轮机,水轮机等
	电力系统	发电机——汽轮发电机,水力发电机等
		电力网——传输线,变压设备,无功功率补偿设备等
		综合负荷——电动机,照明,加热设备等

必须指出的是，目前电力系统中所用到的大部分设备是三相交流设备，它们的参数是三相对称的，所构成的电力系统主要为三相对称的正弦交流电系统，这也是本书讨论的范围。一般情况下一组（三相）电力线可以用单线图表示，线电压、线电流、三相复功率为其主要参数。

1.1.2 电力系统的运行特点

与工业生产的其他行业相比较，电力系统的运行有三个特点：

（1）电能与国民经济各部门以及人民的生活关系密切　电能是最方便的能源，容易进行大量生产、远距离传输和控制，容易转换成其他能量，在工业及民用中应用非常广泛，如果电力系统不能正常运行，会对国民经济和人民生活造成不可估量的损失。

（2）电能不能大量储存　电能的生产、输送、分配和使用实际上是同时进行的，即电力系统中每一时刻所发的总电能等于用电设备消耗的电能和电力网中电能损耗之和，即达到平衡。如果不能达到平衡，电力系统会出现各点的电压波动和频率波动，严重时波动会超出允许范围。

（3）电力系统中的暂态过程十分迅速　在电力系统中，因开关操作等引起的从一种状态到另一种状态的过渡过程只需要几微秒到几毫秒，当电力系统某处发生故障而处理不当时，只要几秒到几分钟就可能造成系统的一系列故障甚至整个电力系统的崩溃，因此电力系统中广泛采用各种控制、保护设备并要求这些设备能快速响应，这也就是电力系统暂态分析所要讨论的。

1.1.3 电力系统设计的基本要求

根据电力系统的这些运行特点，在设计电力系统时就有了以下 4 个基本要求：

（1）提高电力系统供电的安全可靠性　电力系统供电的安全可靠性主要体现在三个方面：一是保证一定的备用容量，电力系统中的发电设备容量，除满足用电负荷容量外，要留有一定的负荷备用、事故备用和检修备用。二是电网的结构要合理，例如高压输电网一般都采用环形网络，使得即使其中某一线路因故退出运行时，各变电站仍可以继续供电。并要求所采用的设备安全可靠，在发生故障时能及时动作。三是加强对电力系统运行的监控，对电力系统在不同的运行方式下各节点的电网参数进行分析计算（电力系统稳态分析的任务）并及时采取各种措施保证电力系统稳定运行。

（2）保证电能质量　电力系统中描述电能质量最基本的指标是频率和电压。

在同一个电力系统中，一般情况下认为各点的电压频率是一致的，各发电机的转子角速度等于电力系统的电压角频率，称为发电机同步并列运行。我国规定电力系统的额定频率为 50Hz，电力系统正常运行条件下频率偏差限值为 ±0.2Hz，在电网容量比较小（装机容量小于 300 万 kW）时，允许偏差可以放宽到 ±0.5Hz。随着电力系统自动化水平的提高，频率的允许偏差范围也将逐步缩小。

在同一个电力系统中，各点的电压大小是不同的，我国一般规定各点的电压允许变化范围为该点额定电压的 ±5%。

除了这两个基本指标外，电能质量指标还有：谐波（三相电压的不对称度），电压的波动与闪变（暂时过电压和瞬态过电压）等。这些均包含在 2008 年国家颁布的 6 项电能质量的新标准中。

（3）提高电力系统运行的经济性　在电能生产过程中要尽量降低能耗，一般情况下水力发电的运行成本最低，因此要充分利用水资源进行水力发电，而火力发电厂要尽量提高发电的效率。在电力网规划设计中要考虑降低电力网在电能传输过程中的损耗，电力网运行过程要通过自动化控制使电力系统运行在最经济的状态。

（4）关注环境保护问题　目前，环境保护问题也越来越受到人们的关注，在当代提倡"绿色能源，低碳能源"的口号下，比较环保的能源如风能、太阳能发电、潮汐发电也成为人们研究的热点，并取得了一系列的进展。

1.1.4 本课程学习内容简介

本课程介绍电力系统的基本概念和常用的分析方法，电力系统分析通常又可以分为稳态分析、暂态分析和稳定性分析三个部分。其中稳态分析是指：在电力系统运行的某一段时间内如果运行参数只在某一恒定值的平均值附近发生微小的变化，称这种状态为稳态。这时可以认为电力系统各点的运行参数为常数，通过分析求出这些参数就是稳态分析的工作。电力系统暂态是指从电力网的一种运行状态切换到另一种运行状态的过渡过程。这种运行状态的变化可以是由电力系统的实际需求变化引起的切换，也可以是由于电力系统某处发生了故障引起的。通过对电力系统可能发生的暂态过程分析，求出暂态过程中电路的参数变化，并选择相关的保护设备和措施，这就是暂态分析的工作。电力系统的稳定性分析则主要讨论电力系统在受到一定的扰动后能否继续运行以及保证电力系统稳定运行的条件。

1.2 电力系统的主要电源

电力系统的电源主要来自火力发电厂、水力发电厂（水电站）和核电站，另外还有风力发电、地热发电和太阳能发电、潮汐发电等。

1.2.1 火力发电厂

火力发电厂是将煤、石油、天然气等燃料所产生的热能，转换成汽轮机的机械能，再通过发电机转换成电能。火力发电机组又分为专供发电的凝汽式汽轮机组（占75%）及发电并兼供热的抽气式和背压式汽轮机组，后者主要建在我国的北方地区，在冬季兼有供热的任务，这类兼供热的发电厂，常称为热电厂。在我国，火力发电厂目前是电力系统中的主力军，其发电量约占电力系统总发电量的75%。但按照我国《能源发展战略行动计划》要求，到2020年，非化石能源占一次能源消费比重达到15%，天然气比重达到10%以上，煤炭消费比重控制在62%以内。

凝汽式火力发电厂的生产过程如图1-2所示。煤通过磨煤机加工成煤粉，送入锅炉燃烧，使锅炉中的水加热形成高温高压的水蒸气去推动汽轮机，汽轮机带动发电机发电。高温高压蒸汽又通过凝结器回收，预处理后（包括适当补水）再送回锅炉，如此循环。燃烧的烟灰也要经过适当处理再排放。

火力发电的特点：

1）火力发电需要消耗煤、石油等自然资源，这类资源一般需要通过铁路、船等运输，受到运输条件的限制，并增加了发电的成本。

2）火力发电过程中需要排放烟灰，因此对周围的环境造成污染，近年来对烟灰的处理

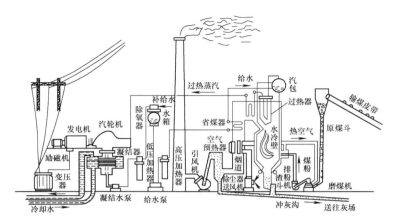

图 1-2 凝汽式火力发电厂的生产过程示意图

技术有了很大的进步，但还没能达到零排放。

3）火力发电不受自然条件的限制，比较容易调度控制。

1.2.2 水力发电厂

水力发电厂又称水电站，是利用河流的水能发电。水力发电厂的装机容量主要由发电机组的效率 η、水的落差 H 和水流量 θ 决定：$P = 9.8\eta H\theta$。根据其特点，水力发电站可以分为三类：径流式水电站、水库调节式水电站和抽水储能式发电厂。

径流式水电站主要建在水流量较大，水速比较急，但水的落差并不是很大的地区，例如我国的葛洲坝水电站。它主要是在急流的河道中建大坝，使水通过管道进入水轮机来发电，如图 1-3 所示。它的水库容量很小，发电功率主要是由河流的水流量决定。

水库调节式水电站（如图 1-4 所示）主要建在水的落差较大的地区，例如我国的三峡水电站。在长江中建大坝，利用上下游的落差进行发电，这种水电厂的水库容量较大，例如三峡水电站大坝高程 185m，蓄水高程 175m，水库长 600 余公里，总装机容量 32 台单机容量为 70 万 kW 的水电机组，可按库容的大小进行日、月、年的调节，以便有计划地使用水能。

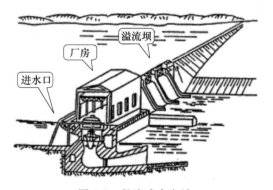

图 1-3 径流式水电站

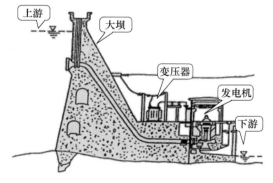

图 1-4 水库调节式水电站

抽水蓄能发电站（如图 1-5 所示）主要建在水资源不是很丰富的地区，它是一种特殊的水力发电厂。它有上、下两级水库，在深夜或负荷低谷期，电机工作在电动机状态，利用剩余电力使水轮机工作在水泵的方式，将下游的水抽在水库内，在白天或负荷高峰时电机工作在发电机状态进行发电。这种水电站主要进行调峰，保证用电高、低峰时电网的平衡，对于改善电力系统的运行条件具有很重要的意义。

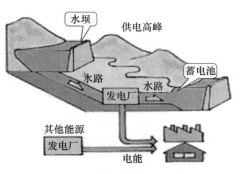

图 1-5　抽水蓄能发电站

目前我国最大的水轮发电机单机容量为 80 万 kW。

水力发电的特点：

1）水力发电不需要支付燃料费用，发电成本低，且水能是可再生资源。

2）水力发电因受水库调节性能的影响在不同程度上受到自然条件限制，水库的调节性能可分为：日调节，季调节、年调节和多年调节。水库的调节周期越长，水电厂的运行受自然条件影响越小，有调节水库的水电厂可以按调度部门的要求安排发电，但无调节水库的径流式水电站只能按实际来水流量发电。

3）水力发电机组的出力调整范围较宽，负荷增减速度相当快，机组投入和退出运行快，操作简便，无需额外的耗费。

4）水电站的建设通常是很大的工程，受到自然条件的限制，一次性（建设）投资很大。水电站会淹没大量土地，有可能导致生态环境破坏，而且一个国家的水力资源也是有限的。

5）水力枢纽往往需要考虑防洪、发电、航运、灌溉、养殖、供水和旅游等多方面的效益，因此水库的发电用水量通常要按水库的综合效益来考虑安排，不一定能同电力负荷的需要相一致。

6）水力发电不会对周围环境造成污染，是比较环保的能源。

1.2.3　核电站

自 1951 年 12 月美国实验增殖堆 1 号（EBR-1）首次利用核能发电以来，世界核电至今已有 60 多年的发展历史。核电与火电、水电一起，并称为世界三大电力支柱，目前世界核能发电约占全世界总发电量的 17%，是当今世界上大规模可持续供电的主要能源之一。

核电站又称核能发电厂或原子能发电厂，其工作原理是利用核燃料在反应堆中产生的热能，将水变为蒸汽，推动汽轮机，带动发电机发电。

目前核电技术通常分为 4 代，第一代核电站为原型堆，其目的在于验证核电设计技术和商业开发前景；第二代核电站为技术成熟的商业堆，在运行的核电站绝大部分属于第二代核电站；第三代核电站为符合 URD（美国"先进轻水堆用户要求"文件）或 EUR（"欧洲用户对轻水堆核电站的要求"文件）要求的核电站，其安全性和经济性均较第二代有所提高，属于未来发展的主要方向之一；第四代核电站强化了防止核扩散等方面的要求，目前处在原型堆技术研发阶段。

图 1-6 所示为轻水堆核反应堆的示意图。轻水堆又可分成沸水堆和压水堆，沸水堆由单水路构成，核反应堆芯与水没有分开，有可能使汽轮机等设备受到放射性污染；压水堆则采用了双回路各自独立循环，不会造成设备的放射性污染。

一般来说，核电站有以下特点：

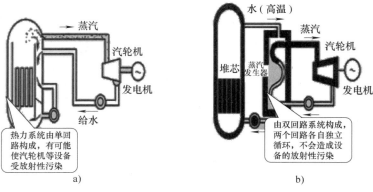

图 1-6 轻水堆核反应堆的示意图

1）核电站的建造成本比较高，但运行成本相对比较低。例如一个发电量为50万kW的火电厂，每年需要燃煤150万吨，而同样发电量的核电站，每年只需要消耗铀20吨，因此运输成本等都大大降低，发电量超过50万kW后，核电站的成本便远低于火电厂。

2）与火电厂相比，没有环境污染。火电厂在燃烧煤或油后，有烟灰排出，虽然现在已加强对烟灰的处理，但对周围的环境还是有一定的污染，而核电站建在地下，不需排放烟灰。唯一要注意的是防止核幅射污染，2011年日本福岛的核电站泄漏事故在全世界引起了震惊。只要妥善处理，可以做到对周围环境没有污染。

3）反应堆和汽轮机组投入和退出运行的都很费时，且要增加能量消耗，成本大，因此一般情况下应承担基本负荷。

4）反应堆的负荷基本没有限制，其最小技术负荷由汽轮机决定。

目前全世界共有400多座核电站，年发电量占全世界总发电量的17%。世界各国核发电量占各自总发电量的比重相差较大，其中法国核电装机量占总装机容量的78%，日本核电装机量占总装机容量的36%，美国核电装机量占总装机容量的20%，韩国核电装机量占总装机容量的42%，而在中国大陆仅占1.6%。

1.2.4 风力发电

风力发电有三种运行方式：一是独立运行方式，通常是一台小型风力发电机向一户或几户提供电力，它用蓄电池蓄能，以保证无风时的用电；二是风力发电与其他发电方式（如柴油机发电）相结合，向一个单位或一个村庄或一个海岛供电；三是风力发电并入常规电网运行，向大电网提供电力，常常是一处风电场安装几十台甚至几百台风力发电机，这是风力发电的主要发展方向。

然而，风电是一种波动性、间歇性电源，大规模并网运行会对局部电网的稳定运行造成影响。目前，世界风电发达国家都在积极开展大规模风电并网的研究。

风电场的一般的接线方式如图 1-7 所示。当前兆瓦级的风力发电机组的输出电压通常为690V，经过设置无励磁调压装置的风电集

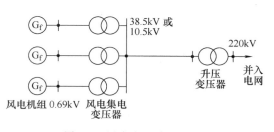

图 1-7 风力发电并入电网

电变压器将 0.69kV 升压为 10.5kV 或 38.5kV，然后经输电线输送数公里后再通过单回路接线接至设置有有载调压分接开关的双圈升压变压器升压至 220kV 或 110kV 送入超高压电网。

1.2.5 太阳能发电

照射在地球上的太阳能非常巨大，大约 40min 照射在地球上的太阳能，便足以供全球人类一年能量的消费。可以说，太阳能是真正取之不尽、用之不竭的能源。而且太阳能发电绝对干净，不产生公害。所以太阳能发电被誉为是理想的能源。

利用太阳能发电有两大类型，一类是太阳光发电（亦称太阳能光发电），另一类是太阳热发电（亦称太阳能热发电）。

太阳能光发电是将太阳能直接转变成电能的一种发电方式。它包括光伏发电、光化学发电、光感应发电和光生物发电 4 种形式。在光化学发电中有电化学光伏电池、光电解电池和光催化电池。

太阳能热发电是先将太阳能转化为热能，再将热能转化成电能，它有两种转化方式。一种是将太阳热能直接转化成电能，如半导体或金属材料的温差发电，真空器件中的热电子和热电离子发电，碱金属热电转换，以及磁流体发电等；另一种方式是将太阳热能通过热机（如汽轮机）带动发电机发电，与常规热力发电类似，只不过是其热能不是来自燃料，而是来自太阳能。

太阳能光发电，需通过太阳能电池进行光电变换来实现。图 1-8 为太阳能屋顶发电站。它同以往其他电源发电原理完全不同，具有以下特点：①无枯竭危险；②绝对干净（无公害）；③不受资源分布地域的限制；④可在用电处就近发电；⑤能源质量高；⑥使用者从感情上容易接受；⑦获取能源花费的时间短。不足之处是：①照射的能量分布密度小，即要占用巨大面积；②获得的能源同四季、昼夜及阴晴等气象条件有关。但总的说来，瑕不掩瑜，作为新能源，太阳能具有极大优点，因此受到世界各国的重视。

目前太阳能电池主要有单晶硅、多晶硅、非晶态硅（薄膜式太阳电池）等。其中单晶硅太阳能电池变换效率最高，已达 20% 以上，但价格也最贵。非晶态硅太阳能电池变换效率最低，且不够稳定，但价格最便宜。当然，特殊用途和实验室中用的太阳能电池效率要高得多，如美国波音公司开发的由砷化镓半导体同锑化镓半导体重叠而成的太阳能电池，光电变换效率可达 36%，接近燃煤发电的效率。但由于其价格昂贵，目前只能限于在卫星上使用。

要使太阳能发电真正达到实用水平，一是要提高太阳能光电变换效率并降低其成本，二是要实现太阳能发电大规模并入电网。

太阳能发电系统分为离网发电系统、并网发电系统及分布式发电系统。

1）离网发电系统主要由太阳能电池组件、控制器、蓄电池组成，如输出电源为交流 220V 或 110V，还需要配置逆变器。

2）并网发电系统就是太阳能组件产生的直流电经过并网逆变器转换成符合市电电网要求的交流

图 1-8 太阳能屋顶发电站

电之后直接接入公共电网。并网发电系统中的集中式大型并网电站一般都是国家级电站，主要特点是将所发电能直接输送到电网，由电网统一调配向用户供电。

3）分布式发电系统，又称分散式发电或分布式供能，是指在用户现场或靠近用电现场配置较小的光伏发电供电系统，以满足特定用户的需求，支持现存配电网的经济运行，或者同时满足这两个方面的要求。

1.3 电力网

电力网由变压器、电力线路、无功功率补偿设备和各种保护设备、监控设备构成，实际的电力网结构庞大、复杂，由很多子网发展、互联构成。

1.3.1 额定电压与额定频率

电力网的主要用途是传输电能，当传输的功率（单位时间传输的能量）一定时，输电的电压越高，则传输的电流越小，线路上的损耗就越小，且导线的截面积也可以相应减小，从而减少电力线路的投资。但电压越高，对绝缘的要求就越高，因此在变压器、断路器、电线杆塔等方面的投资就越大。综合考虑这些因素，每个电网都有规定的电压等级标准，称为额定电压（Rated Voltage），我国国家标准 GB/T 156—2007 规定的额定电压（线电压）如表 1-2 所示。

表 1-2　国标 GB/T 156—2007 规定的部分电力系统额定电压（线电压）

线路及用电设备额定线电压 U_N/kV	交流发电机额定线电压 U_N/kV	变压器额定线电压 U_N/kV	
		一次绕组	二次绕组
0.38			0.4
3	3.15	3 及 3.15	3.15 及 3.3
6	6.3	6 及 6.3	6.3 及 6.6
10	10.5	10 及 10.5	10.5 及 11
15	15.75	15.75	
20		20	22
35		35	37 及 38.5
110		110	121
220		220	242
330（仅西北电力网有）		330	345
500		500	525
750（仅西北电力网有）		750	788 及 825

我国规定：电力线路的额定电压和系统的额定电压相等，有时把它们称为电力网络的额定电压。如表中的第一列所示，用 U_N 表示，下标 N 表示为额定值，交流电力系统的额定频率为 50Hz，用 f_N 表示。通常用电设备都是按照指定的电压和频率来进行设计制造的，这个指定的电压和频率，称为电气设备的额定电压和额定频率。当电气设备在此电压和频率下运行时，将具有最好的技术性能和经济效果。但实际电力系统在运行过程中，各点的电压并不

一定等于额定电压，电力系统的频率也不一定等于额定频率，只要在允许的范围内变化，就认为电力系统是正常运行的。根据我国对电能质量的要求，电力系统各节点的电压必须控制在 $(1\pm5\%)U_N$ 的范围内，电力系统允许的频率范围为 $(50\pm0.2)\,Hz$。

发电机、变压器和负荷还有一个重要的指标是额定容量（或称额定功率）S_N，对三相（对称）设备有

$$S_N = \sqrt{3}\,U_N I_N$$

其中 I_N 为额定（线）电流，U_N 为额定（线）电压。在选择设备时一定要根据要求确定其额定电压和额定功率，否则不能保证设备长期稳定的工作。

从表中第三列可以看到，发电机的额定电压与系统的额定电压为同一等级时，发电机的额定电压规定比系统的额定电压高 5% 或 7.5%，一般后接相应的升压变压器。

变压器接受功率一侧的绕组为一次绕组，输出功率一侧为二次绕组。一次绕组的作用相当于受力设备，其额定电压与系统的额定电压相等，但直接与发电机连接时，其额定电压则与发电机的额定电压相等。二次绕组的作用相当于供电设备，其额定电压规定比系统的额定电压高 10%。如果变压器的短路电压小于 7% 或直接（包括通过短距离线路）与用户连接时，则规定比系统的额定电压高 5%。变压器的一次绕组与二次绕组的额定电压之比称为变压器的额定电压比（或称主分接头电压比）。

传输电能的电力线路上各点的电压显然不同，例如图 1-9 中连接变压器 T_2 与变压器 T_3 的电力线路额定电压是 35kV。但实际与 T_2 的连接端电压为 38.5kV，与 T_3 连接端的电压为 35kV。因此，引入线路的平均额定电压 U_{avN} 为电力线路两个端点电压的平均值

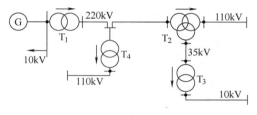

图 1-9　例 1-1 电力系统接线图

$$U_{avN} = \frac{U_1 + U_2}{2}$$

例 1-1　电力系统的部分接线如图 1-9 所示，各电压级的额定电压及功率输送方向在图中已标明。试求（1）发电机及各变压器高低压绕组的额定电压；（2）各变压器的额定电压比。

解：（1）根据表 1-2，可以求出各点额定电压：　　　　　　　　　　　　　（单位：kV）

发电机	变压器 T_1		变压器 T_2			变压器 T_3		变压器 T_4	
	一次侧	二次侧	一次侧	二次侧		一次侧	二次侧	一次侧	二次侧
10.5	10.5	242	220	121	38.5	35	11	220	121

（2）各变压器的额定电压比为：

	变压器 T_1	变压器 T_2	变压器 T_3	变压器 T_4
k	242/10.5	220/121/38.5	35/11	220/121

电力系统中考虑到运行调节的需要，通常在双绕组变压器的高压绕组或三绕组变压器的高压绕组和中压绕组上设计制造分接头，可以按需要调节变压器的电压比，分接头通常用正负百分比表示，即表示分接头电压与主抽头电压的差值为主抽头的百分之几。

例 1-2　在图 1-9 中，若变压器 T_1 运行于 +5% 抽头时，T_4 运行于 -2.5% 抽头时，求它

们的实际电压比。

解：变压器 T_1 $k = \dfrac{242 \times 1.05}{10.5} = \dfrac{254.1}{10.5}$

变压器 T_4 $k = \dfrac{220 \times 0.975}{121} = \dfrac{214.5}{121}$

1.3.2 输电网与配电网

电力网中的变电所分为枢纽变电所、中间变电所、地区变电所、终端变配电所。变电所中除了安装变压器外，还要安装保护装置、无功补偿设备、操作开关、监测设备等。电力网按电压等级和供电范围分为高压输电网、区域电力网和地区电力网。35kV 及以下且输电距离几十公里以内的称为地区电力网，又称配电网，其主要任务是向终端用户配送满足质量要求的电能。电压为 110～220kV，通常是给区域性变电所负荷供电的，称为区域电力网。330kV 及以上的远距离输电线路组成的电力网称为高压输电网。区域电力网和高压输电网统称为输电网。它的主要任务是将大量的电能从发电厂远距离传输到负荷中心。

输配电网络的电压等级要与输送功率和距离相适应，表1-3给出架空线路不同电压等级下输送功率和输送距离的大致范围。

表 1-3　架空线路不同电压等级下的输送功率和输送距离

线路额定电压/kV	输送功率/MW	输送距离/km	线路电压/kV	输送功率/MW	输送距离/km
3	0.1～1.0	1～3	220	100.0～500.0	100～300
6	0.1～1.2	4～15	330	200.0～800.0	200～600
10	0.2	6～20	500	1000.0～1500.0	150～850
35	2.0～10.0	20～50	750	2000.0～2500.0	500 以上
110	10.0～50.0	50～150			

1.3.3 电力系统中性点接地方式

电力系统中性点接地方式是指电力系统中的变压器和发电机的中性点与大地之间的连接方式。

中性点接地方式可分为两大类：一类是中性点直接接地或经小阻抗接地，采用这种中性点接地方式的电力系统称为有效接地系统或大接地电流系统。另一类是中性点不接地或经消弧线圈接地或经高阻抗接地，采用这种中性点接地方式的电力系统被称为非有效接地系统。

现代电力系统中采用较多的中性点接地方式是：直接接地，不接地或经消弧线圈接地。在 110kV 以上的高压电力系统中，均采用中性点直接接地。现代有些大城市的 110kV 的配电系统改用中性点经低值电阻（$R < 10\Omega$）或中值电阻（$R = 11～100\Omega$）接地，它们也属于有效接地系统。一般在 110kV 以下的中、低压电力系统中，出于可靠性等方面考虑，采用不接地或中性点经消弧线圈接地。

1.4　电力系统的负荷

电力系统的总负荷就是指电力系统中所有用电设备消耗功率的总和，应该等于电力系统所有电源发出的功率总和。

1.4.1 负荷的分类

1. 按电力生产与销售过程分类

电力系统中所有电力用户的用电设备所消耗的电功率总和就是电力系统的负荷，称为电力系统的综合用电负荷。综合用电负荷又可以分成照明负荷和动力负荷，动力负荷是把不同地区、不同性质的所有用户的负荷总加起来而得到的。由统计资料（见表1-4）得，在不同的行业中，采用的动力负荷设备比重不同，其中用的最多的是异步电动机，所以在以后的讨论中也常以异步电动机的特性作为动力负荷特性进行讨论，具体设计分析时可参照当地实际负荷情况和统计资料分析。

表 1-4 几个工业部门用电设备比重的统计 （%）

用电设备	综合中小工业	纺织工业	化学工业 （化肥,焦化厂）	化学工业 （电化厂）	大型机械 加工工业	钢铁 工业
异步电动机	79.1	99.8	56.0	13.0	82.5	20.0
同步电动机	3.2		44.0		1.3	10.0
电热装置	17.7	0.2			15.0	70.0
整流装置	0			87.0	1.2	
合计	100	100.0	100.0	100.0	100.0	100.0

综合用电负荷加电力网的功率损耗为电力系统的供电负荷。供电负荷加发电厂的厂用电消耗的功率就是各发电厂应该发出的功率，称为电力系统的发电负荷。它们之间的关系如图1-10所示。

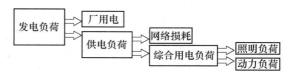

图 1-10　电力系统负荷之间的关系

2. 有功功率负荷与无功功率负荷

大部分用电设备既要消耗有功功率，也需要吸收（释放）无功功率，所以在分析电力系统有功功率时，把用电设备视作有功功率负荷。同样，在分析无功功率时，把用电设备当作无功功率负荷。而且一般情况下各种用电设备实际消耗的有功功率和无功功率会随电压和频率的变化而变化。图1-11表示综合用电负荷随电压和频率的变化规律，是各用电负荷变化规律的合成（这里用百分值表示，即实际值与额定值之比的百分数）。从图1-11a可以看到随着供电电压的提高，用电设备实际消耗的有功功率和无功功率都会增加。而从图1-11b可以看到，当供电频率升高时，用电设备实际消耗的有功功率增加，无功功率减少。

3. 按可靠性分类

根据负荷对供电可靠性的要求，可将负荷分成三级：

一级负荷：这类负荷停电会给国民经济带来重大损失或造成人身事故，所以一级负荷绝不允许停电，必须由两个或两个以上的独立电源供电。

二级负荷：这类负荷停电会给国民经济带来一定的损失，影响人民生活水平。所以二级负荷尽可能不停电，可以用两个独立电源供电或一条专用线路供电。

三级负荷：这类负荷停电不会产生重大影响，一般采用一条线路供电即可。

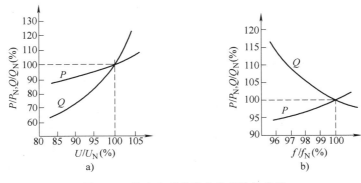

图 1-11 某电力系统综合负荷特性曲线

1.4.2 负荷曲线

实际电力系统的负荷是随时间变化的，其变化规律可用负荷曲线来描述。对电力系统来说有功功率与无功功率都需要平衡，因此分析时通常分别作出有功功率和无功功率负荷曲线。

负荷曲线按时间的长短可分为日负荷曲线和年负荷曲线。按对象可分为某用户、电力线路、变电所、发电厂、整个系统的负荷曲线。

图 1-12 所示为某电力系统的有功功率日负荷曲线，它描述了一天 24h 中电力系统综合用电（有功）负荷的变化情况。有功功率日负荷曲线是制定各发电厂发电负荷计划及系统调度运行的依据。

为了说明负荷曲线的起伏特性，常引用这样两个系数：

日负荷率
$$k_m = \frac{P_{av}}{P_{max}} \tag{1-1}$$

最小日负荷系数
$$\alpha = \frac{P_{min}}{P_{max}} \tag{1-2}$$

式中，P_{max} 为日最大负荷（又称峰荷）；P_{min} 为日最小负荷（又称谷荷）；P_{av} 为日平均负荷。这两个系数也可用于其他时段的负荷曲线。

一般不同行业的有功日负荷曲线变化较大，在电力系统中各用户的日最大负荷不会都在同一时刻出现，日最小负荷也不会在同一时刻出现，所以系统的日最大负荷总是小于各用户日最大负荷之和，而系统的日最小负荷总是大于各用户的日最小负荷之和。

年最大负荷曲线描述一年内每月（或每日）最大有功功率负荷的变化情况，它主要用来安排发电设备的检修计划，同时也为制订发电机组或发电厂的扩建或新建计划提供依据。

在电力系统分析中还常用到年持续负荷曲

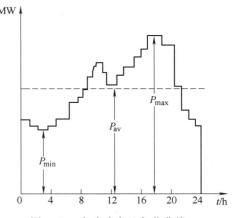

图 1-12 有功功率日负荷曲线

线，它按一年中系统负荷的数值大小及其持续小时数顺序排列绘制成的。在安排发电计划和进行可靠性估算时，常用这种曲线。根据年持续负荷曲线可以确定系统负荷的全年耗电量 W（全年 24h×365 = 8670h）。

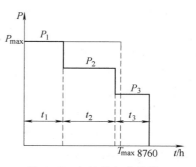

图 1-13 年持续负荷曲线

$$W = \int_0^{8670} P \, dt \qquad (1\text{-}3)$$

电力系统也常用最大负荷利用小时数 $T_{\max}$ 估算用户全年的耗电量。假设电力系统中的负荷始终等于最大值 $P_{\max}$，经过 $T_{\max}$ 小时后所消耗的电能恰好等于全年的实际耗电量，则称 $T_{\max}$ 为最大负荷利用小时数。

$$T_{\max} = \frac{W}{P_{\max}} \qquad (1\text{-}4)$$

例如图 1-13 所示的系统，可以求出其最大负荷利用小时数

$$T_{\max} = \frac{W}{P_{\max}} = \frac{P_1 t_1 + P_2 t_2 + P_3 t_3}{P_1}$$

根据电力系统的运行经验，各类负荷的 $T_{\max}$ 的数值大体有一个范围。见表 1-5。在电力系统设计时，可根据各类用户的性质，估算用户全年的耗电量。

表 1-5 各类用户的年最大负荷利用小时数

负荷类型	$T_{\max}/h$
户内照明及生活用电	2000 ~ 3000
一班制企业用电	1500 ~ 2200
二班制企业用电	3000 ~ 4500
三班制企业用电	6000 ~ 7000
农灌用电	1000 ~ 1500

1.5 电力系统的发展概况

1.5.1 电力系统的发展简史

从 1831 年法拉第发现了电磁感应定律，到 1875 年巴黎火车站发电厂建立，电能开始进入真正实用的阶段。

1. 火力发电（Fossil-fuel Plant）

目前最大的汽轮发电机是瑞士 BBC 公司为美国制造的 130 万 kW 机组，超临界机组的最大单机容量。

目前最大的火力发电厂是日本的鹿岛电厂，装机容量为 440 万 kW。

2. 水力发电（Hydroelectric Power Plant）

目前最大的水轮发电机是 80 万 kW 机组，安装在中国长江三峡集团公司所属的向家坝水电站。

2012 年 7 月，我国三峡水电站装机容量达到 2240 万 kW，是规模最大的水电站。

3. 核力发电（Nuclear Power Plant）

1954 年第一台核电机组在莫斯科近郊奥勃宁斯克核电厂投入运行。

日本福岛第一沸水堆核电站曾经是世界上最大的核电站。

2013 年 8 月，我国制造了目前世界最大单机容量核能发电机——台山核电站 1 号 1750MW 核能发电机。

4. 输电技术的发展简况

第一次直流输电技术出现于 1882 年，爱迪生电灯电气公司建立了第一个直流发电厂，采用直流电为电灯供电。

1884 年英国伦敦建立第一个交流电力系统。

1891 年第一条三相交流高压输电线在德国投入运行。

1969 年，美国第一条 765kV 的高压线路投入运行。

1985 年前苏联建成 1150kV 的 900km 的特高压输电线运行。

1.5.2 我国的电力系统

1882 年上海电气公司一台 12kW 的蒸汽发电机发电。

20 世纪 80 年代开始，中国电力工业进入大机组、高电压、大电网阶段。

目前，我国电力系统中有六大跨省电网，分别是东北、华北、华东、华中、西北、南方。另有 4 个省级电网，分别是山东、新疆、海南、西藏电网。我国电网的发展战略是西电东送，南北互供，全国联网。

我国电力系统的主干网络为 500kV 输电网络，西北电网的 750kV 输变电工程已投入运行。

自 1993 年葛洲坝—上海的第一条 ±500kV 直流输电线路投产，高压直流输电在我国得到应用，2003 年，三峡—常州的 ±500kV 直流输电线投入运行，这样华中电网和华东电网通过直流线路互联。

随着 1000kV 晋东南—南阳—荆门特高压交流试验示范工程和向家坝—上海 ±800kV 特高压直流输电示范工程相继投入运行，我国电网全面进入特高压交直流电网混合时代。

2015 年底，又一条 ±800kV 高压直流线路工程建成，起于宁夏银川境内宁东换流站，止于浙江绍兴换流站。线路全长 1720km，额定输送功率 800 万 kW。

在发电机制造方面，我国也发展迅速，目前我国已能制造 60 万 kW 火力发电机组，70 万 kW 水力发电机组。

2016 年 7 月国家统计局发布了《2016 年 6 月份规模以上工业生产主要数据及上半年统计数据》。根据数据显示（表 1-6），我国 2016 年上半年的总发电量为 27595 亿 kW·h，同比增长率为 1%，风电发电 1065 亿 kW·h，同比增长 13.9%。而且 2016 年 7 月国家统计局首次将光伏发电量纳入统计范畴，2016 年上半年太阳能发电 175 亿 kW·h，同比增长 28.1%。

表 1-6　2016 年上半年发电量一览表

	火力发电	水力发电	核能发电	风电	太阳能发电	总发电量
发电量/(亿 kW·h)	20579	4811	964	1065	175	27595
同比增长率(%)	-3.1	13.4	24.9	13.9	28.1	1.0

2015 年底，根据国家电网公司研究认为，在电力需求预测方面，总体看，我国还处于工业化中后期、城镇化快速推进期，电力需求与经济同步增长，"十三五"按经济增速 7% 来安排电力发展是合适的，且电力需求增速将快于电量增速，东中部地区作为电力负荷中心的地位将长期保持不变。电源装机安排方面，预计 2020 年全国电源装机总量 20.7 亿 kW，相比 2014 年新增 7.0 亿 kW，年均增加 1.2 亿 kW。其中，清洁能源装机 8.2 亿 kW，占比由 2014 年的 31.6% 提高到 2020 年的 39.3%。

目前我国电力的发展方针为大力发展水电，优化发展煤电，积极发展核电和新能源发电。从表 1-6 的统计数据可以看出我国电力结构优化呈现出以下显著特点：

1）火电比重下降，可再生能源（水电、风电、太阳能等）比重上升。

2）火电建设继续向高参数、大容量、环保型机组发展。

3）核电建设步伐加快。

4）积极推进风电、太阳能发电规模化发展。2015 年全国风电新增投产超预期、达到历史最大规模，发电装机达到 15.1 亿 kW，同比增长 10.5%。

1.5.3 电力系统的发展前景

1. 核能发展前景

核电技术的发展可以划分为 4 个阶段。

第一代核电技术是和平利用核能研发阶段的试验堆和原型堆。

第二代核电技术被广泛应用于 20 世纪 70 年代以及至今仍在运行的大部分商业核电站，目前我国已投运的秦山、大亚湾等核电站采取的均是二代技术。第二代核电站技术证明了发展核电在经济上是可行的。但是前苏联切尔诺贝利核电站和美国三哩岛核电站严重事故的发生，引起了公众对核电安全性的质疑，同时也让人们意识到第二代核电技术的不完善性。2011 年日本福岛的核电站因地震引起的泄漏事故，再一次引起对核电站安全性的讨论。

第三代核电技术：针对公众对核电安全性、经济性的疑虑，美国电力研究院在美国能源部和核管会的支持下，对进一步大力发展核电的可行性进行了研究，根据其研究成果制定出《美国用户要求文件（URD）》，对新建核电站的安全性、经济型和先进性提出了要求。随后，欧洲也出台了《欧洲用户要求文件（EUR）》，表达了与 URD 文件相似的要求。第三代核电技术就是指满足 URD 或 UAR，具有更好安全性的新一代先进核电站技术。

与第二代核电技术相比，第三代核电技术具有更好的安全性和经济性，国际上主要三代核电技术为美国 AP1000 技术和法国 EPR 技术。2007 年，国务院批准成立国家核电公司，主要从事第三代核电（AP1000）技术的引进、消化和自主创新，最终形成自有的技术标准 CAP1400 和 CAP1700，并在国内推广。

第四代核电技术：2000 年 1 月，在美国能源部的倡议下，美国、英国、瑞士、南非、日本、法国、加拿大、巴西、韩国和阿根廷等十个有意发展核能的国家，联合组成了"第四代国际核能论坛"（GIF），于 2001 年 7 月签署合约，约定共同合作研究开发第四代核能技术。根据设想，第四代核能方案的安全性和经济性将更加优越，废物量极少，无需厂外应急，并具备固有的防止核扩散的能力。高温气冷堆、熔盐堆、钠冷快堆就是具有第四代特点的反应堆。

2016 年 1 月 27 日，国务院新闻办公室发表的《中国的核应急》白皮书显示，截至 2015

年 10 月底，中国大陆运行核电机组 27 台，总装机容量 2550 万 kW；在建核电机组 25 台，总装机容量 2751 万 kW。中国在建核电机组数世界第一。我国规划 2020 年核电在发电总量中占比达到 5%。完成这一指标保守估计届时核电装机容量至少达到 7000 万 kW，若能源需求总量再高一点，则核电装机容量需要达到 8000 万 kW。

2. 风力发电的前景

风是一种潜力很大的新能源，十八世纪初横扫英法两国的一次狂暴大风，吹毁了四百座风力磨坊、八百座房屋、一百座教堂、四百多条帆船，并有数千人受到伤害，二十五万株大树连根拔起。仅就拔树一事而论，风在数秒钟内就发出了 750 万 kW 的功率！有人估计过，地球上可用来发电的风力资源约有 100 亿 kW，几乎是现在全世界水力发电量的 10 倍。目前全世界每年燃烧煤所获得的能量，只有风力在一年内所提供能量的三分之一。因此，国内外都很重视利用风力来发电。

中国风力发电行业发展非常快，自 1986 年建设山东荣成第一个示范风电场至今，经过近 30 年的努力，风电场装机规模不断扩大。根据全球风能理事会发布的全球风电装机统计数据，2015 年，全球风电产业新增装机 63013MW，同比增长 22%。其中，中国风电新增装机容量达 30500MW。新增总装机容量排在前三位的国家依次是中国、美国、德国，中国的新增总装机容量占世界新增总装机容量的 48.4%。

截至 2015 年年底，全球风电累计装机容量达到 43241.9 万 kW，累计同比增长 17%。其中我国国家电网调度范围风电累计装机容量达到 11664 万 kW。

根据国家电网公司"十三五"电网发展规划，预计到 2020 年，全国风力发电装机容量达 2.4 亿 kW。

3. 太阳能发电的前景

太阳能发电有更加激动人心的计划。日本曾提出创世纪计划，准备利用地面上沙漠和海洋面积进行发电，并通过超导电缆将全球太阳能发电站联成统一电网以便向全球供电。据测算，到 2000 年、2050 年、2100 年，即使全用太阳能发电供给全球能源，占地也不过为 65.11 万 km^2、186.79 万 km^2、829.19 万 km^2。829.19 万 km^2 才占全部海洋面积 2.3% 或全部沙漠的 51.4%，甚至才是撒哈拉沙漠的 91.5%。因此这一计划是有可能实现的。

太阳能的使用主要分为几个方面：家庭用小型太阳能电站、大型并网电站、建筑一体化光伏玻璃幕墙、太阳能路灯、风光互补路灯、风光互补供电系统等，现在主要的应用方式为建筑一体化和风光互补系统。

世界目前已有近 200 家公司生产太阳能电池，但生产设备厂主要是日本企业。

我国很重视新能源的开发和利用，国家电网公司发布的《国家电网公司促进新能源发展白皮书（2016）》显示，2015 年，我国太阳能发电新增装机容量创新高，国家电网调度范围太阳能发电累计装机容量达到 3973 万 kW，光伏装机容量首次超过德国跃居世界第一。2015 年，我国太阳能发电量达到 383 亿 kW·h，同比增长 64%。

小　　结

本章对电力系统做了简要的介绍，通过学习，初步建立基本的概念。

电力系统由发电机（电源）、电力网和电力负荷组成。

电力系统的运行特点是电能与国民经济各部门以及人民的生活关系密切、电能不能大量储存以及电力系统中的暂态过程十分迅速，因此对电力系统的运行就有这样三个基本要求，安全可靠的供电，保证电能质量和尽可能提高电力系统运行的经济性。在后续章节大家可以看到整个电力系统的设计和分析都是围绕这三个基本要求进行的。

分别通过发电厂、电力网及电力负荷三个方面对电力系统作一个简要的介绍，要求掌握额定电压 U_N、额定频率 f_N、额定容量（功率）S_N 等电气设备的额定参数，以及变压器分接头的概念，能确定给定电力系统中的发电机、输电线路、变压器和用电设备的额定电压。

110kV 及以上的电力网称为输电网，其主要任务是将大量的电能从发电厂远距离传输到负荷中心。电压级别越高，线路上的损耗越小，可以输送的距离越远，输送的功率越大。输电网中的变压器中性点通常采用中性点直接接地或经小阻抗接地的有效接地方式。

35kV 及以下的电力网称为配电网，其主要任务是向终端用户配送满足质量要求的电能。配电网通常是采用中性点不接地或经消弧线圈接地的非有效接地系统。

电力系统的负荷通常根据统计数据和经验来估算其消耗的有功功率和无功功率。有功功率日负荷曲线是制定各发电厂发电负荷计划及系统调度运行的依据。年持续负荷曲线则用于安排发电计划和进行可靠性估算。

本章最后对电力系统的发展概况做了简要的介绍。

习　题

1-1　选择题

1. 电力系统的综合用电负荷加上网络中的功率损耗称为（　　）。

A. 厂用电负荷　　　　　　　　　　B. 发电负荷

C. 工业负荷　　　　　　　　　　　D. 供电负荷

2. 电力网某条线路的额定电压为 $U_N = 110$kV，则这个电压表示的是（　　）。

A. 相电压　　　　　　　　　　　　B. $\frac{1}{\sqrt{3}}$ 相电压

C. 线电压　　　　　　　　　　　　D. $\sqrt{3}$ 线电压

3. 以下（　　）不是常用的中性点接地方式。

A. 中性点通过电容接地　　　　　　B. 中性点不接地

C. 中性点直接接地　　　　　　　　D. 中性点经消弧线圈接地

4. 我国电力系统的额定频率为（　　）。

A. 30Hz　　　　　　　　　　　　　B. 40Hz

C. 50Hz　　　　　　　　　　　　　D. 60Hz

5. 目前，我国电力系统中占最大比例的发电厂为（　　）。

A. 水力发电厂　　　　　　　　　　B. 火力发电厂

C. 核电站　　　　　　　　　　　　D. 风力发电厂

6. 以下（　　）不是电力系统运行的基本要求。

A. 提高电力系统运行的经济性　　　B. 安全可靠的供电

C. 保证电能质量　　　　　　　　　D. 电力网各节点电压相等

7. 以下说法不正确的是（　　　　）。

A. 火力发电需要消耗煤、石油　　　　B. 水力发电成本比较大

C. 核电站的建造成本比较高　　　　　D. 太阳能发电是理想的能源

8. 当传输的功率（单位时间传输的能量）一定时，（　　　　）。

A. 输电的电压越高，则传输的电流越小

B. 输电的电压越高，线路上的损耗越大

C. 输电的电压越高，则传输的电流越大

D. 线路损耗与输电电压无关

9. 对（　　　）负荷停电会给国民经济带来重大损失或造成人身事故。

A. 一级负荷　　　　　　　　　　　B. 二级负荷

C. 三级负荷　　　　　　　　　　　D. 以上都不是

10. 一般用电设备满足（　　　）。

A. 当端电压减小时，吸收的无功功率增加

B. 当电源的频率增加时，吸收的无功功率增加

C. 当端电压增加时，吸收的有功功率增加。

D. 当端电压增加时，吸收的有功功率减少

1-2　填空题

1. 电力系统由（　　　　　、　　　　　、　　　　　　）三部分构成。

2. 电力系统的常用额定电压等级有（　　　　　、　　　　、　　　、　　　　）（至少写出三个）。

3. 发电机的额定电压与系统的额定电压为同一等级时，发电机的额定电压与系统的额定电压的关系为（　　　　　　　　　　）。

4. 电力系统的运行特点是（　　　　　　　　　　　　　　）。

5. 我国交流电力系统的额定频率为（　　　　）Hz，容许的正负偏差为（　　　　　）Hz。

6. 变压器二次绕组的作用相当于供电设备，其额定电压一般规定比电力系统的额定电压高（　　　　）。

7. 在我国，110kV 及以上电压等级电网中一般采用的中性点接地方式是（　　　　）。

8. 常用（　　　）和（　　　　）说明负荷曲线的起伏特性，用公式表示为：（　　　　　）。

9. 电压为（　　　）及以下的称为配电网，其主要任务是（　　　　　　）。

10. 电压为（　　　）及以上的统称为输电网，其主要任务是（　　　　　　　　）。

1-3　简答题

1. 什么是最大负荷利用小时数 $T_{\max}$？

2. 按可靠性分类，负荷可以分成几类，各有什么特点？

3. 中性点接地方式有哪两大类？

4. 电力系统中描述电能质量最基本的指标是什么？

5. 对电力系统的基本要求是什么？

1-4　计算题

1. 电力系统的部分接线图如图 1-14 所示。

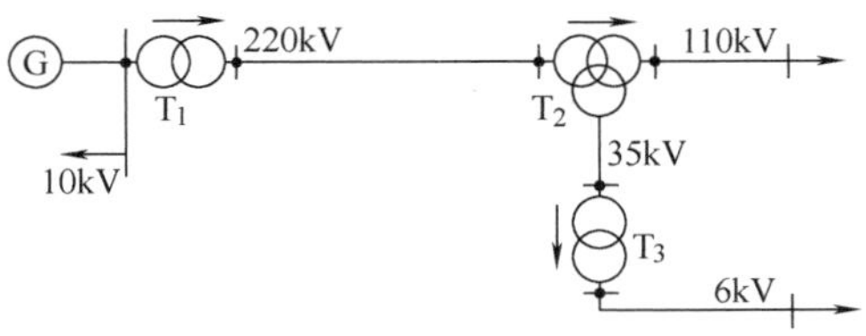

图 1-14　习题 1-4.1 图

求：发电机的额定电压为（　　　　　），变压器 T2 二次绕组的额定电压为（　　　　　），变压器 T3 电压比为（　　　　　）。

2. 如图 1-15 所示

1）试确定图中各元件设备的额定电压和变压器的额定电压比。

2）如果变压器 T_2 的高压绕组接在 +5% 的分接头上，中压绕组接在 -5% 的分接头上，则其实际电压比为多少？

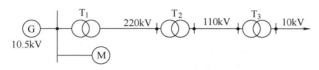

图 1-15　习题 1-4.2 图

3. 电力系统的部分接线图如图 1-16 所示。

求：

（1）发电机的额定电压，变压器 T_1 的高、中、低压绕组的额定电压，T_3 变压器的高、低压绕组的额定电压。

（2）当变压器 T_1 的高压绕组接在 +2.5% 的抽头，中压绕组接在 +5% 的分接头上，则其实际电压比为（　　　　　）。

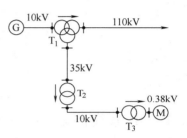

图 1-16　习题 1-4.3 图

4. 图 1-17 所示为某电力系统的有功功率日负荷曲线，由图可知，该电力系统的用电高峰在什么时间段？用电低谷在什么时间段？求它的日负荷率和最小日负荷系数。

5. 某一负荷的负持续负荷曲线如图 1-18 所示，试求最大负荷利用小时数 $T_{\max}$。

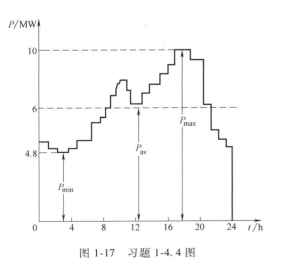

图 1-17　习题 1-4.4 图

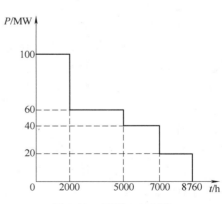

图 1-18　习题 1-4.5 图

第2章

电力系统元件等效电路和参数

　　电力系统是由各种电气元件组成的整体，要对电力系统进行分析和计算，必须先了解各元件的电气特性，并建立它们的等效电路。

　　在电力系统正常运行情况下，可以近似地认为系统的三相结构和三相负荷完全对称。在此情况下，系统各处的电流和电压都是三相对称的正弦量，因此，可以以一相（例如 a 相）的电路为代表来进行分析和计算。等效电路中的参数是考虑了其余两相影响后的一相等效参数。要注意的是，对于单相系统，其单相功率 $S = UI$，式中 I 为相电流，U 为相电压；对三相系统，其三相功率 $S = \sqrt{3}\,UI$，且有 $U = \sqrt{3}\,I\,|Z|$，式中 I 为线电流，U 为线电压。

2.1　电力线路等效电路及其参数

2.1.1　电力线路的分类和结构

　　电力线路包括输电线路和配电线路。按线路结构的不同，可以分为架空线路和电缆线路两大类。

　　1. 架空线路

　　架空线路由导线、避雷线、杆塔、绝缘子和金具等组成。它们的作用分别为：

　　（1）导线　导线的作用是传输电能，应有良好的导电性，还应有足够的机械强度和抗腐蚀能力。导线的常用材料有铜、铝、钢等。架空线路的导线多采用裸线，由多股绞合而成，如铜绞线、铝绞线、钢芯铝绞线等。另外还有扩径导线和分裂导线，一般用在 220kV 及以上线路中。

　　（2）避雷线　避雷线也叫架空地线或地线，其作用是将雷电流引入大地，以保护电力线路免受雷击。避雷线一般采用钢绞线，如 GJ-70。

　　（3）杆塔　杆塔的作用是支持导线和避雷线。杆塔有木杆、钢筋混凝土杆和铁塔三种。按照受力的特点，分为耐张杆塔、直线杆塔、转角杆塔、终端杆塔、跨越杆塔和换位杆塔。

　　（4）绝缘子　绝缘子的作用是使导线和杆塔间保持绝缘。应有良好的绝缘性能和足够的机械强度。

　　（5）金具　金具是用于固定、连接、保护导线和避雷线，连接和保护绝缘子的各种金属零件的总称。如悬垂线夹、耐张线夹、压接管、防震锤等。

　　2. 电缆线路

　　电缆线路由电力电缆和电缆附件组成。电力电缆由导体、绝缘层和包护层等组成。导体采用多股铜绞线或铝绞线。绝缘层采用橡胶、聚乙烯、纸、油、气等。包护层采用铝包皮或铅包皮，电缆外层还采用钢带铠甲。电缆附件主要有连接盒和终端盒等。对于充油电缆还有一套供油系统。

由于架空线路的建设费用比电缆线路低得多，而且架空线路便于施工、维护和检修，因此，在电力系统中，绝大多数的线路都采用架空线路，只有在城市、厂区等人口密集场所或海底传输等才采用电缆线路。本节将着重介绍架空线路的参数和等效电路。

2.1.2 单位长度电力线路的等效电路及参数

单位长度的电力线路的等效电路如图 2-1 所示。电路的参数有 4 个：电阻 r_1、电抗 x_1、电导 g_1 及电纳 b_1。

1. 电阻

当架空线路传输电能时，将伴随着一系列的物理现象。当电流流过导线时会因电阻损耗而产生热量，电流越大，损耗越大，发热也越厉害，单位长度电阻 r_1 反映了电力线路的发热效应。

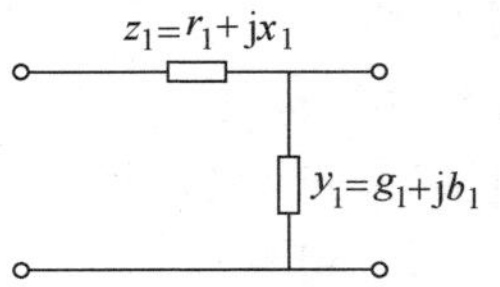

每相导线单位长度电阻的计算公式为

$$r_1 = \rho / S \tag{2-1}$$

图 2-1 单位长度电力线路的等效电路

式中，ρ 为导线的电阻率，单位为 $\Omega \cdot m$；S 为导线载流部分的标称截面积，单位为 m^2。计算时要注意铝和铜的交流电阻率略大于直流电阻率，分别为 $3.15 \times 10^{-8} \Omega \cdot m$ 和 $1.88 \times 10^{-8} \Omega \cdot m$。（铝和铜的直流电阻率分别为 $2.85 \times 10^{-8} \Omega \cdot m$ 和 $1.75 \times 10^{-8} \Omega \cdot m$。）因为

1）导线通过三相工频交流电流时存在集肤效应和邻近效应。

2）由于多股绞线的扭绞，每股导体实际长度比导线长度长 2%~3%。

3）在制造中，导线的实际截面积常比标称截面积略小。

例 2-1 求导线型号为 LGJ-120 的钢芯铝绞线的单位长度电阻。

解：

$$r_1 = \rho / S = \frac{3.15 \times 10^{-8} \Omega \cdot m}{120 mm^2} = \frac{3.15 \times 10^{-8} \Omega \cdot m}{120 \times 10^{-6} m^2} = 0.2625 \Omega / km$$

工程计算中，可以直接从有关手册中查出各种导线的电阻值。按式（2-1）计算所得或从手册查得的电阻值都是指温度为 20℃ 时的值，在要求较高精度时，温度为 t 时的电阻值 r_t 可以按式（2-2）进行修正：

$$r_t = r_{20}[1 + \alpha(t - 20)] \tag{2-2}$$

式中，α 为电阻温度系数，对于铜，$\alpha = 0.003821/℃$，对于铝，$\alpha = 0.00361/℃$。

2. 电抗

当交流电流通过电力线路时，在三相导线内部和三相导线的周围都要产生交变的磁场，而交变磁通匝链导线后，将在导线中产生感应电动势，架空线路的单位长度电抗 x_1 反映线路的磁场效应。

三相电力线路一般是采用等边三角形式的对称排列，或经完整换位后近似等于对称排列，这时单回线路每相单位长度电抗的计算公式为

$$x_1 = 2\pi f_{\text{N}} L_1 = 0.1445 \lg \frac{D_{\text{eq}}}{r_{\text{eq}}} + 0.0157 \qquad (2\text{-}3)$$

式中，f_{N} 为交流电的额定频率，又称工频，在我国为 50Hz；L_1 为单位长度电感；D_{eq} 为三相电力线之间的几何平均距离，设 AB 相电力线的间距为 D_{12}，BC 相的间距为 D_{23}，AC 相的间距为 D_{13}，则 $D_{\text{eq}} = \sqrt[3]{D_{12} D_{23} D_{31}}$；$r_{\text{eq}}$ 称为导线的几何平均半径，对于单股导线，r_{eq} 等于单股导线的计算半径 r。对分裂多股导线，可以近似用式（2-4）求得，其中 r 为每股导线计算半径，d_{1i} 是第 1 股导线与第 i 股导线的间距。

$$r_{\text{eq}} = \sqrt[n]{r \prod_{i=2}^{n} d_{1i}} \qquad (2\text{-}4)$$

一般工程计算时，对于单导线线路，单位长度电抗近似取 $0.40\Omega/\text{km}$ 左右；对于分裂导线线路，当分裂根数为 2、3、4 根时，单位长度电抗近似取 $0.33\Omega/\text{km}$、$0.30\Omega/\text{km}$、$0.28\Omega/\text{km}$ 左右。可见，分裂导线单位长度电抗小于单导线线路单位长度电抗，且分裂根数越多，等效电抗越小。

3. 电导

架空线路带有高电压的情况下，当导线表面的电场强度超过空气击穿强度时，导体附近的空气因电离而产生的局部放电的现象。这时会发出咝咝声，产生臭氧，夜间还可以看到紫色的光晕，这种现象称为电晕。电导 g_1 反映高压电力线路的电晕现象和泄漏现象，一般线路绝缘良好的情况下泄露电流很小，可忽略不计。

架空输电线路开始出现电晕的最低电压称为临界电压 U_{cr}。当三相导线呈等边三角形排列时，电晕临界相电压的经验公式为

$$U_{\text{cr}} = 49.3 m_1 m_2 \delta r \lg \frac{D}{r} \qquad (2\text{-}5)$$

式中，m_1 为考虑导线表面状况的系数，对于多股绞线 $m_1 = 0.83 \sim 0.87$；m_2 为考虑气象状况的系数，对于干燥和晴朗的天气 $m_2 = 1$，对于有雨、雪、雾等的恶劣天气，$m_2 = 0.8 \sim 1$；r 为导线的计算半径，单位为 cm；D 为相间距离，单位为 m；δ 为空气的相对密度。

对于水平排列的线路，两根边线的电晕临界电压比由式（2-5）算得的值高 6%，而中间相导线则低 4%。

当实际运行电压过高或气象条件变坏时，运行电压将超过临界电压而产生电晕。运行电压超过临界电压愈多，电晕损耗也愈大。如果三相线路每单位长度的电晕损耗为 ΔP_g，则每相单位长度电导为

$$g_1 = \frac{\Delta P_g}{U^2} \qquad (2\text{-}6)$$

式中，U 为线电压，单位为 kV。

可以看出，增大导线半径是防止和减小电晕损耗的有效方法。在设计时，对 220kV 以下的线路通常按避免电晕损耗的条件选择导线半径；对 220kV 及以上的线路，为了减少电晕损耗，常采用分裂导线来增大每相的等效半径，特殊情况下也采用扩径导线。

在电力系统计算中一般忽略电晕损耗，即认为 $g_1 = 0$。

4. 电纳

当交流电压加在电力线路上时，在三相导线的周围会产生交变的电场，在它的作用下，

不同相的导线之间和导线与大地之间将产生位移电流，从而形成容性电流和容性功率，用单位长度电纳 b_1 来反映线路的电场效应。

在额定频率（50Hz）下输电线路每相的单位长度电纳为

$$b_1 = 2\pi f_N C_1 = \frac{7.58}{\lg\left(\dfrac{D_{eq}}{r_{eq}}\right)} \times 10^{-6} \tag{2-7}$$

式中，b_1 的单位为 S/km，其中 S 为西门子；C_1 为单位长度电容；D_{eq} 为三相电力线之间的几何平均距离；r_{eq} 称为导线的几何平均半径。

与线路结构有关的参数 D_{eq}/r_{eq} 是在对数符号内，因此，各种电压等级线路的电纳值变化不大。工程计算中对于单导线线路，单位长度电纳近似取 2.85×10^{-6} S/km；对于分裂导线线路，当分裂根数为 2、3、4 根时，单位长度电纳分别为 3.4×10^{-6} S/km、3.8×10^{-6} S/km、4.1×10^{-6} S/km 左右。可见分裂导线的单位长度电纳比单导线线路单位长度电纳略大。

例 2-2　已知 LGJ—185 型 110kV 架空输电线路，三相导线水平排列，相间距离为 6m。求线路参数。

解：线路的单位长度电阻

$$r_1 = \frac{\rho}{S} = \frac{31.5}{185}\Omega/\text{km} = 0.17\Omega/\text{km}$$

由手册查得 LGJ—185 的计算直径为 19mm，则计算半径为 9.5mm。

线路的单位长度电抗

$$D_{eq} = \sqrt[3]{6 \times 6 \times 12}\,\text{m} = 7.56\,\text{m}$$

$$x_1 = 0.1445\lg\frac{D_{eq}}{r_{eq}} + 0.0157 = \left(0.1445\lg\frac{7.56}{9.5 \times 10^{-3}} + 0.0157\right)\Omega/\text{km} = 0.4349\Omega/\text{km}$$

线路的单位长度电导：$g_1 = 0$

线路的单位长度电纳

$$b_1 = \frac{7.58}{\lg\left(\dfrac{D_{eq}}{r_{eq}}\right)} \times 10^{-6} = \frac{7.58}{\lg[\,7.56/(9.5 \times 10^{-3})\,]} \times 10^{-6}\text{S/km} = 2.61 \times 10^{-6}\text{S/km}$$

例 2-3　已知 220kV 架空输电线路，三相导线水平排列，相间距离 6m，每相采用 $2 \times$ LGJQ—300 分裂导线（二分裂导线），分裂间距为 400mm，试求单位长度线路参数。

解：线路单位长度电阻

$$r_1 = \frac{\rho}{S} = \frac{31.5}{2 \times 300}\Omega/\text{km} = 0.0525\Omega/\text{km}$$

由手册查得 LGJQ—300 导线的计算直径为 23.5mm，分裂导线的几何均距

$$r_{eq} = \sqrt{400 \times 23.5/2}\,\text{mm} = 68.56\,\text{mm}$$

线路的单位长度电抗

$$x_1 = 0.1445\lg\frac{D_{eq}}{r_{eq}} + 0.0157 = \left(0.1445\lg\frac{7.56}{68.56 \times 10^{-3}} + 0.0157\right)\Omega/\text{km} = 0.3108\Omega/\text{km}$$

线路的单位长度电导：$g_1 = 0$

线路的单位长度电纳

$$b_1 = \frac{7.58}{\lg\left(\dfrac{D_{eq}}{r_{eq}}\right)} \times 10^{-6} = \frac{7.58}{\lg[7.56/(68.65\times 10^{-3})]} \times 10^{-6} S/km = 3.71\times 10^{-6} S/km$$

2.1.3 电力线路的等效电路

电力线路正常运行时，各点的电压、电流为三相正序对称的，在上小节中已得出，每一单位长度的线路可以用单相回路的单位长度电阻、单位长度电抗、单位长度电导（常忽略）、单位长度电纳来表示。那么一条长度为 l 的电力线路可以用什么样的等效电路来表示呢？

设有长度为 l 的输电线路，其参数沿线均匀分布，单位长度的阻抗和导纳分别为 $z_1 = r_1 + jx_1$，$y_1 = g_1 + jb_1$，则在考虑线路参数分布特性的情况下，可以对这个精确的数学模型（图2-2a）通过方程式的求解，得出沿线各点用相量表示的电压和电流分布，推导出线路两端电压、电流相量之间的关系式。如果将线路用集中参数元件来表示，则可以从两端电压、电流相量之间的关系式导出相应的用集中参数表示的 π 型等效电路（如图2-2b所示）。

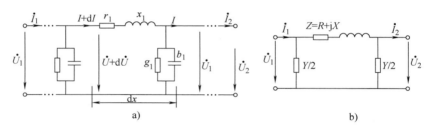

图 2-2 电力线路用集中参数表示的等效电路

a）电力线路的分布 b）电力线路的等值电路

1. 长电力线路的等效电路

长电力线路指电压等级长度 300km 以上的架空电力线路和长度 100km 以上的电缆线路。这种电力线路用图 2-2b 所示的 π 型等效电路表示。

经推导（推导略）可以得到等效电路的参数：

$$Z = Z_c \mathrm{sh}\gamma l \tag{2-8}$$

$$\frac{Y}{2} = \frac{(\mathrm{ch}\gamma l - 1)}{Z_c \mathrm{sh}\gamma l} \tag{2-9}$$

式中，γ 称为线路的传播常数；Z_c 称为线路的特性阻抗或波阻抗。

$$\gamma = \sqrt{(g_1 + jb_1)(r_1 + jx_1)} = \beta + j\alpha \tag{2-10}$$

$$Z_c = \sqrt{\frac{r_1 + jx_1}{g_1 + jb_1}} = R_c + jX_c \tag{2-11}$$

线路的传播系数 γ 的实部 β 称为衰减系数，反映电压的幅度的衰减，虚部 α 称为相位系数，反映线路上相位的变化。

对高压架空输电线路，近似有 $g_1 = 0$，$r_1 \ll x_1 = \omega_N L_1$，则有

$$\gamma = \sqrt{(g_1 + j\omega_n C_1)(r_1 + j\omega_n L_1)} \approx j\omega_m \sqrt{L_1 C_1} \tag{2-12}$$

$$Z_c = \sqrt{\frac{r_1 + j\omega_n L_1}{g_1 + j\omega_n C_1}} \approx \sqrt{\frac{L_1}{C_1}} \quad\quad (2\text{-}13)$$

由式（2-13）可见，高压架空线路的波阻抗 Z_c 仅与单位长度的电感、电容有关，接近于纯电阻，而且略呈电容性。高压架空线路的传播系统 γ 接近纯虚数，电压幅度衰减很小。

单导线架空线的波阻抗约为 $370 \sim 410\Omega$，分裂导线架空线的波阻抗约为 $270 \sim 310\Omega$。通常把 $g_1 = 0$、$r_1 = 0$ 的线路称为无损耗线路，由式（2-8）得无损耗线路的 Z 为纯电阻（虚部为 0），若无损耗线路末端接纯有功功率负载，即纯电阻性负载且负载 $Z = Z_c$，则输出功率为

$$P = P_c = \frac{\dot{U}_2^2}{Z_c} \quad\quad (2\text{-}14)$$

式中，P_c 称为自然功率。无损耗线路末端接有纯有功功率负荷，且输出为自然功率时，线路上各点电压有效值相等，线路上各点流过的电流有效值相等，且同一点的电压与流过的电流是同相位的，即通过各点的无功功率都为 0。

当电力线路输送的功率大于线路的自然功率时，线路末端的电压将低于始端电压，反之，当线路输送的功率小于线路的自然功率时，线路末端的电压将高于始端电压。这个结论对电力系统的设计是很有用的。

2. 中等长度电力线路的等效电路

中等长度电力线路的等效电路仍可用图 2-2b 表示，等效电路的参数可近似为

$$Z = z_1 l = (r_1 + jx_1) l \quad\quad (2\text{-}15)$$
$$Y = y_1 l = (g_1 + jb_1) l \quad\quad (2\text{-}16)$$

即直接用单位长度电路参数乘电力线路的长度。

3. 短电力线路的等效电路

低压配电网中的短电力线路还可以作进一步的近似，因电力线路的电压相对比较低（110kV 以下）一般可以忽略电导和电纳的影响即 $Y = 0$，只计电阻和电抗，则有

$$Z = z_1 l = (r_1 + jx_1) l \quad\quad (2\text{-}17)$$

例 2-4 330kV 架空线路的参数为：$r_1 = 0.0579\Omega/\text{km}$，$x_1 = 0.316\Omega/\text{km}$，$g_1 = 0$，$b_1 = 3.55 \times 10^{-6}\text{S/km}$。试分别用长线路的两种模型计算长度为 100/200/300/400/500km 线路的 π 型等效电路参数值。

解： 首先计算 $l = 100\text{km}$ 线路的参数。分别采用模型 1——中等长度模型，模型 2——长线路模型。

（1）中等长度模型，近似参数计算

$$Z = (r_1 + jx_1) l = (0.0579 + j0.316) \times 100\Omega = (5.79 + j3.16)\Omega$$

$$Y = (g_1 + jb_1) l = (0 + j3.16 \times 10^{-6}) \times 100\text{S} = (j3.55 \times 10^{-4})\text{S}$$

（2）长线路模型，精确参数计算

先计算 Z_c 和 γ

$$Z_c = \sqrt{(r_1 + jx_1)/(g_1 + jb_1)} = \sqrt{(0.0579 + j0.316)/j3.55 \times 10^{-6}}\ \Omega = (299.59 - j27.22)\Omega$$

$$\gamma = \sqrt{(r_1 + jx_1) \cdot (g_1 + jb_1)} = \sqrt{(0.0579 + j0.316) \times j3.55 \times 10^{-6}}\ \text{km}^{-1} = (0.966 - j10.636) \times 10^{-4}\text{km}^{-1}$$

$$\gamma l = (0.9663 \times 10^{-4} + j10.6355 \times 10^{-4}) \times 100 = (0.9663 + j10.6355) \times 10^{-2}$$

计算双曲线函数。利用公式

$$\text{sh}(x+jy) = \text{sh}x\cos y + j\text{ch}x\sin y$$
$$\text{ch}(x+jy) = \text{ch}x\cos y + j\text{sh}x\sin y$$

将 γl 之值代入，便得

$$\text{sh}(\gamma l) = \text{sh}(0.9663\times10^{-2}+j10.6355\times10^{-2}) = (0.9609+j10.6160)\times10^{-2}$$
$$\text{ch}(\gamma l) = \text{ch}(0.9663\times10^{-2}+j10.6355\times10^{-2}) = (0.9944+j0.1026)\times10^{-2}$$

π 型电路的精确参数为

$$Z' = Z_c\text{sh}\gamma l = (299.59-j27.22)\times(0.9609+j10.616)\times10^{-2}\Omega = (5.768+j31.543)\Omega$$

$$Y' = \frac{2(\text{ch}(\gamma l)-1)}{Z_c\text{sh}\gamma l} = \frac{2[(0.9944+j0.1026)\times10^{-2}-1]}{5.768+j31.543}S = (0.0006+j3.5533)\times10^{-4}S$$

然后将不同长度的 π 型等效电路参数用相同的方法算出，其结果见表2-1。

表2-1 例2-4的计算结果

长度 l/km	模型	Z'/Ω	Y'/S
100	1	5.790+j31.6000	j3.55×10⁻⁴
	2	5.7684+j31.542 9	(0.0006+j3.5533)×10⁻⁴
200	1	11.58+j63.2000	j7.1000×10⁻⁴
	2	11.4074+j62.7442	(0.0049+j7.1267)×10⁻⁴
300	1	17.3700+j94.8000	j10.6500×10⁻⁴
	2	16.7898+j93.2656	(0.0167+j10.7405)×10⁻⁴
400	1	23.1600+j126.4000	j14.2000×10⁻⁴
	2	21.7927+j122.7761	(0.0403+j14.4161)×10⁻⁴
500	1	28.9500+j158.0000	j17.7500×10⁻⁴
	2	26.2995+j150.9553	(0.0804+j18.1764)×10⁻⁴

注：1—中等长度模型近似值；2—长线路模型精确值。

由例题2-4的计算结果可见，近似参数的误差随线路长度而增大。相对而言，电阻的误差最大，电抗次之，电纳最小。此外，即使线路的电导为0，等效电路的精确参数中仍有一个数值很小的电导，实际计算时可以忽略。

2.2 变压器等效电路及其参数

电力变压器是电力系统的重要元件，它的结构类型很多。除了有双绕组变压器、三绕组变压器和自耦变压器之分以外，按照构成情况的不同，还可以分为单相变压器组和三相变压器两类。单相变压器组是由三个单相变压器组合构成，由于它比同容量的三相变压器费用高很多，因此只有在变压器容量很大，制造或运输有困难的场所才考虑采用。

2.2.1 双绕组变压器等效电路和参数

三相变压器的绕组可以联结成星形（Y）或三角形（D）。在电力系统稳态分析中，无论绕组的实际联结方式如何，都一概化成等效的 Y，y（即 Y/y）联结方式来进行分析，并且用一相等效电路来反映三相的运行情况。

1. 双绕组变压器的等效电路

双绕组变压器的等效电路中，一般将励磁支路前移到电源侧；将变压器二次绕组的电阻

和漏抗折算到一次绕组侧并和一次绕组的电阻和漏抗合并，用等效阻抗 R_T+jX_T 来表示，如图2-3所示。

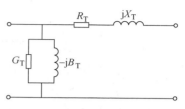

图2-3　双绕组变压器的等效电路

2. 双绕组变压器的参数

变压器的参数指其等效电路中的电阻 R_T、电抗 X_T、电导 G_T、电纳 B_T 和电压比 k_T。电阻 R_T、电抗 X_T、电导 G_T、电纳 B_T 可以分别根据短路损耗 ΔP_k、短路电压 $U_k\%$、空载损耗 ΔP_0、空载电流 $I_0\%$ 计算得到。而且这4个数据可通过短路试验和空载试验测得，并标明在变压器出厂铭牌上。

（1）电阻 R_T

双绕组变压器电阻 R_T 是指将二次绕组的电阻折算到一次绕组侧并和一次绕组的电阻合并的等效电阻值，可根据短路损耗 ΔP_k 计算得到，而短路损耗 ΔP_k 可通过变压器短路试验测得。短路试验的等效电路如图2-4所示，进行短路试验时，将一侧绕组短接，在另一侧绕组施加电压，使短路绕组的电流达到额定值，即可测得变压器的短路损耗 ΔP_k。

由于此时外加电压较小，相应的铁心损耗也小，可认为短路损耗即等于变压器通过额定电流时一次、二次绕组电阻的总损耗（铜耗），对于单相变压器 $\Delta P_k=I_N^2 R_T$，对于三相变压器 $\Delta P_k=3I_N^2 R_T$，因此

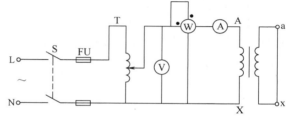

图2-4　短路试验电路

$$R_T=\frac{\Delta P_k U_N^2}{10^3 S_N^2} \qquad (2\text{-}18)$$

式中，ΔP_k 的单位为 kW，S_N 的单位为 MV·A，U_N 的单位为 kV，R_T 的单位为 Ω。式（2-18）对单相变压器和三相变压器均适用。

（2）电抗 X_T

双绕组变压器电抗 X_T 是指将二次绕组的漏抗折算到一次绕组侧并和一次绕组的漏抗合并的等效电抗值，可根据短路电压百分数 $U_k\%$ 计算得到，而短路电压百分数 $U_k\%$ 可通过变压器短路试验测得，如图2-4所示，测得变压器短路时电压表的读数 U_k，以额定电压的百分数表示则得到 $U_k\%=\dfrac{U_k}{U_N}\times100\%$。

由于短路时电阻上的电压远小于电抗上的电压，故可以认为短路电压即等于变压器通过额定电流时等效电抗两端的电压，对于单相变压器 $U_k=I_N X_T$，对于三相变压器 $U_k=\sqrt{3}I_N X_T$，因此

$$X_T=\frac{U_k\% U_N^2}{100\,S_N} \qquad (2\text{-}19)$$

式中，S_N 的单位为 MV·A，U_N 的单位为 kV，X_T 的单位为 Ω。同样式（2-19）对单相变压器和三相变压器均适用。

（3）电导 G_T

变压器的电导 G_T 是指与铁心损耗对应的等效电导，可根据空载损耗 ΔP_0 计算得到，而空载损耗 ΔP_0 可通过变压器空载试验测得。空载试验的等效电路如图 2-5 所示，进行空载试验时，将一侧绕组断开，另一侧绕组施加额定电压，即可测得变压器的空载损耗。

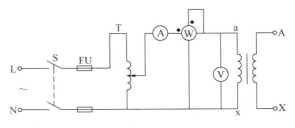

图 2-5　变压器空载试验电路

由于空载电流相对额定电流来说很小，绕组中的铜耗也很小，故可认为变压器的铁心损耗就等于空载损耗，即 $\Delta P_{Fe} = \Delta P_0$，因此

$$G_T = \frac{\Delta P_0}{10^3 U_N^2} \qquad (2-20)$$

式中，ΔP_{Fe} 和 ΔP_0 的单位均为 kW，U_N 的单位为 kW，G_T 的单位为 S。

（4）电纳 B_T

变压器的电纳 B_T 是指与励磁功率对应的等效电纳，可根据空载电流 $I_0\%$ 计算得到，而空载电流 $I_0\%$ 可通过变压器空载试验测得，如图 2-5 所示，可测得变压器的空载电流 I_0，以额定电流的百分数表示则得到 $I_0\%$，变压器空载电流包含有功分量和无功分量，与励磁功率对应的是无功分量。由于有功分量很小，故可认为无功分量和空载电流在数值上相等，因此

$$B_T = \frac{I_0\% S_N}{100 U_N^2} \qquad (2-21)$$

式中，B_T 的单位为 S。

（5）电压比 k_T

在三相电力系统计算中，变压器的电压比 k_T 是指两侧绕组（二次端空载）线电压的比值。对于 Yy 和 Dd 联结的变压器，$k_T = \dfrac{U_1}{U_{20}} = \dfrac{N_1}{N_2}$，即电压比与一次、二次绕组匝数比相等；

对于 Yd 联结的变压器，$k_T = \dfrac{U_1}{U_{20}} = \sqrt{3}\,\dfrac{N_1}{N_2}$。

电力变压器的高压绕组和中压绕组往往设有分接头便于运行时选取，根据电力系统运行调节的要求，变压器不一定工作在主抽头上，因此，变压器运行中的实际电压比，应是工作时两侧绕组实际抽头的空载线电压之比。

例 2-5　一台 SFL20000/110 型降压变压器向 10kV 网络供电，铭牌给出的试验数据为：$\Delta P_k = 135\text{kW}$，$U_k\% = 10$，$\Delta P_0 = 22\text{kW}$，$I_0\% = 0.8$。试计算高压侧的变压器参数。

解：由型号知，$S_N = 20000\text{kV} \cdot \text{A} = 20\text{MV} \cdot \text{A}$，高压侧额定电压 $U_N = 110\text{kV}$。各参数如下：

$$R_T = \frac{\Delta P_k U_N^2}{10^3 S_N^2} = \frac{135 \times 110^2}{20^2 \times 10^3}\Omega = 4.08\Omega$$

$$X_T = \frac{U_k\%}{100} \times \frac{U_N^2}{S_N} = \frac{10.5 \times 110^2}{100 \times 20}\Omega = 63.53\Omega$$

$$G_{\mathrm{T}} = \frac{\Delta P_0}{10^3 U_{\mathrm{N}}^2} = \frac{22}{10^3 \times 110^2}\mathrm{S} = 1.82 \times 10^{-6}\mathrm{S}$$

$$B_{\mathrm{T}} = \frac{I_0(\%)}{100} \times \frac{S_{\mathrm{N}}}{U_{\mathrm{N}}^2} = \frac{0.8}{100} \times \frac{20}{110^2}\mathrm{S} = 13.2 \times 10^{-6}\mathrm{S}$$

$$K_{\mathrm{T}} = \frac{U_{1\mathrm{N}}}{U_{2\mathrm{N}}} = \frac{110}{11} = 10$$

求解时注意各物理量的单位。

2.2.2 三绕组变压器等效电路和参数

1. 三绕组变压器的等效电路

在三绕组变压器的等效电路中，一般将励磁支路前移到电源侧；将变压器二次绕组的电阻和漏抗折算到一次绕组侧，各绕组的电阻和漏抗分别用等效阻抗 $R_{\mathrm{T}i} + \mathrm{j}X_{\mathrm{T}i}$ 来表示，如图 2-6 所示。

2. 三绕组变压器的参数

三绕组变压器等效电路中的参数计算原则与双绕组变压器的相同。

（1）电阻 $R_{\mathrm{T}1}$、$R_{\mathrm{T}2}$、$R_{\mathrm{T}3}$

1）按照三绕组变压器铭牌给出各绕组之间的短路损耗。

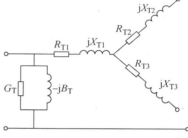

图 2-6 三绕组变压器的等效电路

当变压器 3 个绕组的容量比为 100/100/100 时，3 个绕组的额定容量都等于变压器额定容量，铭牌中给出 3 个绕组间的短路损耗 $\Delta P_{\mathrm{k}(1\text{-}2)}$、$\Delta P_{\mathrm{k}(2\text{-}3)}$、$\Delta P_{\mathrm{k}(3\text{-}1)}$。短路试验方法是：依次将一个绕组开路，对另外两个绕组按双绕组变压器进行短路试验，得到这两个绕组间的短路总损耗。则每个绕组的短路损耗为

$$\Delta P_{\mathrm{k}1} = \frac{1}{2}\left[\Delta P_{\mathrm{k}(1\text{-}2)} + \Delta P_{\mathrm{k}(3\text{-}1)} - \Delta P_{\mathrm{k}(2\text{-}3)}\right]$$

$$\Delta P_{\mathrm{k}2} = \frac{1}{2}\left[\Delta P_{\mathrm{k}(1\text{-}2)} + \Delta P_{\mathrm{k}(2\text{-}3)} - \Delta P_{\mathrm{k}(3\text{-}1)}\right]$$

$$\Delta P_{\mathrm{k}3} = \frac{1}{2}\left[\Delta P_{\mathrm{k}(3\text{-}1)} + \Delta P_{\mathrm{k}(2\text{-}3)} - \Delta P_{\mathrm{k}(1\text{-}2)}\right] \tag{2-22}$$

于是，根据双绕组变压器等效电阻 R_{T} 计算方法，可得三绕组变压器各绕组等效电阻为

$$R_{\mathrm{T}i} = \frac{\Delta P_{\mathrm{k}i} U_{\mathrm{N}}^2}{10^3 S_{\mathrm{N}}^2} \quad (i = 1,2,3) \tag{2-23}$$

当变压器 3 个绕组的容量不等时，例如 100/100/50 或 100/50/100 时，变压器铭牌上各短路损耗的含义是：两个 100% 绕组间的短路损耗是指 50% 绕组开路时两个 100% 绕组的短路试验测得的短路总损耗；一个 100% 绕组与 50% 绕组短路损耗是指另一个 100% 绕组开路、50% 绕组流过其额定电流的 50% 时，该 100% 绕组与 50% 绕组的短路试验测得的短路总损耗。因此，必须将 100% 绕组与 50% 绕组间短路总损耗折算成对应额定容量的值，即

$$\Delta P_{k(1-2)} = \Delta P'_{k(1-2)} \left(\frac{S_N}{S_{2N}} \right)^2$$

$$\Delta P_{k(2-3)} = \Delta P'_{k(2-3)} \left(\frac{S_N}{\min\{S_{2N} 、 S_{3N}\}} \right)^2$$

$$\Delta P_{k(3-1)} = \Delta P'_{k(3-1)} \left(\frac{S_N}{S_{3N}} \right)^2 \tag{2-24}$$

然后，按照式（2-22）和式（2-23）分别计算 3 个绕组的电阻值。

2）第二种情况：铭牌中给出最大短路损耗。

铭牌中给出的最大短路损耗 ΔP_{kmax} 的含义是：两个 100% 容量的绕组通过额定电流，另一个 100% 绕组或 50% 绕组空载时的损耗。例如 100/100/50 时，依据变压器设计中按电流密度相等选择各绕组导线截面积的原则，可以确定额定容量 S_N（100% 容量）的绕组的电阻为

$$R_{T1} = R_{T2} = \frac{\Delta P_{kmax} U_N^2}{2 \times 10^3 S_N^2} \tag{2-25}$$

额定容量较小（S'_N）的绕组的电阻为

$$R_{T3} = \frac{S_N}{S'_N} R_{T1} = 2R_{T1} \tag{2-26}$$

（2）电抗 X_{T1}、X_{T2}、X_{T3}

类似双绕组变压器，可以近似地认为电抗上的电压等于短路电压。铭牌上给出的是通过短路试验测得的每两个绕组之间的短路电压 $U_{k(1-2)}\%$、$U_{k(2-3)}\%$、$U_{k(3-1)}\%$，则每个绕组的短路电压为

$$\begin{cases} U_{k1}\% = \frac{1}{2} \left(U_{k(1-2)}\% + U_{k(3-1)}\% - U_{k(2-3)}\% \right) \\ U_{k2}\% = \frac{1}{2} \left(U_{k(1-2)}\% + U_{k(2-3)}\% - U_{k(3-1)}\% \right) \\ U_{k3}\% = \frac{1}{2} \left(U_{k(3-1)}\% + U_{k(2-3)}\% - U_{k(1-2)}\% \right) \end{cases} \tag{2-27}$$

于是，根据双绕组变压器等效电阻 R_T 计算方法，同理可得三绕组变压器各绕组等效电抗为

$$X_{Ti} = \frac{U_{ki}\%}{100} \times \frac{U_N^2}{S_N} \quad (i = 1, 2, 3) \tag{2-28}$$

注意：手册和制造厂在变压器铭牌上给出的短路电压值，不论变压器各绕组容量比如何，一般都已折算为与变压器额定容量相对应的值，因此，可以直接利用上述公式计算。

此外，各绕组等效电抗的相对大小与 3 个绕组在铁心上的排列方式有关。三绕变压器按其 3 个绕组排列方式不同分为升压结构和降压结构两种。无论哪种结构，因绝缘要求高压绕组总是排在外层，中压和低压绕组均有可能排在中层。排在中层的绕组的等效电抗较小，或具有不大的负值。

低压绕组位于中层时，如图 2-7a 所示，低压绕组与高、中压绕组均电磁耦合紧密，有利于功率从低压侧向高、中压侧传送，因此常用于升压变压器中。

中压绕组位于中层时，如图 2-7b 所示，中压绕组与高压绕组电磁耦合紧密，有利于功

率从高压侧向中压侧传送，也有利于限制低压侧的
短路电流，因此常用于降压变压器中。

（3）导纳及电压比

三绕组变压器的等效导纳 G_T-jB_T 和电压比 k_{12}、
k_{23}、k_{31} 的计算与双绕组变压器相同。

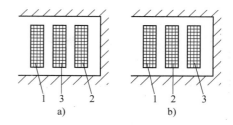

图 2-7　三绕组变压器的绕组
1—高压绕组　2—中压绕组　3—低压绕组

例 2-6　某容量比为 90/90/60MV·A，额定电
压为 220/38.5/11kV 的三绕组变压器。铭牌给出的
试验数据为：$\Delta P_{k(1-2)} = 560\text{kW}$，$\Delta P_{k(3-1)} = 363\text{kW}$，
$\Delta P_{k(2-3)} = 178\text{kW}$，$U_{k(1-2)}\% = 13.35$，$U_{k(3-1)}\% =$
20.4，$U_{k(2-3)}\% = 5.7$，$\Delta P_0 = 187\text{kW}$，$I_0\% = 0.856$。求归算到 220kV 侧的变压器参数。

解：（1）各绕组电阻

$$\begin{cases} \Delta P_{k(1-2)} = \Delta P'_{k(1-2)}\left(\dfrac{S_N}{S_{2N}}\right)^2 = 560\left(\dfrac{90}{90}\right)^2 \text{kW} = 560\text{kW} \\[3mm] \Delta P_{k(2-3)} = \Delta P'_{k(2-3)}\left(\dfrac{S_N}{\min\{S_{2N}、S_{3N}\}}\right)^2 = 178\left(\dfrac{90}{60}\right)^2 \text{kW} = 401\text{kW} \\[3mm] \Delta P_{k(3-1)} = \Delta P'_{k(3-1)}\left(\dfrac{S_N}{S_{3N}}\right)^2 = 363\left(\dfrac{90}{60}\right)^2 \text{kW} = 817\text{kW} \end{cases}$$

$$\begin{cases} \Delta P_{k1} = \dfrac{1}{2}\left[\Delta P_{k(1-2)} + \Delta P_{k(3-1)} - \Delta P_{k(2-3)}\right] = \dfrac{1}{2}(560+817-401)\text{kW} = 488\text{kW} \\[3mm] \Delta P_{k2} = \dfrac{1}{2}\left[\Delta P_{k(1-2)} + \Delta P_{k(2-3)} - \Delta P_{k(3-1)}\right] = \dfrac{1}{2}(560+401-817)\text{kW} = 72\text{kW} \\[3mm] \Delta P_{k3} = \dfrac{1}{2}\left[\Delta P_{k(3-1)} + \Delta P_{k(2-3)} - \Delta P_{k(1-2)}\right] = \dfrac{1}{2}(817+401-560)\text{kW} = 329\text{kW} \end{cases}$$

$$\begin{cases} R_{T1} = \dfrac{\Delta P_{k1} U_N^2}{10^3 S_N^2} = \dfrac{488\times220^2}{1000\times90^2}\Omega = 2.92\Omega \\[3mm] R_{T2} = \dfrac{\Delta P_{k2} U_N^2}{10^3 S_N^2} = \dfrac{72\times220^2}{1000\times90^2}\Omega = 0.43\Omega \\[3mm] R_{T1} = \dfrac{\Delta P_{k3} U_N^2}{10^3 S_N^2} = \dfrac{329\times220^2}{1000\times60^2}\Omega = 1.97\Omega \end{cases}$$

（2）各绕组电抗

$$\begin{cases} U_{k1}\% = \dfrac{1}{2}(U_{k(1-2)}\% + U_{k(3-1)}\% - U_{k(2-3)}\%) = \dfrac{1}{2}(13.15+20.4-5.7) = 13.93 \\[3mm] U_{k2}\% = \dfrac{1}{2}(U_{k(1-2)}\% + U_{k(2-3)}\% - U_{k(3-1)}\%) = \dfrac{1}{2}(13.15+5.7-20.4) = -0.78 \\[3mm] U_{k3}\% = \dfrac{1}{2}(U_{k(3-1)}\% + U_{k(2-3)}\% - U_{k(1-2)}\%) = \dfrac{1}{2}(20.4+5.7-13.15) = 6.48 \end{cases}$$

$$\begin{cases} X_{T1} = \dfrac{U_{k1}\%}{100} \times \dfrac{U_N^2}{S_N} = \dfrac{13.93}{100} \times \dfrac{220^2}{90}\Omega = 74.9\Omega \\[3mm] X_{T2} = \dfrac{U_{k2}\%}{100} \times \dfrac{U_N^2}{S_N} = \dfrac{-0.78}{100} \times \dfrac{220^2}{90}\Omega = -4.2\Omega \\[3mm] X_{T3} = \dfrac{U_{k3}\%}{100} \times \dfrac{U_N^2}{S_N} = \dfrac{6.48}{100} \times \dfrac{220^2}{90}\Omega = 34.8\Omega \end{cases}$$

（3）绕组电导

$$G_T = \frac{\Delta P_0}{10^3 \times U_N^2} = \frac{187}{10^3 \times 220^2}S = 3.9 \times 10^{-6}S$$

（4）绕组电纳

$$B_T = \frac{I_0(\%)S_N}{100 U_N^2} = \frac{0.856}{100} \times \frac{90}{220}S = 15.9 \times 10^{-6}S$$

2.2.3 自耦变压器等效电路和参数

自耦变压器的等效电路及其参数计算的原理和普通变压器相同。通常，三绕组自耦变压器的第三绕组（低压绕组）总是联结成三角形，以消除由于铁心饱和引起的三次谐波，且它的容量比变压器的额定容量（高、中压绕组的容量）小。因此，计算等效电阻时应按照上述三绕组变压器的方法对短路损耗的数据进行折算。如果铭牌给出的短路电压百分值是未经折算的，在计算等效电抗时还需要按照上述三绕组变压器的方法对短路电压百分值进行折算。设第三绕组容量 S_{3N} 小于额定容量 S_N，则有

$$\begin{cases} U_{k(2-3)}\% = U'_{k(2-3)}\% \dfrac{S_N}{S_{3N}} \\[3mm] U_{k(3-1)}\% = U'_{k(3-1)}(\%) \dfrac{S_N}{S_{3N}} \end{cases} \tag{2-29}$$

2.3 同步发电机等效电路及参数

2.3.1 理想同步发电机的基本概念

三相同步发电机是电力系统的主要电源，三相同步发电机的结构示意图如图 2-8 所示。

图 2-8 中，共有 6 个绕组，定子绕组为三相对称排列，转子上则有励磁绕组 f，横轴阻尼绕组 Q 和纵轴阻尼绕组 D。

同步发电机的运行特性很复杂，为了便于分析，常采用以下的简化假设，符合下述假设条件的电机称为理想同步电机。

1）忽略磁路饱和、磁滞、涡流等的影响，假设电机铁心部分的导磁系数为常数。

2）电机转子在结构上对于纵轴和横轴分别对称。

3）定子的 a、b、c 三相绕组的空间位置互差 120°，结构上完全相同，均在气隙中产生

正弦分布的磁动势。

4）电机空载、转子恒速旋转时，转子绕组的磁动势在定子绕组所感应的空载电动势是时间的正弦函数。

5）定子和转子的槽和通风沟不影响定子和转子的电感，即认为电机的定子和转子具有光滑的表面。

对于三相对称的理想同步发电机，同样可以建立单相等效电路模型。通常用 d-q 直角坐标系（如图2-8所示）表示。（推导过程略）。

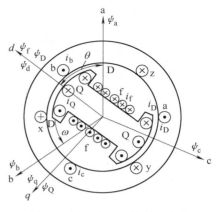

图2-8 同步发电机结构及各绕组正方向的选定示意图

2.3.2 同步发电机稳态运行时的参数和等效电路

同步电机稳态运行时，定子电流为幅值恒定的三相正序电流，转速恒定且与转子保持同步，对隐极式同步三相发电机（汽轮发电机），其单相等效电路模型图2-9a所示，发电机的端电压与输出电流之间有

$$\dot{U}=\mathrm{j}\dot{E}_\mathrm{q}-(r_\mathrm{q}+\mathrm{j}x_\mathrm{q})\dot{I} \tag{2-30}$$

图2-9 发电机的等效电路模型

a）隐极发电机　b）凸极发电机

对凸极同步发电机（水轮发电机），为了便于计算，定义了一个与 $\dot{E}_\mathrm{q}$ 同相的虚构电动势 $\dot{E}_\mathrm{Q}$，其发电机的端电压与输出电流的关系为

$$\dot{U}=\mathrm{j}\dot{E}_\mathrm{Q}-(r_\mathrm{q}+\mathrm{j}x_\mathrm{q})\dot{I} \tag{2-31}$$

可以作出与隐极发电机相同的等效电路如图2-9b所示。这种把实际的凸极机等效为具有电抗 x_q 和电动势 E_Q 的隐极机的方法，称为等效隐极机法。但要注意的是 E_Q 与励磁电流之间不存在简单的正比关系。

发电机制造厂提供的同步发电机的参数通常有：额定线电压 U_N（kV），三相额定容量 S_N（MV·A），额定功率因数 $\cos\varphi_\mathrm{N}$（滞后）。定子电阻：百分值 r_q（%）（电阻通常忽略不计），同步电抗：百分值 x_q（%）。其定义为

$$r_\mathrm{q}=\frac{S_\mathrm{N}}{U_\mathrm{N}^2}r_\mathrm{G}\times100\% \tag{2-32}$$

$$x_\mathrm{q}=\frac{S_\mathrm{N}}{U_\mathrm{N}^2}x_\mathrm{G}\times100\% \tag{2-33}$$

从而可得到单相等效电路的电阻和电抗为（电阻通常忽略不计即取 $r_q = 0$）

$$r_G = r_q \frac{U_N^2}{S_N} \tag{2-34}$$

$$x_G = x_q \frac{U_N^2}{S_N} \tag{2-35}$$

式中，用 G 作下标表示为发电机的等效电阻和等效电抗。

并可以求出发电机相应的额定值：

线电流（单位：kA）为

$$I_N = \frac{S_N}{\sqrt{3}\, U_N} \tag{2-36}$$

输出的有功功率（单位：MW）为 $P_N = S_N \cos\varphi_N$ $\qquad\qquad$ (2-37)

输出的无功功率（单位：Mvar）为 $Q_N = S_N \sin\varphi_N$ $\qquad\qquad$ (2-38)

同步发电机稳态运行时也可以用另一种简化的模型表示，即用发电机输出功率表示

$$\widetilde{S} = P_G + jQ_G \tag{2-39}$$

2.4　电力系统负荷模型

负荷是电力系统的组成部分，又是电力系统的服务对象。负荷由分散于各处的千千万万个用电设备组成，是各类用电设备的综合；负荷几乎时时刻刻在变化，不仅大小在随机变化，而且其组成也在随机变化。负荷有两个特点：综合性和随机性，因此要准确描述负荷特性不是一件容易的事。

目前常用的负荷的表示方法有两种：用负荷功率表示或用等效复阻抗表示，如图 2-10 所示。

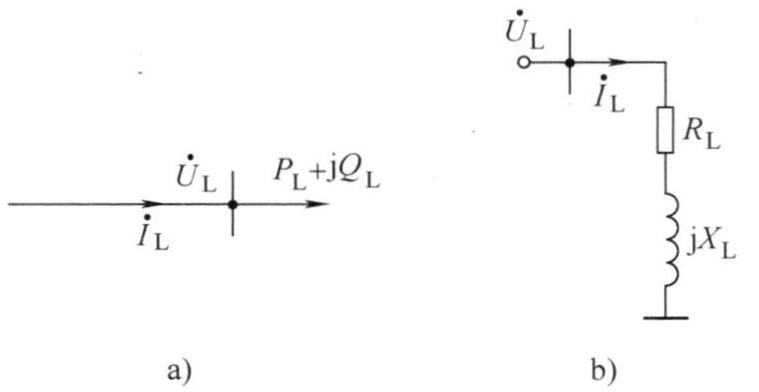

2.4.1　负荷用功率表示

在电力系统中，通常根据用户用电设备的性质确定其所需要的功率，通常，电阻性负荷吸收有功功率，工业生产中大量应用各种电动机，它们不但消耗有功功率，还要消耗无功功率。

在电力系统中定义感性负荷吸收无功功率，为正，即 $Q_L > 0$；容性负荷发出无功功率，为负，即 $Q_L < 0$。因此，负荷可以用复功率表示为

图 2-10　负荷的等效电路模型
a）用负荷功率表示　b）用阻抗表示

$$\widetilde{S} = \dot{U}_L \overset{*}{I}_L = U_L I_L e^{j\varphi} = P_L + jQ_L \tag{2-40}$$

式中，$\dot{U}_L$ 为负荷端的电压相量；$\overset{*}{I}_L$ 为流入负荷的电流相量的共轭，即其大小等于 I_L，其相位角与电流相量的相位角反相。比较：$I = Ie^{j\theta}$，则其共轭为 $\overset{*}{I} = Ie^{-j\theta}$，$\varphi$ 为电压与电流的相位

角的差 $\varphi = \varphi_U - \varphi_I$。

2.4.2　负荷用复阻抗表示

在稳态分析中，负荷还可以用复阻抗来表示，根据欧姆定律，负荷的复阻抗为

$$Z_L = R_L + jX_L = \frac{\dot{U}_L}{\dot{I}_L} \tag{2-41}$$

若已知负荷消耗的有功功率 P_L 和无功功率 Q_L 时，可以求得

$$Z_L = R_L + jX_L = \frac{U_L^2}{S_L}(\cos\varphi_L + j\sin\varphi_L) = \frac{U_L^2}{S_L^2}(P_L + jQ_L) \tag{2-42}$$

对于容性负荷，可以推导得其电抗小于零。

2.5　电力系统的等效电路

上面介绍了电力线路、变压器、发电机和负荷的等效电路和参数，本节在此基础上讨论如何形成全系统的等效电路。

电力系统是一个多电压等级的电力网络，制定全系统等效电路是先求出电力系统各元件的参数和等效电路，再根据它们的联结方式和拓扑关系，建立电力系统的等效网络。常用的电力系统的等效网络有两种，用有名制表示的多级电压等效电路和用标幺制表示的多级电压等效电路。

2.5.1　有名制表示的等效电路

根据电力系统的电气接线图，将各元件用相应的等效电路代替，就可以得到该多级电压电力网络的等效电路，如图 2-11 所示。图中发电机和负荷直接用输入功率和输出功率表示，这是稳态分析中常用的简化表示方法。

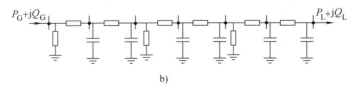

图 2-11　多级电压电力系统及其等效电路

a）多级电压电力网络的电气接线图　b）多级电压电力网络的等效电路

电力系统分析计算中，把这种采用有单位的电压、电流、功率、复阻抗、复导纳等进行

运算的，称为有名制，用有单位的参数标出各元件，称为用有名制表示的等效电路。

电力系统是一个多电压级系统，各元件的参数是用其所在电压等级的额定值计算的，因此，首先要把各元件的参数、各节点电压和各支路电流都归算到指定的某一电压等级，该电压等级称为基本级。

基本级一般取电力系统的最高电压级，也可以任意指定，基本级的各元件参数不需要归算，其他非基本级的元件参数则要进行归算，设从基本级到某电压级之间串联有电压比为 K_1、K_2、$\cdots$、K_n 的 n 台变压器，则该电压级中元件的参数要作如下变换：

$$Z = Z'(K_1 K_2 \cdots)^2 \tag{2-43}$$

$$U = U'(K_1 K_2 \cdots) \tag{2-44}$$

$$I = I'/(K_1 K_2 \cdots) \tag{2-45}$$

$$Y = Y'/(K_1 K_2 \cdots)^2 \tag{2-46}$$

如图 2-11 中，若取 220kV 为基本级，则图中的 L_3 线路，根据 2.1.3 节求出的电力线路的阻抗参数 Z'_{L3} 后，归算到基本电压级后为

$$Z_{L3} = Z'_{L3}(K_1 K_2 \cdots)^2 = Z'_{L3}\left(\frac{220}{121} \times \frac{110}{37}\right)^2$$

变压器 T_3，根据 2.2 节求出的变压器阻抗参数后（注意到变压器的参数一般是归算到高压端的，即 T_3 是归算到 110kV 电压级的），归算到基本电压级后为

$$Z_{T3} = Z'_{T3}(K_1 K_2 \cdots)^2 = Z'_{L3}\left(\frac{220}{121}\right)^2$$

而 T_2、T_1 变压器和 L_1 线路均不需要归算。

例 2-7 多级电压的电力网络部分接线图如图 2-12 所示，已知参数见表 2-2。求其等效电路。

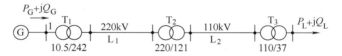

图 2-12　多级电压的电力网络部分接线图

表 2-2　例 2-7 的已知参数

	容量/MV·A	电压/kV	短路损耗 P_k/kW	短路电压 $U_k\%$	空载损耗 P_0/kW	空载电流 $I_0\%$
变压器 T_1	180	10.5/242	1005	14	295	2.5
变压器 T_2	120	220/121	580	10.5	130	2.5
变压器 T_3	60	110/37	310	7	70	2
	型号	长度/km	电压/kV	电阻/(Ω/km)	电抗/(Ω/km)	电纳/(S/km)
线路 L_1	LGJQ-400	150	220	0.08	0.406	2.81×10⁻⁶
线路 L_2	LGJ-300	60	110	0.105	0.383	2.98×10⁻⁶

解： 归算到 220kV 级

变压器 T_1：$R_{T1} = \dfrac{P_k U_N^2}{10^3 S_N^2} = \dfrac{1005 \times 242^2}{10^3 \times 180^2} \Omega = 1.82\Omega$

变压器 T_2：$R_{T2} = \dfrac{P_k U_N^2}{10^3 S_N^2} = \dfrac{580 \times 220^2}{10^3 \times 120^2} \Omega = 1.95\Omega$

变压器 T_3：$R_{T3} = \dfrac{P_k U_N^2}{10^3 S_N^2} = \dfrac{310 \times 110^2}{10^3 \times 60^2}\left(\dfrac{220}{121}\right)^2 \Omega = 3.44\Omega$

这里仅以变压器的电阻计算为例，由此可见，变压器参数归算到高压端，按变压器的实际电压比归算到基本电压级。其他参数按计算公式并作归算。

同样，对线路按中等长度模型有

线路 L_1：$R_{L1} = 0.08 \times 150\Omega = 12\Omega$

线路 L_2：$R_{L2} = 0.105 \times 60 \times \left(\dfrac{220}{121}\right)^2 \Omega = 20.83\Omega$

把各元件的参数按公式计算并归算到基本级，求出的参数见表2-3，标在各相应元件上，得到以有名制表示的电力系统等效网络如图2-13所示。

表 2-3　归算到 220kV 级的各元件的参数

	容量 /MV·A	电压 /kV	R_T /Ω	X_T /Ω	G_T /S	B_T /S
变压器 T_1	180	10.5/242	1.82	45.55	5.0×10^{-6}	76.8×10^{-6}
变压器 T_2	120	220/121	1.95	42.35	2.7×10^{-6}	59.5×10^{-6}
变压器 T_3	60	110/37	3.44	46.67	1.8×10^{-6}	30×10^{-6}
	型号	长度 /km	电压 /kV	电阻 /Ω	电抗 /Ω	电纳 $B/2$ /S
线路 L_1	LGJQ-400	150	220	12	60.9	211×10^{-6}
线路 L_2	LGJ-300	60	110	20.83	75.8	27×10^{-6}

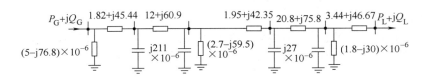

图 2-13　例 2-7 的等效电路图

由求解结果可知，变压器的电纳为负（感性电路的电纳为负）。且电导和电纳都很小，线路的电纳为正（容性电路的电纳为正），且很小。电阻与电抗相比很小。

讨论：

1）在电力系统稳态分析时，若采用计算机辅助分析，一般要求作精确分析，这时变压器的电压比要采用实际电压比。

2）在手工计算时，可以采用近似估算方法，这时变压器的电压比可以取其两侧的额定电压之比或（电力线路的）平均额定电压之比，如果取平均额定电压之比，仍以 L_3 线路为

例，则有

$$Z_{L3} = Z'_{L3}(K_1 K_2 \cdots)^2 = Z'_{L3}\left(\frac{232}{115.5} \times \frac{115.5}{37}\right)^2 = Z'_{L3}\left(\frac{232}{37}\right)^2$$

即无论中间经过多少级变压器，归算仅与基本级平均额定电压（用 U_{BavN} 与元件所在级平均额定电压之比有关，电力系统的各元件参数的归算可以大为简化，有

$$Z = Z'(U_{BavN}/U_{avN})^2 \tag{2-47}$$

$$U = U'(U_{BavN}/U_{avN}) \tag{2-48}$$

$$I = I'/(U_{BavN}/U_{avN}) \tag{2-49}$$

$$Y = Y'/(U_{BavN}/U_{avN})^2 \tag{2-50}$$

此时，电力系统各元件及发电机、变压器和负荷的阻抗、导纳的计算中，其额定电压均以这些元件所在电压级的（电力线路）平均额定电压所代替。

3）在短路等故障分析时，考虑到变压器的导纳和线路的电纳都很小，短路时接地支路的电流可忽略不计。

2.5.2 标幺制

在电力系统分析中，还经常采用一种相对单位制，称为标幺制。在标幺制中，各不同单位的物理量都要指定一个基准值，这个基准值用下标 B 表示，例如指定 220kV 作为电压的基准量，$U_B = 220kV$，则某个物理量的标幺值定义为其有名值和基准值之比，用下标 $*$ 表示。有时加上说明用标幺值表示后，可以略去 $*$ 下标。设某物理量为 A，则有

$$A_*(标幺值) = \frac{A(有单位)}{A_B(与 A 同单位)} \tag{2-51}$$

例如 220kV 级线路上某点电压 $U = 231kV$，若取电压的基准值为 220kV，则该点电压的标幺值为

$$U_* = \frac{231}{220} = 1.05$$

若取电压的基准值为 231kV，则其标幺值为 1，所以标幺值与基准值的选取有关。在应用标幺制表示时，必须先说明所取的基准值。

电力系统使用标幺值进行计算和标注，主要是因为它具有这样一些优点：

1）易于比较电力系统各元件的参数和特点。例如各电压等级的电压值很不相同，但转化成标幺值后其值变化必须在一定范围内，否则不符合电力系统的要求，因此便于迅速判断结果的正确性。

2）能够简化计算公式，交流电路中，用标幺制计算时通过选择不同的基准值，线电压与相电压的标幺值相等，三相功率与单相功率的标幺值相等，三相电路与单相电路的计算公式相同。

3）三相电力系统中，各元件参数和变量之间的基准值还有确定的关系：

$$S_B = \sqrt{3} I_B U_B \tag{2-52}$$

$$U_B = \sqrt{3} I_B Z_B \tag{2-53}$$

$$Z_B = \frac{1}{Y_B} \tag{2-54}$$

因此一般只要选取两个基准值，另三个基准值就确定了。通常电力系统中选取基准功率 S_B 和基准电压 U_B。基准功率 S_B 一般取某一整数，如 $100\text{MV}\cdot\text{A}$，使计算比较方便，$S_B$ 也可以取系统中最大容量机组的视在功率。基准电压 U_B 一般取电力网的基本级的额定电压。

2.5.3 标幺制表示的等效电路

在电力系统的稳态分析中，要求对电路进行精确求解，这时建立用标幺制表示的等效电路的步骤如下：

1）求出各元件的参数值并按变压器的实际电压比归算到基本级。如2.5.1节所讨论的。

2）选取三相功率的基准值 S_B，令 $U_B = U_N$（基本级的额定电压）

3）将归算到基本级的各元件参数的有名值除以相应的基准值：

$$Z_* = \frac{Z}{Z_B} = Z\frac{S_B}{U_B^2} = (R+jX)\frac{S_B}{U_B^2} \tag{2-55}$$

$$Y_* = \frac{Y}{Y_B} = Y\frac{U_B^2}{S_B} = (G+jB)\frac{U_B^2}{S_B} \tag{2-56}$$

$$U_* = \frac{U}{U_B} \tag{2-57}$$

$$I_* = \frac{I}{I_B} = I\frac{\sqrt{3}\,U_B}{S_B} \tag{2-58}$$

例 2-8 仍以图 2-12 所示多级电压的电力网络部分接线图为例，在例 2-7 中已求出将它归算到 220kV 级的有名制表示的各参数值，求各元件参数的标幺值。

解：因归算到 220kV 的各元件的参数有名值已求出见表 2-3，选择

$$S_B = 100\text{MV}\cdot\text{A}, \quad U_B = U_N = 220\text{kV}$$

则有变压器 T_1 的参数标幺值为

$$Z_{T1*} = \frac{Z_{T1}}{Z_B} = (1.82+j45.55)\frac{100}{220^2} = 0.0038+j0.094$$

$$Y_{T1*} = \frac{Y_{T1}}{Y_B} = (5.0-j76.8)\times10^{-6}\times\frac{220^2}{100} = 0.00242-j0.0372$$

用同样方法求出全部电路参数见表 2-4。

表 2-4 例 2-8 中各元件的标幺值参数

	R_{T*}	X_{T*}	G_{T*}	B_{T*}
变压器 T_1	0.00376	0.094112	0.00242	0.0372
变压器 T_2	0.004029	0.0875	0.001307	0.0288
变压器 T_3	0.007107	0.096426	0.009196	0.0145
	R_*	X_*	$B_*/2$	
线路 L_1	0.024793	0.125826	0.102124	
线路 L_2	0.042975	0.156612	0.013068	

电力系统中各电气设备，如发电机、变压器、电抗器等的阻抗参数，是以自身的额定容量和额定电压为基准值的标幺值或者百分值给出，因此在制定电力系统标幺值的等效网络

时，必须把这些不同基准值的标幺值换算为统一基准值下的标幺值。换算的方法是先将阻抗标幺值还原为有名值，再按选定的统一基准值换算为标幺值。具体求解公式如下：

若发电机的同步电抗一般按额定值为基准值的标幺值 X_{d*N}（或百分值 $X_d\%$）给出，则

$$X_{G*} = X_{d*N}\left(\frac{U_N}{U_B}\right)^2\left(\frac{S_B}{S_N}\right)$$

$$X_{d*} = \frac{X_d\%}{100}\left(\frac{U_N}{U_B}\right)^2\left(\frac{S_B}{S_N}\right) \tag{2-59}$$

变压器的电抗一般给出短路电压百分数 $U_k\%$，与电抗标幺值的关系为

$$X_{T*B} = \frac{U_k\%}{100}\left(\frac{U_N}{U_B}\right)^2\left(\frac{S_B}{S_N}\right) \tag{2-60}$$

电抗器一般给出 U_N、I_N 和电抗百分数 $X_R\%$，与电抗标幺值的关系为

$$X_{R*B} = \frac{X_R\%}{100}\left(\frac{U_N}{U_B}\right)^2\left(\frac{I_B}{I_N}\right) \tag{2-61}$$

电力线路的参数一般是给出有名值，可直接计算标幺值。

还有一种做法是，根据基本级的电压基准值按基准电压的电压比先求出各级相应的电压基准值

$$U'_B = \frac{1}{(K_1 K_2 \cdots)}U_B \tag{2-62}$$

然后其他元件就不必归算了，直接按 S_B 和元件所在电压级的电压基准值求出标幺值。

$$Z_* = \frac{Z}{Z_B} = Z\frac{S_B}{U'^2_B} = (R+jX)\frac{S_B}{U'^2_B} \tag{2-63}$$

$$Y_* = \frac{Y}{Y_B} = Y\frac{U'^2_B}{S_B} = (G+jB)\frac{U'^2_B}{S_B} \tag{2-64}$$

应用标幺值的关键在选取基准值，电力系统中归结为选取基准功率 S_B 和基准电压 U_B。基准功率取某一整数，如 $100MV\cdot A$，或系统中最大容量机组的视在功率。而基准电压的选取却与基准电压比的选择有关。实际应用中，基准电压比的选择常采用以下两种方法：

1）选基准电压比等于各变压器的实际电压比，即选 $U_{1B} = U_1$，$U_{2B} = U_2$，从而 $k_B = k_T$。这种选择的优点是此时变压器的标幺电压比 $k_{T*} = 1$，从而简化了等效电路。这种方法适应于某些极简单的系统；缺点是，对于含有变压器的环形网络，当变压器的电压比不匹配时，会出现基准电压无法确定的问题。实际电力系统并不采用此方法，而是采用下面的方法。

2）选基准电压比等于各电压级的额定电压 U_{iN} 或平均额定电压 U_{iavN} 之比，从而，各电压级的基准电压就等于该级的额定电压或平均额定电压，即 $U_{iB} = U_{iN}$（或 U_{iavN}）。这种选择的优点是基准电压一目了然，易于直观判断所得电压结果的高低，不会出现基准电压难以确定的问题；缺点是，此时变压器的标幺电压比 $k_{T*} \neq 1$，手算时会增加一定难度。这种选择方法得到了广泛的应用。

这种方法的求解步骤如下：

1）选则基准值：取 $S_B = 100MV\cdot A$，$U_{iB} = U_{iavN}$。

2）将各个元件化为统一基准值下的标幺值。

3）有关计算。

4）所求得的结果还原为有名值。

例 2-9　简单电力系统如图 2-14 所示，各元件的有关参数如下：

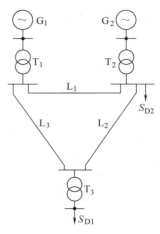

图 2-14　例 2-9 简单电力系统

发电机 G_1：60MW，10.5kV，$\cos\varphi_N = 0.8$；发电机 G_2：50MW，10.5kV，$\cos\varphi_N = 0.8$；升压变压器 T_1、T_2：63MV·A，10.5/242kV，$U_k\% = 12$，$\Delta P_0 = 98$kW，$I_0\% = 3$；降压变压器 T_3：100MV·A，220/11kV，$\Delta P_k = 510$kW，$U_k\% = 13$，$\Delta P_0 = 140$kW，$I_0\% = 2.8$；输电线路 L_1：75km，$r_1 = 0.14107\Omega/\text{km}$，$x_1 = 0.4232\Omega/\text{km}$，$b_1 = 2.5205 \times 10^{-6}$ S/km；输电线路 L_2：100km，$r_1 = 0.13225\Omega/\text{km}$，$x_1 = 0.4232\Omega/\text{km}$，$b_1 = 2.6465 \times 10^{-6}$ S/km；输电线路 L_3：130km，$r_1 = 0.1221\Omega/\text{km}$，$x_1 = 0.4069\Omega/\text{km}$，$b_1 = 2.6174 \times 10^{-6}$ S/km；负荷 D_1：$S_{D1} = 80 + j40$MV·A；负荷 D_2：$S_{D2} = 18 + j12$MV·A。发电机 G_1 和 G_2 表示成电压源；节点 1 用等效负荷功率表示；T_1 和 T_2 的电阻不计，励磁导纳作为负荷功率并入发电机发出的功率中。试制定该系统的标幺值等效电路。

解：先求节点 1 的等效负荷功率

$$S_1 = S_{D1} + \Delta S_{T3}$$

$$= (80 + j40) + \left(\frac{140}{1000} + \frac{510}{1000} \times \frac{80^2 + 40^2}{100^2}\right) + j\left(\frac{2.8}{100} \times 100 + \frac{13}{100} \times \frac{80^2 + 40^2}{100^2}\right)$$

$$= 80.548 + j53.2 \text{MV·A}$$

将各元件参数化为标幺值，取 $S_B = 100$MV·A，$U_{iB} = U_{iavN}$，有

T_1：

$$X_{T1*} = \frac{U_k\%}{100} \frac{U_N^2}{S_N} \frac{S_B}{U_B^2} = \frac{12}{100} \frac{10.5^2}{63} \frac{100}{10.5^2} = 0.1905$$

$$k_{T1*} = \frac{U_1/U_{1B}}{U_{2N}} = 1 : 1.0522$$

T_2：同 T_1，$X_{T2*} = 0.1905$，$k_{T2*} = 1 : 1.0522$

L_1：

$$R_* = r_1 l \frac{S_B}{U_B^2} = 0.14104 \times 75 \times \frac{100}{231^2} = 0.02$$

$$X_* = x_1 l \frac{S_B}{U_B^2} = 0.4232 \times 75 \times \frac{100}{231^2} = 0.06$$

$$B_*/2 = 0.5 b_1 l \frac{U_B^2}{S_B} = 0.5 \times 2.5205 \times 10^{-6} \times 75 \times \frac{231^2}{100} = 0.05$$

L_2：

$$R_* = r_1 l \frac{S_B}{U_B^2} = 0.13225 \times 100 \times \frac{100}{231^2} = 0.025$$

$$X_* = x_1 l \frac{S_B}{U_B^2} = 0.4232 \times 100 \times \frac{100}{231^2} = 0.08$$

$$B_*/2 = 0.5 b_1 l \frac{U_B^2}{S_B} = 0.5 \times 2.6465 \times 10^{-6} \times 100 \times \frac{231^2}{100} = 0.07$$

L_3：

$$R_* = r_1 l \frac{S_B}{U_B^2} = 0.1221 \times 130 \times \frac{100}{231^2} = 0.03$$

$$X_* = x_1 l \frac{S_B}{U_B^2} = 0.4069 \times 130 \times \frac{100}{231^2} = 0.1$$

$$B_*/2 = 0.5 b_1 l \frac{U_B^2}{S_B} = 0.5 \times 2.6174 \times 10^{-6} \times 130 \times \frac{231^2}{100} = 0.09$$

D：

$$S_{D1} = 0.8055 + j0.5320, \quad S_{D2} = 0.18 + j0.12$$

从而系统的标幺制等效电路如图 2-15 所示。

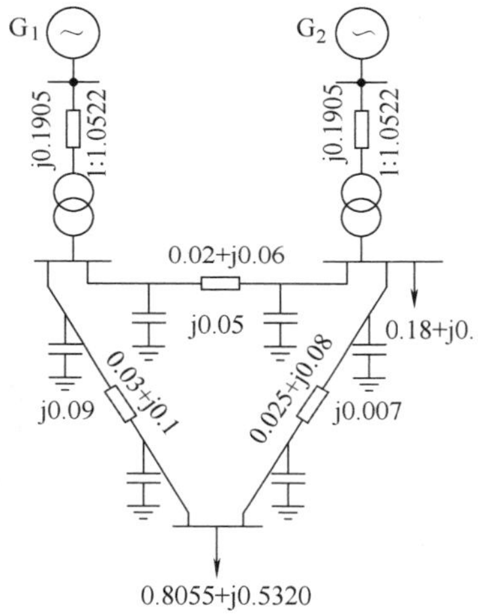

2.5.4 近似估算时标幺制表示的等效电路

在电力系统的分析计算时，由于计算内容和要求不同，有时可将某些元件的参数略去从而简化等效网络。一般可略去发电机定子绕组的电阻；变压器的电阻和导纳有时也可以略去；电力线路电导通常可以略去，当其电阻小于电抗的 1/3 时，一般可以略去其电阻，100km 以下架空线路的电纳也可以略去；电抗器的电阻通常都略去；在分析主干电力网时，有时整个元件、甚至部分系统都可以不包括在等效电路中。

常用的近似方法是取基准电压等于平均额定电压，并认为系统中所有的额定电压近似等于其平均额定电压。这样，变压器的标幺电压比 $k_{T_*} = 1$。这种方法集

图 2-15 例 2-9 电力系统的标幺制等效电路

中了前面讨论的两种方法的优点，但计算精度降低，故仅适应于某些精度要求不高的场合，如短路分析时常采用这种方法。

由于各级的基准电压等于平均额定电压 $U_{iB} = U_{iavN}$，且各元件的额定电压近似等于元件所在级的平均额定电压，各元件的标幺值计算公式简化为

发电机：

$$X_{G_*} = X_{d_* N} \left(\frac{U_N}{U_B} \right)^2 \left(\frac{S_B}{S_N} \right) = X_{d_* N} \left(\frac{S_B}{S_N} \right) \tag{2-65}$$

变压器的电抗一般给出短路电压百分数 $U_k\%$，与电抗标幺值的关系为

$$X_{T_* B} = \frac{U_k\%}{100} \left(\frac{S_B}{S_N} \right) \tag{2-66}$$

电抗器一般给出 U_N、I_N 和电抗百分数 $X_R\%$，与电抗标幺值的关系为

$$X_{R*B} = \frac{X_R\%}{100}\left(\frac{I_B}{I_N}\right) \tag{2-67}$$

电力线路：

$$X_{L*} = x_1 l \frac{S_B}{U_{avN}^2} \tag{2-68}$$

例 2-10　电力系统接线图及各元件参数如图 2-16 所示，作出近似估算时电力系统的标幺制等效电路。（电阻及接地导纳均忽略不计）

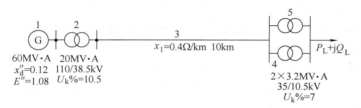

图 2-16　例 2-10 电力系统接线图

解：取 $S_B = 100\text{MV} \cdot \text{A}$，各级的电压基准近似取线路的平均额定电压，各元件标号如图所示，则有

发电机：$X_{1*} = x_d'' \dfrac{S_B}{S_N} = 0.12 \times \dfrac{100}{60} = 0.2$

发电机等效电源电压：$U_* = E'' \dfrac{U_N}{U_B} = 1.08$

变压器 T_1 电抗：$X_{2*} = \dfrac{U_k\%}{100} \times \dfrac{S_B}{S_N} = \dfrac{10.5}{100} \times \dfrac{100}{20} = 0.525$

线路电抗：$X_{3*} = 0.4 \times 10 \times \dfrac{S_B}{U_B^2} = 0.4 \times 10 \times \dfrac{100}{37^2} = 0.292$

变压器 T_2、T_3 的电抗：$X_{4*} = X_{5*} = \dfrac{U_k\%}{100} \times \dfrac{S_B}{S_N} = \dfrac{7}{100} \times \dfrac{100}{3.2} = 2.19$

作出近似估算时电力系统的的标幺制等效电路如图 2-17 所示。

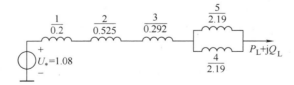

图 2-17　例 2-10 电力系统的近似估算标幺制等效电路

小　　结

本章介绍电力系统四大元件——电力线路、变压器、发电机和负荷的等效电路及其参数计算，介绍形成整个多电压等级电力系统的等效电路的方法。

电力架空线路的一相等效参数是在三相对称运行状态下导出的，电力线路的等效电路用π型电路表示。

双绕组变压器等效电路参数可由变压器铭牌中给出的短路损耗、短路电压（百分比）、空载损耗和空载电流（百分比）求出。三绕组变压器则要进行折算。变压器的参数一般归算到同一电压等级（用该等级的额定电压求参数）。

发电机的等效模型用电压源或用输入功率表示。

负荷的等效模型用接地复阻抗或用输出功率表示。

电力系统是一个多电压级系统，各元件的参数是用其所在电压等级的额定值计算的，因此，构成多电压等级电力系统的等效电路时首先要把各元件的参数、各节点电压和各支路电流都归算到指定的电压基本级。

电力系统计算中习惯采用标幺制，一个物理量的标幺值为其有名值和基准值之比。通常选定容量基准 S_B 和基本级的电压基准 U_B，就可以求出各元件参数的标幺值。

近似计算时往往略去电阻和导纳，并认为系统中所有的额定电压就等于其平均额定电压从而化简等效电路。

习　题

2-1　选择题

1. 电力系统采用有名制计算时，三相对称系统中线电压、线电流、三相功率的关系表达式为

A. $S = \sqrt{3} UI$　　　　B. $S = 3UI$　　　　C. $S = UI\cos\varphi$　　　　D. $S = UI\sin\varphi$

2. 下列参数中与电抗单位相同的是（　　　）。

A. 电导　　　　　　B. 电阻　　　　　　C. 电纳　　　　　　D. 导纳

3. 三绕组变压器的分接头，一般装在（　　　）。

A. 高压绕组和低压绕组　　　　　　　　B. 高压绕组和中压绕组

C. 中压绕组和低压绕组　　　　　　　　D. 三个绕组都装

4. 双绕组变压器，Γ型等效电路中的导纳为（　　　）。

A. $G_T - jB_T$　　　　B. $-G_T - jB_T$　　　　C. $G_T + jB_T$　　　　D. $-G_T + jB_T$

5. 电力系统分析常用的 5 个量的基准值可以先任意选取两个，其余三个量可以由其求出，一般选取的这两个基准值是（　　　）。

A. 电压、电流　　B. 电流、电抗　　C. 电压、电抗　　D. 线电压、三相功率

6. 额定电压等级为 500kV 的电力线路的平均额定电压为（　　　）。

A. 550kV　　　　　B. 520kV　　　　　C. 525kV　　　　　D. 500kV

7. 已知某段 10kV 电压等级电力线路的电抗 $X = 50\Omega$，若取 $S_B = 100\text{MV·A}$，$U_B = 10\text{kV}$，则这段电力线路的电抗标幺值为

A. $X_* = 50\Omega$　　B. $X_* = 50$　　C. $X_* = 0.5$　　D. $X_* = 5$

8. 变压器电抗一般从变压器短路电压百分数 $U_k\%$ 求出，若已知变压器的容量为 S_N，两端的电压比为 110/11kV。则归算到高压端，变压器的电抗为（　　　）。

A. $X_T = \dfrac{U_k\% \, 11^2}{100 \ S_N}$ B. $X_T = \dfrac{U_k\% \ S_N}{100 \ 11^2}$ C. $X_T = \dfrac{U_k\% \, 110^2}{100 \ S_N}$ D. $X_T = \dfrac{U_k\% \ S_N}{100 \ 110^2}$

9. 下列说法不正确的是（　　　）。

A. 高压架空电力线的电导一般忽略不计。

B. 发电机的近似等效电路为一电压源。

C. 多电压等级的电力网络中，各元件的参数要归算到基本电压级。

D. 电阻标幺值的单位是 Ω。

10. 对于架空电力线路的电抗，以下说法不正确的是（　　　）。

A. 与三相电力线路的排列有关 B. 与电力网的频率有关

C. 与是否采用分裂导线有关 D. 以上说法都不对

2-2 填空题

1. 电力系统传输中，把（　　　　　　　　　　）的线路称为无损耗线路。

2. 无损耗线路末端接有纯有功功率负荷，且输出为自然功率时，线路上各点电压有效值（　　　　），各点线电流有效值（　　　　）。

3. 在三相电力线路的等效电抗计算公式中的几何平均距离 D_{eq} 的计算公式为（　　　　　　）。

4. 采用分裂导线，可以（　　　　　）线路的等效电抗。（填增大，减小）

5. 架空线路的电导反映高压电力线路的（　　　　　　　　　　）现象，一般情况下可取电导 G =（　　　）。

6. 长度为 L 的电力线路可以用（　　　　　　　）表示。

7. 线路的传播系数 γ 的实部 β 反映（　　　）的衰减，虚部 α 反映线路上（　　　）的变化。

8. 无损耗线路末端接有纯有功功率负荷，且负载 $Z = Z_C$ 时，输出功率称为（　　　　），这时线路上各点的电压有效值（　　　　　）。

9. 双绕组变压器电阻 R_T 可根据变压器短路试验时测到的（　　　　　）计算得到。双绕组变压器电阻 X_T 可根据变压器短路试验时测到的（　　　　　）计算得到。

10. 常用的负荷的表示方法有两种：用（　　　　　　　）表示或用（　　　　　）表示。

2-3 简答题

1. 线路的末端电压是否总是低于始端电压？为什么？

2. 同样截面的导线，用于不同的电压等级，其电抗标幺值是否相同？

3. 分裂导线与同载流截面的单导线相比，电抗、电纳是大还是小？

4. 同容量、同电压等级的升压变压器和降压变压器的参数是否相同？为什么？

5. 什么是标幺制？标幺值的定义是什么？电力系统中 5 个基准量之间有什么关系？

2-4 计算

1. 有一回 110kV 架空线路，长度为 60km，采用型号为 LGJ-120 的钢芯铝绞线，计算半径 $r = 7.6$mm，相间距离为 3.3m，导线按等边三角形排列和水平排列，试计算输电线路的等效电路参数，比较排列方式对参数的影响。

2. 有一回 220kV 架空线路，采用型号为 LGJ-2×185 的双分裂导线，每一根导线的计算半径 $r = 9.5$，三相导线以不等边三角形排列，线间距离 $D_{12} = 9$m，$D_{23} = 8.5$m，$D_{31} = 6.1$m。

导线分裂间距为 $d = 400$mm。计算该电力线路的参数。

3. 已知电力线路单位长度的参数为 $r_1 = 0.026\Omega/$km，$x_1 = 0.4\Omega/$km，$b_1 = 3.6 \times 10^{-6}$S/km，线路长度为 200km，作出中等长度电力线路的等效电路图。

4. 有一回 220kV 架空电力线路，导线型号为 LGJ-120，导线计算外径为 15.2mm，三相导线水平排列，两相邻导线之间的距离为 4m。试计算该电力线路的参数，假设该线路长度分别为 60km、200km、500km，作出三种等效电路模型，并列表给出计算值。

5. 三相双绕组升压变压器型号为 SFL-10000/110，额定容量为 10000kV·A，额定电压为 $U_{NT1}/U_{NT2} = 121/10.5$kV，$\Delta P_k = 72$kW，$U_k\% = 10.5$，$\Delta P_0 = 14$kW，$I_0\% = 1.1$。求变压器的参数并作其等效电路。

6. 画出三绕组变压器的等效电路图并标出参数。

7. 如图 2-18 所示的简单电力系统，取 110KV 为基本级，画出用有名制表示的等效电路图，并标出各元件的参数值。其中发电机用电压源表示近似取绕组电阻 $r_G = 0$，负荷用输出功率表示（即不用求）。

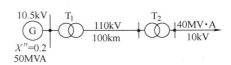

图 2-18 习题 2-4.7 图

变压器 T_1：10.5/121kV，60MV·A，$\Delta P_k = 30$kW，$U_k\% = 10$，$\Delta P_0 = 6$kW，$I_0\% = 1.0$。

变压器 T_2：110/11kV，60MV·A，$\Delta P_k = 30$kW，$U_k\% = 10$，$\Delta P_0 = 5$kW，$I_0\% = 1.0$。

线路：$r_1 = 0.02\Omega/$km，$x_1 = 0.4\Omega/$km，$b_1 = 3.0 \times 10^{-6}$S/km

8. 同上题，取 $S_B = 60$MV·A，$U_B = 110$kV，作出用标幺制表示的等效电路图。

9. 如图 2-19 所示的简单电力系统，各元件的有关参数如下，（不列出的参数表示忽略不计）

同步发电机 G：额定功率 24MW，额定电压 10.5kV，$X_G\% = 27\%$，$\cos\varphi_N = 0.8$；

变压器 T_1：额定容量 31.5MV·A，额定电压 10.5/121kV，$U_k\% = 10.5$；

线路 L：长 100km，$x_1 = 0.4\Omega/$km；

变压器 T_2、T_3 参数相同：额定容量 15MV·A，额定电压 110/6.6kV，$U_k\% = 10.5$；

电抗器 R：额定电压 6kV，额定电流 1.5kA，$X_R\% = 6$。

试以 110kV 为基本级，作有名制等效电路。

图 2-19 习题 2-4.9 图

10. 同上题，若取 $S_B = 100$MV·A，$U_B = 110$kV，作标幺制等效电路。

11. 电力系统及参数同 2.4.9 题，取 $S_B = 100$MV·A，选取各级的基准电压等于其平均额定电压，并近似认为各元件的额定电压等于平均额定电压，作出近似估算标幺制等效电路。

第3章

简单电力系统潮流分析

潮流分析计算是电力系统分析中的一种最基本的分析计算，它的任务是对给定运行条件的电力系统进行分析，确定系统的运行状态，即求出各母线的电压、网络中的功率分布及功率损耗。

本章首先介绍电力线路和变压器的电压降落和功率损耗的求解方法，然后介绍开式网络和简单环网的潮流分析计算，最后介绍电力网的电能损耗计算。

3.1 电力线路分析

3.1.1 电力线路的电压降落

在第 2 章讨论中，得到电力线路的 π 型等效电路如图 3-1 所示，其中 R 和 X 分别为一相的电阻和等效电抗，B 为对地导纳，$\dot{U}$ 和 $\dot{I}$ 表示相电压和相电流。

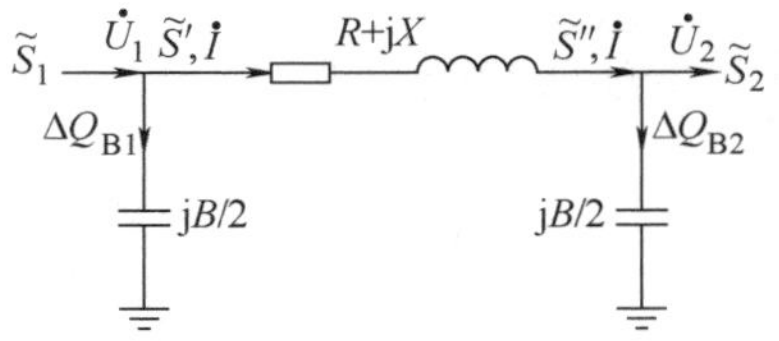

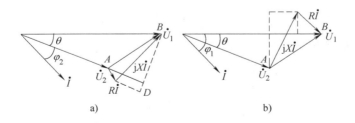

图 3-1　电力线路的 π 型等效电路

1. 电压降落

电力线路的电压降落是指电力线路首末端点电压的相量差，由等效电路图 3-1 可知，线路复阻抗 $R+jX$ 两端的电压满足下列关系：

$$\dot{U}_1 = \dot{U}_2 + (R+jX)\dot{I} \qquad (3\text{-}1)$$

式中，$\dot{I}$ 为流过复阻抗的电流。以相量 $\dot{U}_2$ 为参考轴，如果 $\dot{I}$ 和 $\cos\varphi_2$ 已知，可作出如图 3-2a所示的相量图。

图 3-2　电压降落的向量图

图中 $\overline{AB}$ 就是电压降相量 $(R+jX)\dot{I}$。把电压降相量分解为与电压相量 $\dot{U}_2$ 同方向和相垂

直的两个分量 $\overline{AD}$ 和 $\overline{DB}$，这两个分量的绝对值为 $\Delta U_2 = \overline{AD}$ 和 $\delta U_2 = \overline{DB}$，由此图可以写出

$$\Delta U_2 = RI\cos\varphi_2 + XI\sin\varphi_2$$
$$\delta U_2 = RI\sin\varphi_2 + XI\cos\varphi_2 \tag{3-2}$$

于是，电力线路的电压降落可以表示为

$$\dot{U}_1 - \dot{U}_2 = (R+jX)\dot{I} = \Delta U_2 + j\delta U_2 \tag{3-3}$$

式中，ΔU_2 和 δU_2 分别称为电压降落的纵分量和横分量。

电力系统主要是用来进行能量的生产、传输和分配的系统，因此在电力系统分析中，习惯用功率进行计算。通常已知的是某点的输入（输出）功率。

电力系统某点传输的复功率定义为该点的电压相量与流过该点的电流相量复共轭的乘积。

$$\tilde{S} = \dot{U}\overset{*}{I} = U\angle\varphi_u \cdot I\angle{-}\varphi_i = UI\angle\varphi = P+jQ \tag{3-4}$$

式中，φ 为阻抗角（功率因数角），$\varphi = \varphi_u - \varphi_i$。

因此在复阻抗的末端，与电压 $\dot{U}_2$ 和电流 $\dot{I}$ 相应的一相复功率为

$$\tilde{S}'' = \dot{U}_2\overset{*}{I} = U_2 I\cos\varphi_2 + jU_2 I\sin\varphi_2 = P''+jQ'' \tag{3-5}$$

式中，φ_2 为电压 $\dot{U}_2$ 和电流 $\dot{I}$ 的夹角。用功率代替电流，可将式（3-2）改写为

$$\begin{cases} \Delta U_2 = \dfrac{P''R+Q''X}{U_2} \\[3mm] \delta U_2 = \dfrac{P''X-Q''R}{U_2} \end{cases} \tag{3-6}$$

而元件首端的相电压为

$$\dot{U}_1 = \dot{U}_2 + \dfrac{P''R+Q''X}{U_2} + j\dfrac{P''X-Q''R}{U_2} = U_1\angle\theta \tag{3-7}$$

$$\begin{cases} U_1 = \sqrt{(U_2+\Delta U_2)^2 + (\delta U_2)^2} \\[3mm] \theta = \arctan\left(\dfrac{\delta U_2}{U_2+\Delta U_2}\right) \end{cases} \tag{3-8}$$

式中，θ 为元件首末端电压相量的相位差。

若以电压相量 $\dot{U}_1$ 为参考轴，且已知电流 $\dot{I}$ 和 $\cos\varphi_1$ 时，也可以把电压降落相量分解为与 $\dot{U}_1$ 同方向和相垂直的两个分量，如图 3-2b 所示，于是

$$\dot{U}_1 - \dot{U}_2 = (R+jX)\dot{I} = \Delta U_1 + j\delta U_1 \tag{3-9}$$

如果再用复阻抗首端流入的复功率取代电流，由

$$\tilde{S}' = \dot{U}_1\overset{*}{I} = U_1 I\cos\varphi_1 + jU_1 I\sin\varphi_1 = P'+jQ'$$

得

$$\Delta U_1 = \dfrac{P'R+Q'X}{U_1}$$
$$\delta U_1 = \dfrac{P'X-Q'R}{U_1} \tag{3-10}$$

而元件末端相电压为

$$\dot{U}_2 = \dot{U}_1 - \frac{P'R + Q'X}{U_1} - j\frac{P'X - Q'R}{U_1} = U_2 \angle -\theta \tag{3-11}$$

$$\begin{cases} U_2 = \sqrt{(U_1 - \Delta U_1)^2 + (\delta U_1)^2} \\ \theta = \arctan\left(\dfrac{\delta U_1}{U_1 - \Delta U_1}\right) \end{cases} \tag{3-12}$$

图 3-3 所示为电压降落相量的两种不同的分解方法。由图可见，$\Delta U_1 \neq \Delta U_2$，$\delta U_1 \neq \delta U_2$。必须注意，在使用式（3-5）和式（3-10）计算电压降落的纵、横分量时，必须使用同一点的功率和电压。

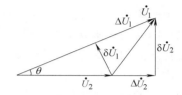

图 3-3　电压降落的两种分解方法

上述公式都是按电流落后于电压，即功率因数角 φ 为正的情况下导出的。如果电流超前于电压，则 φ 应有负值，在以上公式中的无功功率 Q 也应改变符号，因此，ΔU 可能具有负值，即电力线路末端的电压可能高于首端。

顺便说明，在本书的所有公式中，Q 代表感性负荷的无功功率时，其数值为正；代表容性负荷的无功功率时，其数值为负。

在三相对称的电力系统中，若取 $R+jX$ 仍为每相的复阻抗，S 为三相功率，U、I 为线电压和线电流，则上述讨论得到的公式和结论也同样适用。

2. 电压损耗

通常把首末两点间电压有效值（电压的模）之差 $\Delta U = U_1 - U_2$ 称为电压损耗。

当两点电压之间的相角差 θ 不大时，由图 3-4 可见 $\overline{AG}$ 和 $\overline{AD}$ 的长度相差不大，可近似地认为电压损耗等于电压降落的纵分量即 $\Delta U \approx \Delta U_1 \approx \Delta U_2$。

电压损耗可以用 $\Delta U = U_1 - U_2$ 表示，但在电力系统中常用 ΔU 与该元件额定电压之比的百分数表示。

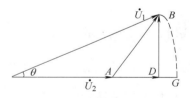

图 3-4　电压损耗示意图

$$\Delta U\% = \frac{U_1 - U_2}{U_N} \times 100\% \tag{3-13}$$

在工程实际中，常需要计算从电源点到某负荷点的总电压损耗。显然，总电压损耗等于从电源点到该负荷点所经过的所有串联元件电压损耗的代数和。

3. 电压偏移

由于传送功率时在网络元件上要产生电压损耗，同一电压等级电力网中各点的电压是不相等的。为了衡量电压质量，必须知道网络中某些节点的电压偏移。所谓电压偏移，是指网络中某点的实际电压同网络该处的额定电压之差，若某点的实际电压为 U，该处的额定电压为 U_N，电压偏移为（$U - U_N$）；在电力系统中也常用其与额定电压之比的百分数表示。用百分数表示的电压偏移为

$$电压偏移 = \frac{U - U_N}{U_N} \times 100\% \tag{3-14}$$

电力网实际电压的高低对用户的用电设备是有影响的，而电压的相位则对用户没有什么

影响。因此在讨论电力网的电压水平时，电压损耗和电压偏移是两个常用的概念。

4. 电压降落公式的分析

从电压降落的公式可见，不论从元件的哪一端计算，电压降落的纵、横分量计算公式的结构都是一样的，元件两端的电压幅值主要由电压降落的纵向分量决定，电压的相位差则主要由横分量决定。在高压输电线路中，线路的电抗远远大于电阻，即 $X \gg R$，则近似有

$$\Delta U \approx \frac{QX}{U}, \quad \delta U \approx \frac{PX}{U} \tag{3-15}$$

上式说明，在高压输电线路中，电压降落的纵向分量主要是因传送无功功率而产生的，而电压降落的横向分量则主要是因传送有功功率产生的。换句话说，元件两端存在电压幅值差是传送无功功率的主要条件，存在电压相位差则是传送有功功率的主要条件。在交流电力系统中，感性无功功率将从电压较高的一端流向电压较低的一端，有功功率则从电压相位超前的一端流向电压相位滞后的一端，这是交流电网中关于功率传送的重要概念。

实际的网络元件都存在电阻，电流的有功分量流过电阻将会增加电压降落的纵向分量，电流的感性无功分量通过电阻则将使电压降落的横向分量有所减少。

3.1.2 电力线路的功率损耗

当电能通过电力线路从电源流向负荷时，在电力线路上有一定的功率损耗，包括电流通过线路的电阻和等效电抗时产生的功率损耗，以及电压施加于线路的对地等效导纳时产生的功率损耗。

电流在线路的等效电路 $R+jX$ 上产生的功率损耗为

$$\Delta \tilde{S} = \tilde{S}' - \tilde{S}'' = I^2(R+jX) = \frac{P''^2+Q''^2}{U_2^2}(R+jX) \tag{3-16}$$

或用首端电压表示为

$$\Delta \tilde{S} = \tilde{S}' - \tilde{S}'' = I^2(R+jX) = \frac{P'^2+Q'^2}{U_1^2}(R+jX) \tag{3-17}$$

接地导纳也有功率损耗，由定义

$$\Delta \tilde{S} = U^2 \overset{*}{Y} = U^2(G-jB) \tag{3-18}$$

即接地导纳消耗的功率与连接点的电压的二次方成正比，与接地导纳的共轭成正比，因此在线路首末端的接地电容将产生无功功率 ΔQ_B。

$$\Delta Q_{B1} = -\frac{1}{2}BU_1^2, \quad \Delta Q_{B2} = -\frac{1}{2}BU_2^2$$

注意在计算无功功率损耗时，作为无功功率损耗，ΔQ_L 取正号，ΔQ_B 则应取负号。

计算出线路电阻和电抗上的功率损耗之后，就可以得到线路首端（或末端）的功率。注意到能量的流向，线路首端的输入功率为

$$\tilde{S}_1 = \tilde{S}' + j\Delta Q_{B1} \tag{3-19}$$

末端的输出功率为

$$\tilde{S}_2 = \tilde{S}'' - j\Delta Q_{B2} \tag{3-20}$$

电力线路主要是用来传输有功功率的，通常用输电效率来描述其传递有功功率的效率，

输电效率 η 是指线路末端输出的有功功率 P_2 与线路首端输入的有功功率 P_1 之比，即

$$\eta = \frac{P_2}{P_1} \times 100\% \tag{3-21}$$

3.2　变压器分析

3.2.1　变压器的电压降落与功率损耗

变压器的 Γ 形等效电路如图 3-5 所示。变压器绕组电阻和电抗产生的电压降落与电力线路的相似（式（3-16）或式（3-17）），不再重复。

计算变压器功率损耗时要注意变压器是以 Γ 形等效电路表示的，而电力线路以 Π 形等效电路表示；变压器的导纳支路为电感性，而电力线路的导纳支路为电容性；变压器的励磁损耗可由等效电路中励磁支路的导纳确定。

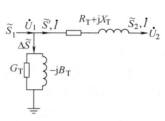

图 3-5　变压器的 Γ 形等效电路

$$\Delta\tilde{S} = U_1^2 \overset{*}{Y} = U_1^2 (G_\text{T} + jB_\text{T}) \tag{3-22}$$

实际计算中，变压器的励磁功率损耗可直接利用空载试验的数据确定，而且一般也不考虑电压变化对它的影响，因为变压器一般工作在额定电压附近。

$$\Delta\tilde{S} \approx \Delta P_0 + j\frac{I_0\%}{100}S_\text{N} \tag{3-23}$$

式中，ΔP_0 为变压器空载损耗；$I_0\%$ 为空载电流百分比；S_N 为变压器的额定容量。

对于 35kV 以下的电力网，在简化计算中常略去变压器的励磁功率损耗。

同样，本节所有的公式都是从单相电路导出的，各式的电压和功率为单相电压和单相功率。在三相对称的电力网的实际计算中，习惯采用线电压和三相功率，可以证明，在三相对称的电力网中，以上导出的公式仍然适用。采用有名制计算时，各公式中有关参数的单位如下：电阻 Ω，导纳为 S，电压为 kV，功率为 MV·A。

3.2.2　运算功率和运算负荷

因为电力系统结构比较复杂，在分析时可以通过引入运算负荷和运算功率的概念化简电力网。

设电力系统接线图和等效电路如图 3-6 所示，则运算功率定义为发电厂升压变电所的高压母线端向系统输入的功率。

$$\tilde{S}_2 = \tilde{S}_1 - \Delta\tilde{S}_\text{YT1} - \Delta\tilde{S}_\text{ZT1} - \Delta\tilde{S}_\text{YL1} \tag{3-24}$$

运算功率等于发电机电源输出功率减去升压变压器的功率损耗，再减去电力线路靠近升压变压器端的电纳上的功率损耗，如果升压变压器的高压母线接有多回电力线路，则要减去所有这些电力线路靠近升压变压器端的电纳上的功率损耗。

同样运算负荷定义为变电所的高压母线端所接收到的系统输出的功率。

$$\tilde{S}_3 = \tilde{S}_4 + \Delta\tilde{S}_\text{YT2} + \Delta\tilde{S}_\text{ZT2} + \Delta\tilde{S}_\text{YL2} \tag{3-25}$$

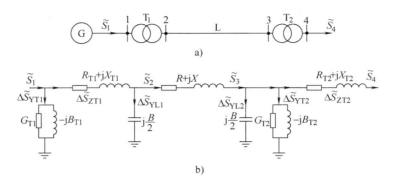

图 3-6　电力系统接线图与等效电路

a）接线图　b）等效电路

即运算负荷等于综合负荷的输入功率加上降压变压器的功率损耗，再加上电力线路靠近降压变压器端的电纳上的功率损耗，如果降压变压器的高压母线接有多回电力线路，则要加上所有这些电力线路靠近降压变压器端的电纳上的功率损耗。

　　这样电力系统接线图可以简化成用运算负荷和运算功率表示的如图 3-7 所示的简化接线图。

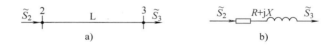

图 3-7　简化后的电力系统接线图

a）简化后的接线图　b）简化后的等效电路

　　在电力系统的潮流计算中，通过引入运算负荷和运算功率后使网络结构相对简化，很大程度上减小了潮流计算的工作量。

3.3　简单开式网络的潮流计算

　　电力系统的接线方式包括开式网络、闭式网络（两端供电网络和简单环形网络），对于简单的开式网络，可以进行手工计算。根据具体的已知条件不同，又可以分成三种情况，这里分别加以讨论。

3.3.1　已知同端电压和功率时的潮流计算

1. 已知末端电压和末端功率的潮流计算

　　在已知开式网络电力系统末端电压和末端功率的情况下，可利用前面计算电力线路和变压器的功率损耗及电压降落公式直接进行潮流计算，由末端开始逐段向始端进行推算。

　　以图 3-8a 所示的电力系统为例，若已知末端电压 $\dot{U}_6$ 和末端功率 $\tilde{S}_6$，求线路首端电压 $\dot{U}_1$ 和线路首端功率 $\tilde{S}_1$，以及线路上各段的功率损耗 $\Delta \tilde{S}_i$。

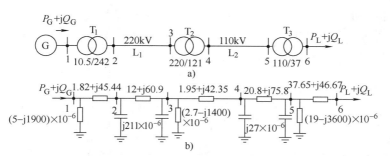

图3-8　电力系统接线图及等效电路图

求解步骤如下：

1）求出各元件的参数值并作归算，归算到220kV级的等效电路，如图3-8b所示。

2）已知6点的电压和输出功率，根据变压器的潮流计算式（3-7）、式（3-16）、式（3-19），求出5点的电压和流过的功率；根据电力线路的潮流计算公式，求出4点的电压和流过的功率……；最终求出首端1点的电压和流过的功率。

3）各段的电压降落为其首末两点电压的相量差。

4）各段的功率损耗同样为其首末两点视在功率的差值，即有功功率损耗和无功功率损耗。

2. 已知首端电压和首端功率的潮流计算

在已知开式网络电力系统首端电压和首端功率的情况下，同样可利用前面计算电力线路和变压器的功率损耗及电压降落公式直接进行潮流计算，从首端开始逐段向末端进行推算。

仍以图3-8a所示的电力系统为例，若已知首端电压 $\dot{U}_1$ 和线路首端功率 $\tilde{S}_1$，求线路末端电压 $\dot{U}_6$ 和末端功率 $\tilde{S}_6$，以及线路上各段的功率损耗 $\Delta\tilde{S}_i$。

求解步骤如下：

1）求出各元件的参数值并作归算，归算到220kV级的等效电路如图3-8b所示。

2）已知1点的电压和输出功率；根据变压器的潮流计算式（3-11）、式（3-17）、式（3-20），求出2点的电压和流过的功率；根据电力线路的潮流计算公式，求出3点的电压和流过的功率……；最终求出末端6点的电压和流过的功率。

3）各段的电压降为其首末两点电压的相量差。

4）各段的功率损耗同样为其首末两点视在功率的差值，即有功功率损耗和无功功率损耗。

如果只需要对电力系统的主干网进行潮流计算，可以利用运算功率和运算负荷概念先化简电力系统，再进行潮流计算。

3.3.2　已知首端电压和末端功率的潮流计算

由以上的分析可知，要计算线路上的电压降落和功率损耗，必须已知线路同侧（首端或者末端）的电压和线路功率。而在实际的电力系统中，经常遇到的情况是已知发电机端的（首端）电压和负荷端的（末端）输出功率。在小型地方性电网中，发电机组经输电线直接带若干负荷，或者是系统中的电压中枢点经辐射状网络直接带负荷，由于发电机端电压可控，中枢点电压可调，而负荷都是已知的，因此都属于这种情况。

在图 3-9a 所示电力系统中，供电点 A 的电压和各负荷节点的输出功率均已知。其等效电路如图 3-9b 所示。

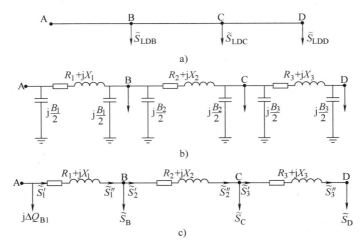

图 3-9　开式电力系统及其等效电路

计算步骤为：

1）假设所有未知的节点电压均为额定电压。

2）首先从线路末端开始，按照已知末端电压和末端功率潮流计算的方法，逐段向前计算功率损耗和功率分布，直至线路首端。

3）然后利用已知的首端电压和计算得到的首端功率，从线路首端开始，按照已知首端电压和首端功率的潮流计算方法，逐段向末端推算，求出各段的电压降落，得到各节点的电压。

4）为了提高精度，以求出的各节点电压和已知的各节点输出功率，重复步骤 2，再次求出首端功率。重复步骤 3，……

5）可以反复进行几次计算，直到达到满意的精度为止（可以通过编程求解）。

当电力系统的输出端较多，有较多的变电所时，可以利用运算功率和运算负荷概念先化简电力系统，对电力系统的主干网进行潮流计算，求出各节点的电压值后，再求出变压器低压母线端电压。

例如在对图 3-9a 进行电压和功率计算以前，先要对网络的等效电路（图 3-9b）作些简化处理，具体的做法是，将输电线等效电路中的电纳支路都分别用额定电压 U_N 下的充电功率代替，这样，在每段线路的首端和末端节点上都分别加上该段线路充电功率的一半。

$$\Delta Q_{Bi} = -\frac{1}{2}B_i U_N^2 \quad (i = 1, 2, 3)$$

为简化起见，再将这些充电功率分别与相应节点的复合功率合并，得

$$\tilde{S}_B = \tilde{S}_{LDB} + j\Delta Q_{B1} + j\Delta Q_{B2} = P_{LDB} + j\left[Q_{LDB} - \frac{1}{2}(B_1 + B_2)U_N^2\right] = P_B + jQ_B$$

$$\tilde{S}_C = \tilde{S}_{LDC} + j\Delta Q_{B2} + j\Delta Q_{B3} = P_{LDC} + j\left[Q_{LDC} - \frac{1}{2}(B_2 + B_3)U_N^2\right] = P_C + jQ_C$$

$$\tilde{S}_D = \tilde{S}_{LDD} + j\Delta Q_{B3} = P_{LDD} + j\left(Q_{LDD} - \frac{1}{2}B_3 U_N^2\right) = P_D + jQ_D$$

式中，$\tilde{S}_B$、$\tilde{S}_C$ 和 $\tilde{S}_D$ 为电力网的运算负荷。这样，就把原网络简化成由 3 个阻抗元件串联，而在 4 个节点（包括供电点）接有集中负荷的等效网络（图 3-6c）。针对这样的等效网络，按以下两个步骤进行电压和潮流的计算。

第一步，从离电源点最远的节点 D 开始，利用线路额定电压，逆着功率传输的方向依次算出各段线路阻抗中的功率损耗和功率分布。对于第三段线路

$$\tilde{S}_3'' = \tilde{S}_D, \quad \Delta\tilde{S}_{L3} = \frac{P_3''^2 + Q_3''^2}{U_N^2}(R_3 + jX_3), \quad \tilde{S}_3' = \tilde{S}_3'' + \Delta\tilde{S}_{L3}$$

对于第二段线路

$$\tilde{S}_2'' = \tilde{S}_C + \tilde{S}_3', \quad \Delta\tilde{S}_{L2} = \frac{P_2''^2 + Q_2''^2}{U_N^2}(R_2 + jX_2), \quad \tilde{S}_2' = \tilde{S}_2'' + \Delta\tilde{S}_{L2}$$

同样可以算出第一段线路的功率 $\tilde{S}_1'$。

第二步，利用第一步求得的功率 $\tilde{S}_1'$ 和给定的首端电压 U_A，从电源点开始，顺着功率传送的方向，依次计算各段的电压降落，求得各节点电压。先计算 U_B：

$$\Delta U_{AB} = \frac{P_1' R_1 + Q_1 + X_1}{U_A}, \quad \delta U_{AB} = \frac{P_1' X_1 - Q_1' R_1}{U_A}$$

$$U_B = \sqrt{(U_A - \Delta U_{AB})^2 + (\delta U_{AB})^2}$$

按照同样公式依次计算，直到求出末端的节点电压 U_D。

通过以上两个步骤便完成了第一轮的计算。

为了提高精度，可以重复以上的步骤，在计算功率损耗时可以利用上一轮第二步所求得的节点电压。

上述计算方法也适用于由一个供电点通过辐射状网络向任意多个负荷节点供电的情况。辐射状网络也称树状网络，或简称树，如图 3-10 所示。供电点即是树的根节点，树中不存在任何闭合回路，功率的传输方向是完全确定的，任一条支路都有确定的始节点和终节点。除了根节点外，树中的节点可以分为叶节点和非叶节点。非叶节点同两条或两条以上的支路连接，它既是一条支

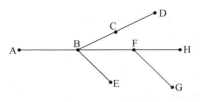

图 3-10　辐射状网络

路的终节点，又是另一条或多条支路的始节点。对于图 3-10 所示的辐射状网络，A 是供电点，节点 B、C 和 F 为非叶节点，节点 D、H、G 和 E 为叶节点。

根据前述的计算步骤：

第一步，从叶节点连接的支路开始，该支路的末端功率即为叶节点功率，利用这个功率和对应的节点电压计算支路的功率损耗，求得支路的首端功率。当以某节点为始节点的各支路都计算完毕后便想像将这些支路都拆去，使该节点成为新的叶节点。其节点功率等于原有的该节点负荷功率与以该节点为始节点的各支路首端功率之和。继续这样的计算，直到全部支路计算完毕，得到供电功率。

第二步，利用第一步得到的首端功率和已知的首端电压，从供电点开始逐条支路进行计算，求得各支路节点电压。对于规模不大的网络，可手工计算，精度要求不高时，作一轮计算即可。若已给定容许误差为 ε，则以所有节点两次计算的误差均小于给定值

$$\max\{\,|\,U_i^{(k+1)}-U_i^{(k)}\,|\,\}\leqslant\varepsilon$$

作为计算收敛的判据。

对于规模较大的网络，要用计算机进行计算，在迭代计算开始之前，先要处理好支路的计算顺序问题。

例 3-1　在图 3-11a 中，额定电压为 110kV 的双回输电线，长度为 80km，采用 LGJ—150 导线，其参数为 $r_0 = 0.21\Omega/\mathrm{km}$，$x_0 = 0.416\Omega/\mathrm{km}$，$b_0 = 2.74\times10^{-6}\mathrm{S/km}$，变电所中装有两台三相 110/11kV 的变压器，每台容量为 15MV·A，其参数为 $\Delta P_0 = 40.5\mathrm{kW}$，$\Delta P_k = 128\mathrm{kW}$，$U_k\% = 10.5$，$I_0\% = 3.5$。母线 A 的实际运行电压为 117kV，负荷功率为：$\widetilde{S}_{\mathrm{LDB}} = 30+j12\mathrm{MV}\cdot\mathrm{A}$，$\widetilde{S}_{\mathrm{LDC}} = 20+j15\mathrm{MV}\cdot\mathrm{A}$。当变压器取主抽头时，求母线 C 的电压。

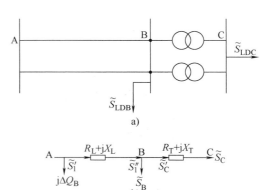

图 3-11　例 3-1 的电力系统和等效电路

解：（1）计算参数并作出等效电路

输电线路的等效电阻、电抗和电纳分别为

$$R_{\mathrm{L}} = \frac{1}{2}\times80\times0.21\Omega = 8.4\Omega$$

$$X_{\mathrm{L}} = \frac{1}{2}\times80\times0.416\Omega = 16.6\Omega$$

$$B_{\mathrm{C}} = 2\times80\times2.74\times10^{-6}\mathrm{S} = 4.38\times10^{-4}\mathrm{S}$$

由于线路电压未知，可用线路额定电压计算线路产生的充电功率，并将其等分成两部分，得：

$$\Delta Q_{\mathrm{B}} = -\frac{1}{2}\times4.38\times10^{-4}\times110^2\mathrm{Mvar} = -2.65\mathrm{Mvar}$$

将 ΔQ_{B} 分别接于节点 A 和 B，作为节点负荷的一部分。

两台变压器并联运行时，它们的电阻、电抗及励磁功率分别为

$$R_{\mathrm{T}} = \frac{1}{2}\times\frac{\Delta P_k U_{\mathrm{N}}^2}{S_{\mathrm{N}}^2 10^3} = \frac{1}{2}\times\frac{128\times110^2}{15^2\times10^3}\Omega = 3.4\Omega$$

$$X_{\mathrm{T}} = \frac{1}{2}\times\frac{U_k(\%)U_{\mathrm{N}}^2}{100 S_{\mathrm{N}}} = \frac{1}{2}\times\frac{10.5\times110^2}{100\times15}\Omega = 42.4\Omega$$

$$\Delta P_0+j\Delta Q_0 = 2\left(0.0405+j\frac{3.5\times15}{100}\right)\mathrm{MV}\cdot\mathrm{A} = (0.08+j1.05)\mathrm{MV}\cdot\mathrm{A}$$

变压器的励磁功率也作为接于节点 B 的一种负荷，于是节点 B 的总负荷

$$\widetilde{S}_{\mathrm{B}} = (30+j12+0.08+j1.05-j2.65)\mathrm{MV}\cdot\mathrm{A} = (30.8+j10.4)\mathrm{MV}\cdot\mathrm{A}$$

节点 C 的即是负荷功率 $\tilde{S}_C = (20+j15)\,\mathrm{MV\cdot A}$。得到图 3-11b 所示的等效电路。

（2）计算首端母线 A 输入的功率

先按电力网额定电压逆着功率传输的方向计算功率损耗和首端功率。

变压器的功率损耗为

$$\Delta\tilde{S}_T = \frac{20^2+15^2}{110^2}\times(3.4+j42.4)\,\mathrm{MV\cdot A} = (0.18+j2.19)\,\mathrm{MV\cdot A}$$

由等效电路图 3-11（b）可知

$$\Delta\tilde{S}'_C = \tilde{S}_C+\Delta\tilde{S}_T = (20+j15+0.18+j2.19)\,\mathrm{MV\cdot A} = (20.18+j17.9)\,\mathrm{MV\cdot A}$$

$$\tilde{S}''_1 = \tilde{S}'_C+\tilde{S}_B = (20.18+j17.19+30.08+j10.4)\,\mathrm{MV\cdot A} = (50.26+j27.59)\,\mathrm{MV\cdot A}$$

线路中的功率损耗为

$$\Delta\tilde{S}_L = \frac{50.26^2+27.59^2}{110^2}\times(8.4+j16.6)\,\mathrm{MV\cdot A} = (2.28+j4.51)\,\mathrm{MV\cdot A}$$

于是可得

$$\tilde{S}' = \tilde{S}''_1+\Delta\tilde{S}_L = (50.26+j27.59+2.28+j4.51)\,\mathrm{MV\cdot A} = (52.54+j32.1)\,\mathrm{MV\cdot A}$$

母线 A 输出的功率为

$$\tilde{S}_A = \tilde{S}'_1+j\Delta Q_B = (52.54+j32.1-j2.65)\,\mathrm{MV\cdot A} = (52.54+j29.45)\,\mathrm{MV\cdot A}$$

（3）利用计算得到的首端功率和已知的首端电压，顺着功率传输的方向，计算各节点电压。

线路中电压降落的纵、横分量分别为

$$\Delta U_L = \frac{P'_1 R_L+Q'_1 X_L}{U_A} = \frac{52.54\times8.4+32.1\times16.6}{117}\,\mathrm{kV} = 8.3\,\mathrm{kV}$$

$$\delta U_L = \frac{P'_1 X_L-Q'_1 R_L}{U_A} = \frac{52.54\times16.6-32.1\times8.4}{117}\,\mathrm{kV} = 5.2\,\mathrm{kV}$$

可得 B 点的电压为

$$U_B = \sqrt{(U_A-\Delta U_L)^2+(\delta U_L)^2} = \sqrt{(117-8.3)^2+5.2^2}\,\mathrm{kV} = 108.8\,\mathrm{kV}$$

变压器中电压降落的纵、横分量分别为

$$\Delta U_T = \frac{P'_C R_T+Q'_C X_T}{U_B} = \frac{20.18\times3.4+17.19\times42.4}{108.8}\,\mathrm{kV} = 7.3\,\mathrm{kV}$$

$$\delta U_T = \frac{P'_C X_T-Q'_C R_T}{U_A} = \frac{20.18\times42.4-17.19\times3.4}{108.8}\,\mathrm{kV} = 7.3\,\mathrm{kV}$$

归算到高压侧的 C 点电压为

$$U_C = \sqrt{(U_B-\Delta U_T)^2+(\delta U_T)^2} = \sqrt{(108.8-7.3)^2+7.3^2}\,\mathrm{kV} = 101.7\,\mathrm{kV}$$

变压器低压侧母线 C 的实际电压为

$$U_C = U'_C\times\frac{11}{110} = 101.7\times\frac{11}{110}\,\mathrm{kV} = 10.17\,\mathrm{kV}$$

如果在上述计算中忽略电压降落的横分量，所得的结果为

$$U_B = 108.7\text{kV}, \quad U'_C = 101.4\text{kV}, \quad U_C = 10.14\text{kV}$$

与计算电压降落横分量的计算结果相比较，误差很小，不到 0.3%。可见，在精度要求不高的场合，可以忽略电压降落的横分量。

3.4 简单闭式网络的潮流计算

简单闭式网络通常是指两端供电网络和简单环形网络，本节将分别介绍这两种网络中功率分布和电压降落的计算原理和方法。

3.4.1 两端供电网络的潮流计算

在图 3-12 所示的两端供电网络中，设 $\dot U_A \neq \dot U_B$，先假设电流（功率）的流向如图 3-12所示，根据基尔霍夫电压定律和电流定律，可以写出以下方程：

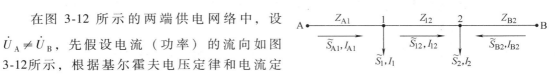

图 3-12 两端供电网络

$$\begin{cases} \dot U_A - \dot U_B = Z_{A1}\dot I_{A1} + Z_{12}\dot I_{12} - Z_{B2}\dot I_{B2} \\ \dot I_{A1} - \dot I_{12} = \dot I_1 \\ \dot I_{12} + \dot I_{B2} = \dot I_2 \end{cases} \tag{3-26}$$

当已知电源点电压 $\dot U_A$ 和 $\dot U_B$ 以及负荷点电流 $\dot I_1$ 和 $\dot I_2$，可解出

$$\begin{cases} \dot I_{A1} = \dfrac{(Z_{12}+Z_{B2})\dot I_1 + Z_{B2}\dot I_2}{Z_{A1}+Z_{12}+Z_{B2}} + \dfrac{\dot U_A - \dot U_B}{Z_{A1}+Z_{12}+Z_{B2}} \\[4mm] \dot I_{B2} = \dfrac{Z_{A1}\dot I_1 + (Z_{A1}+Z_{12})\dot I_2}{Z_{A1}+Z_{12}+Z_{B2}} - \dfrac{\dot U_A - \dot U_B}{Z_{A1}+Z_{12}+Z_{B2}} \end{cases} \tag{3-27}$$

式（3-27）确定的电流分布是精确的。但是在电力网中，由于沿线有电压降落，即使线路中通过同一电流，沿线各点的功率也不一样。而且在电力网的实际计算中，一般已知的是负荷点的功率，而不是电流，所以电力系统中通常求的是功率分布。

为了求取网络中的功率分布，可以采用近似的算法，先忽略网络中的功率损耗，用相同的电压 $\dot U$ 计算功率，令 $\dot U = U_N \angle 0°$，并认为 $\tilde S \approx \dot U_N \overset{*}{I}$。可以将式（3-27）两边同乘 $\dot U_N$，得到

$$\tilde S_{A1} = \dfrac{(\overset{*}{Z}_{12}+\overset{*}{Z}_{B2})\tilde S_1 + \overset{*}{Z}_{B2}\tilde S_2}{\overset{*}{Z}_{A1}+\overset{*}{Z}_{12}+\overset{*}{Z}_{B2}} + \dfrac{(\overset{*}{U}_A - \overset{*}{U}_B)\dot U_N}{\overset{*}{Z}_{A1}+\overset{*}{Z}_{12}+\overset{*}{Z}_{B2}} \tag{3-28}$$

$$\tilde S_{B2} = \dfrac{(\overset{*}{Z}_{12}+\overset{*}{Z}_{A1})\tilde S_2 + \overset{*}{Z}_{A1}\tilde S_1}{\overset{*}{Z}_{A1}+\overset{*}{Z}_{12}+\overset{*}{Z}_{B2}} - \dfrac{(\overset{*}{U}_A - \overset{*}{U}_B)\dot U_N}{\overset{*}{Z}_{A1}+\overset{*}{Z}_{12}+\overset{*}{Z}_{B2}} \tag{3-29}$$

由式（3-28）、式（3-29）可见，每个电源点送出的功率都包含两部分，第一部分是由负荷功率和网络参数确定的，每一个负荷的功率都按与该负荷点到两个电源点间的阻抗共轭

值成反比的关系分配到每个电源点，而且可以逐个计算。通常称这部分功率为自然功率。第二部分与负荷无关，它是由两个供电点的电压差和网络参数确定的，通常称这部分功率为循环功率，当两个电源点电压相等时循环功率为零。

式（3-28）和式（3-29）对于单相和三相系统都适用。若为 $\dot{U}$ 相电压，则 $\tilde{S}$ 为单相功率；若 $\dot{U}$ 为线电压，则 $\tilde{S}$ 为三相功率。求出各供电点输出的功率 $\tilde{S}_{A1}$ 和 $\tilde{S}_{B2}$ 之后，即可在线路上各节点按流入流出功率相平衡的原理，求出整个电力网中的功率分布。

例如，根据节点 1 的功率平衡可得，$\tilde{S}_{12} = \tilde{S}_{A1} - \tilde{S}_1$。

在电力网中把功率由两个方向都是流入的节点称为功率分点，并用符号▼标出，例如图 3-13 中的节点 2。因无功功率有可能为负，有时有功功率的分点和无功功率的分点可能不是同一个点，通常就用▼和▽分别表示有功功率分点和无功功率分点。

在不计功率损耗求出电力网的功率分布之后，可以在功率分点（如节点 2）将网络一分为二，使之成为两个开式电力网，如图 3-13b 所示。然后按照上节介绍的已知首端电压和末端功率的开式网络的计算方法，计算这两个开式电力网的功率损耗和电压降落，进而得到所有节点的电压。

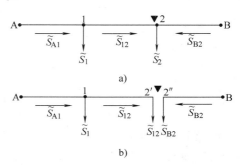

图 3-13　两端供电网络的功率分布和功率分点

在计算功率损耗时，网络中各点的未知电压可先用线路的额定电压代替。当有功分点和无功分点为同一节点时，该节点是网络中的最低电压节点，该点电压与供电点电压的标量差就是最大电压损耗。而当有功分点和无功分点不一致时，必须计算出所有分点的电压，才能确定网络中的最低电压点和最大电压损耗。

3.4.2　简单环形网络的潮流计算

简单环形网络是指每一节点都只同两条支路相接的环形网络。单电源供电的简单环形网络（见图 3-14a）可以当作供电点电压相等的特殊两端供电网络（见图 3-14b），此时电源输出的功率中只有自然功率而没有循环功率部分。

按照上一节介绍的两端供电网络潮流计算方法，先计算网络中的功率分布，确定功率分点，然后在功率分点处将网络解开（见图 3-14c），按照开式电力网潮流计算的方法，计算功率损耗和电压降落，得到所有节点的电压。

当简单环形中存在多个电源点时，给定功率的电源点可以当作负荷节点处理，而把给定电压的电源点都一分为二，这样便得到若干个已知供电点电压的两端供电网络。

例 3-2　图 3-15 所示为 110kV 闭式电力网，A 为某发电厂的高压母线，$U_A = 110\text{kV}$，网络各元件参数如下：

线路 Ⅰ：$Z_{\mathrm{I}} = (16.2 + j25.38)\,\Omega$，　　$B_{\mathrm{I}} = 1.61 \times 10^{-4}\text{S}$

线路 Ⅱ：$Z_{\mathrm{II}} = (13.5 + j21.15)\,\Omega$，　　$B_{\mathrm{II}} = 1.35 \times 10^{-4}\text{S}$

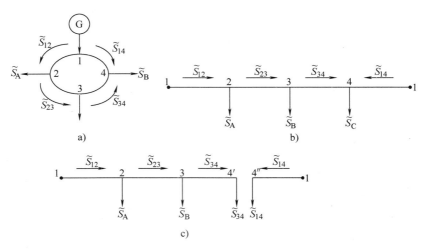

图 3-14　简单环形网络的潮流计算

线路Ⅲ：$Z_{\text{Ⅲ}} = (18+\text{j}17.6)\,\Omega$　　　　$B_{\text{Ⅲ}} = 1.03 \times 10^{-4}\,\text{S}$

各变电所每台变压器的额定容量、励磁功率和归算到 110kV 电压等级的阻抗如下：

变电所 B　$S_{\text{N}} = 20\,\text{MV}\cdot\text{A}$，$\Delta\tilde{S}_0 = (0.05+\text{j}0.6)\,\text{MV}\cdot\text{A}$，$Z_{\text{TB}} = (4.84+\text{j}63.5)\,\Omega$

变电所 C　$S_{\text{N}} = 10\,\text{MV}\cdot\text{A}$，$\Delta\tilde{S}_0 = (0.03+\text{j}0.35)\,\text{MV}\cdot\text{A}$，$Z_{\text{TC}} = (11.4+\text{j}127)\,\Omega$

负荷功率为　$\tilde{S}_{\text{LDB}} = (24+\text{j}18)\,\text{MV}\cdot\text{A}$，$\tilde{S}_{\text{LDC}} = (12+\text{j}9)\,\text{MV}\cdot\text{A}$

试求电力网的功率分布及最大电压损耗。

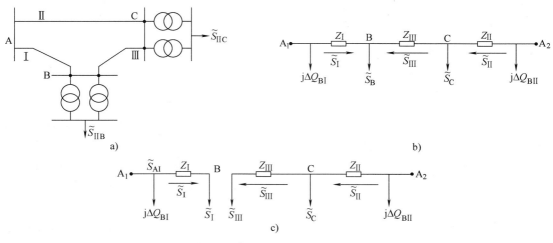

图 3-15　例 3-2 的简单闭式电力网

解：（1）计算网络参数并制订等效电路

线路Ⅰ、Ⅱ和Ⅲ的阻抗和电纳已知，它们的充电功率分别为

$$\Delta Q_{\text{BⅠ}} = -\frac{1}{2} \times 1.61 \times 10^{-4} \times 110^2\,\text{Mvar} = -0.975\,\text{Mvar}$$

$$\Delta Q_{B\,II} = -\frac{1}{2} \times 1.\,35 \times 10^{-4} \times 110^2\,\mathrm{Mvar} = -0.\,815\,\mathrm{Mvar}$$

$$\Delta Q_{B\,III} = -\frac{1}{2} \times 1.\,03 \times 10^{-4} \times 110^2\,\mathrm{Mvar} = -0.\,625\,\mathrm{Mvar}$$

每个变电所内均有两台变压器并联运行，所以

变电所 B：
$$Z_{TB} = \frac{1}{2}(4.\,84 + j63.\,5)\,\Omega = (2.\,42 + j31.\,75)\,\Omega$$

$$\Delta \tilde{S}_{0B} = 2(0.\,05 + j0.\,6)\,\mathrm{MV \cdot A} = (0.\,1 + j1.\,2)\,\mathrm{MV \cdot A}$$

变电所 C：
$$Z_{TC} = \frac{1}{2}(11.\,4 + j127)\,\Omega = (5.\,7 + j63.\,5)\,\Omega$$

$$\Delta \tilde{S}_{0C} = 2(0.\,03 + j0.\,35)\,\mathrm{MV \cdot A} = (0.\,06 + j0.\,7)\,\mathrm{MV \cdot A}$$

等效电路如图 3-15b 所示。

（2）计算节点 B 和 C 的运算负荷

$$\Delta \tilde{S}_{TB} = \frac{24^2 + 18^2}{110^2}(2.\,42 + j31.\,75)\,\mathrm{MV \cdot A} = (0.\,18 + j2.\,36)\,\mathrm{MV \cdot A}$$

$$\begin{aligned}
\tilde{S}_B &= \tilde{S}_{LDB} + \Delta \tilde{S}_{TB} + \Delta \tilde{S}_{0B} + j\Delta Q_{B\,I} + j\Delta Q_{B\,II} \\
&= (24 + j18 + 0.\,18 + j2.\,36 + 0.\,1 + j1.\,2 - j0.\,975 - j0.\,625)\,\mathrm{MV \cdot A} \\
&= (24.\,28 + j19.\,96)\,\mathrm{MV \cdot A}
\end{aligned}$$

$$\Delta \tilde{S}_{TC} = \frac{12^2 + 9^2}{110^2}(5.\,7 + j63.\,5)\,\mathrm{MV \cdot A} = (0.\,106 + j1.\,18)\,\mathrm{MV \cdot A}$$

$$\begin{aligned}
\tilde{S}_C &= \tilde{S}_{LDC} + \Delta \tilde{S}_{TC} + \Delta \tilde{S}_{0C} + j\Delta Q_{B\,II} + j\Delta Q_{B\,III} \\
&= (12 + j9 + 0.\,106 + j1.\,18 + 0.\,06 + j0.\,7 - j0.\,625 - j0.\,815)\,\mathrm{MV \cdot A} \\
&= (12.\,17 + j9.\,44)\,\mathrm{MV \cdot A}
\end{aligned}$$

（3）计算闭式网络中的功率分布

$$\begin{aligned}
\tilde{S}_I &= \frac{\tilde{S}_B(Z_{II}^* + Z_{III}^*) + \tilde{S}_C Z_{III}^*}{Z_I^* + Z_{II}^* + Z_{III}^*} \\
&= \frac{(24.\,28 + j19.\,96)(31.\,5 - j38.\,75) + (12.\,17 + j9.\,44)(18 + j17.\,6)}{47.\,7 - j64.\,13}\,\mathrm{MV \cdot A} \\
&= (17.\,94 + j16.\,64)\,\mathrm{MV \cdot A}
\end{aligned}$$

$$\begin{aligned}
\tilde{S}_{II} &= \frac{\tilde{S}_C(Z_I^* + Z_{II}^*) + \tilde{S}_B Z_I^*}{Z_I^* + Z_{II}^* + Z_{III}^*} \\
&= \frac{(12.\,17 + j9.\,44)(29.\,7 - j46.\,53) + (24.\,28 + j19.\,96)(16.\,2 - j25.\,38)}{47.\,7 - j64.\,13}\,\mathrm{MV \cdot A} \\
&= (18.\,51 + j12.\,75)\,\mathrm{MV \cdot A}
\end{aligned}$$

可见：

$$\tilde{S}_{III} = \tilde{S}_{II} - \tilde{S}_C = [18.\,51 + j12.\,75 - (12.\,17 + j9.\,44)]\,\mathrm{MV \cdot A} = (6.\,34 + j3.\,31)\,\mathrm{MV \cdot A}$$

（4）计算电压损耗

由于线路Ⅰ和线路Ⅱ的功率均流向节点 B，故节点 B 为功率分点，这点的电压最低。为了计算线路Ⅰ的电压损耗，要用 A 点的电压和功率 S_{A1}。

$$\tilde{S}_{A1} = \tilde{S}_1 + \Delta\tilde{S}_{L1} = \left[17.94 + j16.64 + \frac{17.94^2 + 16.64^2}{110^2}(16.2 + j25.38) \right] \text{MV} \cdot \text{A}$$

$$= (18.10 + j16.90) \text{MV} \cdot \text{A}$$

$$\Delta U_1 = \frac{P_{A1}R_1 + Q_{A1}X_1}{U_A} = \frac{18.10 \times 16.2 + 16.90 \times 25.38}{110} \text{kV} = 1.2 \text{kV}$$

变电所 B 高压母线的实际电压为

$$U = U_A - \Delta U_1 = (110 - 1.2) \text{kV} = 108.8 \text{kV}$$

3.5 电力网的电能损耗估算

在对电力系统运行的经济性分析时，还需要计算某一时间段内电力网的电能损耗，例如一年内的电能损耗。电力网中各元件的电能损耗中，一部分与元件中通过的电流（或功率）的二次方成正比，如串联阻抗支路中的电能损耗；另一部分与元件上所施加的电压有关，如并联接地导纳支路中的电能损耗。下面分别介绍电力线路和变压器中电能损耗的近似计算方法。

3.5.1 电力线路中的电能损耗估算

电力线路的运行状况随时间而变化，线路上的功率损耗也随时间变化，准确计算电力线路一年内的电能损耗，计算工作量太大，且不实用。在工程计算中常采取一些近似计算方法。下面介绍两种常用的方法：最大负荷损耗时间法和等效功率法。

1. 最大负荷损耗时间法

如果线路中输送的功率一直保持为最大负荷功率 S_{max}，在 τ_{max} 小时内的能量损耗恰好等于线路全年的实际电能损耗 ΔW，则称 τ_{max} 为最大负荷损耗时间。

$$\Delta W = \int_0^{8760} \frac{S^2}{U^2} R \times 10^{-3} \, \mathrm{d}t = \frac{S_{max}^2}{U^2} R \tau_{max} \times 10^{-3} = \Delta P_{max} \tau_{max} \times 10^{-3} \qquad (3\text{-}30)$$

若认为电压接近于恒定，则

$$\tau_{max} = \frac{\int_0^{8760} S^2 \, \mathrm{d}t}{S_{max}^2} \qquad (3\text{-}31)$$

由式（3-31）可见，最大负荷损耗时间 τ_{max} 与用视在功率表示的负荷曲线有关。在一定的功率因数下视在功率与有功功率成正比，而有功功率负荷持续曲线的形状，在某种程度上可由最大负荷的利用小时 T_{max} 反映出来。对于给定的功率因数，τ_{max} 同 T_{max} 之间存在一定的关系。通过对一些典型负荷曲线的分析，得到 τ_{max} 和 T_{max} 的关系列于表 3-1。

表 3-1　最大负荷损耗小时数 τ_{max} 与最大负荷的利用小时数 T_{max} 的关系

T_{max}/h	τ_{max}/h				
	$\cos\varphi = 0.80$	$\cos\varphi = 0.85$	$\cos\varphi = 0.90$	$\cos\varphi = 0.95$	$\cos\varphi = 1.00$
2000	1500	1200	1000	800	700
2500	1700	1500	1250	1100	950
3000	2000	1800	1600	1400	1250
3500	2350	2150	2000	1800	1600
4000	2750	2600	2400	2200	2000
4500	3150	3000	2900	2700	2500
5000	3600	3500	3400	3200	3000
5500	4100	4000	3950	3750	3600
6000	4650	4600	4500	4350	4200
6500	5250	5200	5100	5000	4850
7000	5950	5900	5800	5700	5600
7500	6650	6600	6550	6500	6400
8000	7400	—	7350	—	7250

在不知道负荷曲线的情况下，根据最大负荷利用小时数 T_{max} 和功率因数，从表 3-1 中找出 τ_{max} 值，即可以近似计算出全年的电能损耗。

用最大负荷损耗时间计算电能损耗，准确度不高，ΔP_{max} 的计算尤其是 τ_{max} 值的确定都是近似的，而且还不可能对由此而引起的误差做出有根据的分析。因此，这种方法只适用于电力网规划设计中的计算。对于已运行电网的能量损耗计算，此方法的误差太大不宜采用。

2. 等效功率法

在给定的时间 T 内的能量损耗

$$\Delta W = 3 \int_0^T I^2 R \times 10^{-3} \mathrm{d}t = 3 I_{eq}^2 RT \times 10^{-3} = \frac{P_{eq}^2 + Q_{eq}^2}{U^2} RT \times 10^{-3} \tag{3-32}$$

式中，I_{eq}、P_{eq} 和 Q_{eq} 分别表示电流、有功功率和无功功率的等效值。

$$I_{eq} = \sqrt{\frac{1}{T} \int_0^T I^2 \mathrm{d}t} \tag{3-33}$$

当电网的电压恒定不变时，P_{eq} 和 Q_{eq} 也有与式（3-33）相似的表达式。

电流、有功功率和无功功率的等效值可以通过各自的平均值表示为

$$\begin{cases} I_{eq} = GI_{av} \\ P_{eq} = KP_{av} \\ Q_{eq} = LQ_{av} \end{cases} \tag{3-34}$$

式中，G、K 和 L 分别称为负荷曲线 $I(t)$、$P(t)$ 和 $Q(t)$ 的形状系数。

引入平均负荷后，可将电能损耗公式改写为

$$\Delta W = 3G^2 I_{av}^2 RT \times 10^{-3} = \frac{RT}{U^2}(K^2 P_{av}^2 + L^2 Q_{av}^2) \times 10^{-3} \tag{3-35}$$

利用式（3-35）计算电能损耗时，平均功率可由给定运行时间 T 内的有功电量 W_P 和无功电量 W_Q 求得

$$P_{av} = \frac{W_P}{T}, \quad Q_{av} = \frac{W_Q}{T}$$

形状系数 K 由负荷曲线的形状决定。对各种典型的持续负荷曲线的分析表明，形状系数的取值范围是

$$1 \le K \le \frac{1+a}{2\sqrt{a}} \qquad (3-36)$$

式中，a 是最小负荷率。

取形状系数平均值的二次方等于其上、下限二次方的平均值，即

$$K_{av}^2 = \frac{1}{2} + \frac{(1+a)^2}{8a} \qquad (3-37)$$

用形状系数的平均值 K_{av} 代替它的实际值进行电能损耗计算，当 $a>0.4$ 时，其最大可能的相对误差不会超过 10%。当负荷曲线的最小负荷率 $a<0.4$ 时，可将曲线分段，使对每一段而言的最小负荷率 >0.4，这样就能保证总的最大误差在 10% 以内。

对于无功负荷曲线的形状系数 L 也可以作类似的分析。当负荷的功率因数不变时，L 与 K 相等。

利用等效功率进行电能损耗计算时，运行周期 T 可以是日，月，季或年。

用等效功率法计算电能损耗，原理易懂，方法简单，所要求的原始数据也不多。对于已运行的电网进行网损分析时，可以直接从电能表取得有功电量和无功电量的数据，即使不知道具体的负荷曲线形状，也能对计算结果的最大可能误差作出估计。这种方法的另一个优点是能够推广应用于任意复杂网络的电能损耗计算。

3.5.2 变压器中的电能损耗

变压器电阻中电能损耗，即铜损部分的计算与线路的相同；变压器电导中的电能损耗即铁损部分，可近似取变压器的空载损耗 P_0 与变压器全年投入运行的实际小时数的乘积来计算。

例 3-3 对图 3-16 所示的网络，变电所低压母线上的最大负荷为 $P_{max} = 40MW$，$\cos\varphi = 0.8$，$T_{max} = 4500h$。线路和变压器的参数如下：

线路（每回）：$r_0 = 0.165\Omega/km$，$x_0 = 0.409\Omega/km$，$b_0 = 2.82\times10^{-6}S/km$

变压器（每台）：$\Delta P_0 = 38.5kW$，$\Delta P_k = 148kW$，$I_0\% = 0.8$，$U_k\% = 10.5$ 利用最大负荷损耗时间法，求线路及变压器中全年的电能损耗。

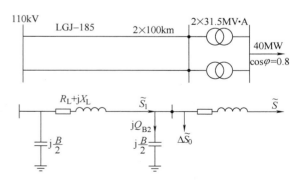

图 3-16 例 3-3 的输电系统及其等效电路

解： 最大负荷时变压器的绕组功率损耗

$$\Delta \tilde{S}_T = \Delta P_T + jQ_T = 2\left(\Delta P_k + j\frac{U_k\%}{100}S_N\right)\left(\frac{S_{max}}{2S_N}\right)^2$$

$$= 2\left(148 + j\frac{10.5}{100}\times31500\right)\left(\frac{40/0.8}{2\times31.5}\right)^2 \text{kV}\cdot\text{A} = (186 + j4167)\text{kV}\cdot\text{A}$$

变压器铁心功率损耗

$$\Delta \tilde{S}_0 = 2\left(\Delta P_0 + j\frac{I_0\%}{100}S_N\right) = 2\left(38.5 + j\frac{0.8}{100}\times31500\right)\text{kV}\cdot\text{A} = (77 + j504)\text{kV}\cdot\text{A}$$

线路末端充电功率

$$Q_{B2} = -2\frac{b_0l}{2}U^2 = -2.82\times10^{-6}\times100\times110^2\text{Mvar} = -3.412\text{Mvar}$$

代入等效电路中用以计算线路损失的功率

$$\tilde{S}_1 = \tilde{S} + \Delta\tilde{S}_T + \Delta\tilde{S}_0 + jQ_{B2} = (40 + j30 + 0.186 + j4.167 + 0.077 + j0.504 - j3.412)\text{MV}\cdot\text{A}$$

$$= (40.263 + j31.259)\text{MV}\cdot\text{A}$$

线路上的有功功率损失

$$\Delta P_L = \frac{S_1^2}{U^2}R_L = \frac{40.263^2 + 31.259^2}{110^2}\times\frac{1}{2}\times0.165\times100\text{MW} = 1.7715\text{MW}$$

已知 $T_{max} = 4500\text{h}$ 和 $\cos\varphi = 0.8$，从表 3-1 中查得 $\tau_{max} = 3150\text{h}$，假定变压器全年投入运行，则变压器中全年能量损耗

$$\Delta W_T = 2\Delta P_0\times8760 + \Delta P_T\times3150 = (77\times8760 + 186\times3150)\text{kW}\cdot\text{h} = 1260420\text{kW}\cdot\text{h}$$

线路中全年能量损耗

$$\Delta W_L = \Delta P_L\times3150 = (1771.5\times3150)\text{kW}\cdot\text{h} = 5580225\text{kW}\cdot\text{h}$$

输电系统全年的总电能损耗

$$\Delta W_T + \Delta W_L = (1260420 + 5580255)\text{kW}\cdot\text{h} = 6840645\text{kW}\cdot\text{h}$$

例 3-4　某元件的电阻为 10Ω，在 720h 内通过的电量为 $W_P = 80200\text{kW}\cdot\text{h}$ 和 $W_Q = 40100\text{kvar}\cdot\text{h}$，最小负荷率 $a = 0.4$，平均运行电压为 10.3kV，功率因数不变。利用等效功率法计算该元件的电能损耗。

解　先计算平均功率

$$P_{av} = \frac{W_P}{T} = \frac{80200}{720}\text{kW} = 111.4\text{kW}$$

$$Q_{av} = \frac{W_Q}{T} = \frac{40100}{720}\text{kvar} = 55.7\text{kvar}$$

当 $a = 0.4$ 时，$K_{av} = L_{av} = 1.055$。利用式（3-35），并以 K_{av} 和 L_{av} 分别代替 K 和 L，可得电能损耗

$$\Delta W = \frac{RT}{U^2}(K_{av}^2P_{av}^2 + L_{av}^2Q_{av}^2)\times10^{-3}$$

$$= \frac{10\times720}{10.3^2}\times1.055^2\times(111.4^2 + 55.7^2)\times10^{-3}\text{kW}\cdot\text{h} = 1171.77\text{kW}\cdot\text{h}$$

3.5.3 电力网的网损率

在给定的时间（日、月、季或年）内，系统中所有发电厂的总发电量同厂用电量之差，称为供电量；所有送电、变电和配电环节所损耗的电量，称为电力网的损耗电量（或损耗能量）。在同一时间内，电力网损耗电量占供电量的百分比，称为电力网的损耗率，简称网损率或线损率。

$$电力网损耗率 = \frac{电力网损耗电量}{供电量} \times 100\% \tag{3-38}$$

网损率是衡量供电企业管理水平的一项重要的综合性经济技术指标。利用电力网的网损率进行计算，实质是用等效功率法进行近似估算。

小　结

潮流计算是对给定运行条件的电力系统进行分析，确定系统的运行状态，即求出各母线的电压、网络中的功率分布及功率损耗。

电力线路的电压降落是指电力线路首末端点电压的相量差。电压损耗是指首末两点间电压有效值（电压的模）之差。

电力网中各点的实际电压是不相等的，电压偏移，是指网络中某点的实际电压同网络该处的额定电压（模）之差。

电力系统某点传输的复功率定义为该点的电压相量与流过该点的电流相量复共轭的乘积。感性无功功率将从电压较高的一端流向电压较低的一端，有功功率则从电压相位超前的一端流向电压相位滞后的一端。

电力线路主要是用来传输有功功率的，电力线路的输电效率是指线路末端输出的有功功率 P_2 与线路首端输入的有功功率 P_1 之比

引入运算功率和运算负荷可以简化电力网络，运算功率等于发电机电源输出功率减去升压变压器的功率损耗，再减去电力线路的电纳上的功率损耗，运算负荷等于综合负荷的输入功率加上降压变压器的功率损耗，再加上电力线路的电纳上的功率损耗。

电力网的电能损耗也可以用最大负荷损耗时间法和等效功率法进行估算。

电力网损耗电量占供电量的百分比，称为电力网的损耗率。

习　题

3-1　选择题

1. 电力系统潮流计算主要求取的物理量是（　　　）。

A. $\dot{U}$、$\tilde{S}$ 　　B. $\dot{U}$、$\dot{I}$ 　　C. $\dot{I}$、$\tilde{S}$ 　　D. Z、$\dot{I}$

2. 电力线路等效参数中消耗有功功率的是（　　　）。

A. 电纳   　　B. 电感   　　C. 电阻   　　D. 电容

3. 电力线路首末端点电压的相量差称为（　　　）。

A. 电压损耗   　　B. 电压偏移   　　C. 电压降落   　　D. 额定平均电压

4. 电力线路主要是用来传输（　　　）。

A. 视在功率　　　　B. 无功功率　　　　C. 有功功率　　　　D. 以上都不对

5. 电力系统某点传输的复功率定义为（　　　）。

A. UI　　　　B. $\dot{U}\dot{I}$　　　　C. $\overset{*}{\dot{U}}\dot{I}$　　　　D. $\dot{U}\overset{*}{\dot{I}}$

6. 设流过复阻抗 $Z = R+jX$ 的线路电流为 I，线路两端电压为 U，则线路消耗的有功功率为（　　　）。

A. $P = I^2R$　　　　B. $P = I^2|Z|$　　　　C. $P = U^2/|Z|$　　　　D. $P = UI$

7. 当有功分点和无功分点为同一节点时，该节点电压是网络中的（　　　）。

A. 最高电压　　　　B. 最低电压　　　　C. 平均电压　　　　D. 额定电压

8. 变压器的励磁损耗（铁损）一般由等效电路中（　　　）确定。

A. 电抗　　　　　　　　　　　　　B. 复阻抗支路

C. 接地支路的导纳　　　　　　　　D. 电纳

9. 电力线路等效电路的电纳是（　　　）的，变压器的电纳是（　　　）的。

A. 感性的，容性的　　　　　　　　B. 容性的，感性的

C. 感性的，感性的　　　　　　　　D. 容性的，容性的

10. 在高压输电线路中，电压降落的纵向分量主要是因传送（　　　）而产生的。

A. 无功功率　　　　B. 有功功率　　　　C. 与功率无关　　　　D. 以上都不对

3-2　填空题

1. 将变电所母线上所连线路对地电纳中无功功率的一半和降压变压器的功率损耗也并入等效负荷中，则称之为_____。

2. 从发电厂电源侧的电源功率中减去变压器的功率损耗，再减去电力线路靠近升压变压器端的电纳上的功率损耗得到的直接连接在发电厂负荷侧母线上的电源功率称为_____。

3. 潮流计算是指对给定运行条件的电力系统进行分析，即求（　　　　　　　　　）。

4. 输电效率是指（　　　　　　　　　　　　）。

5. 最大负荷利用小时 $T_{\max}$ 是指（　　　　　　　　　　）。

6. 元件两端存在电压幅值差是传送（　　　　　）的主要条件，存在电压相位差则是传送（　　　　　）的主要条件。

7. 循环功率与负荷无关，它是由两个供电点的（　　　　　）和（　　　　　）确定的。

8. 网损率是指（　　　　　　　　　　　）。

9. 电压偏移，是指网络中某点的实际电压同网络该处（　　　　　）之差。

10. 电力线路阻抗中电压降落的纵分量表达式为（　　　　　）。

3-3　简答题

1. 什么叫电压降落、电压损耗、电压偏移和输电效率？

2. 电力线路阻抗中电压降落的纵分量和横分量的表达式是什么？其电压计算公式是以相电压推导的，是否也适合于线电压？结合计算公式，说明在纯电抗的输电线路上，传送有功功率和无功功率的条件。

3. 电力网的电能损耗如何采用最大负荷损耗时间法近似计算的？什么是最大负荷损耗时间 τ_{max}？

4. 简述简单开式电力网络，已知首端电压和末端功率时，潮流计算的主要步骤。

5. 简述简单闭式网络潮流计算的主要步骤。

3-4 计算题

1. 变压器参数如图 3-17 所示，已知变压器输入端电压为 110kV，输入功率为（20+j10）MV·A，参数为 $\Delta P_0 = 38.5$kW，$\Delta P_k = 148$kW，$I_0\% = 0.8$，$U_k\% = 10.5$。画出其等效电路图，并求变压器的末端电压和功率损耗。

2. 简单电力系统如图 3-18 所示，忽略线路的导纳，若要求末端电压为 10.5kV，求功率损耗，首端输入功率和首端电压。

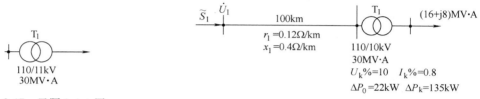

图 3-17 习题 3-4.1 图　　　　图 3-18 习题 3-4.2 图

3. 简单电力系统如图 3-19 所示，求各元件的功率损耗和末端电压。

4. 输电系统如图 3-20 所示，已知每台变压器额定容量 $S_N = 100$MV·A，$\Delta P_0 = 450$kW，$\Delta Q_0 = 3500$kvar，$\Delta P_k = 1000$kW，$U_k\% = 12.5$；每回线路长 250km，$r_1 = 0.06\Omega$/km，$x_1 = 0.3\Omega$/km，$b_1 = 2.8\times10^{-6}$S/km；负荷 $S_{LD} = 150$MW，$\cos\varphi = 0.85$。线路首端电压 $U_A = 245$kV，试计算：

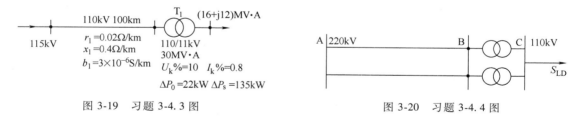

图 3-19 习题 3-4.3 图　　　　图 3-20 习题 3-4.4 图

（1）输电线路，变压器以及输电系统的电压降落和电压损耗。

（2）输电线路首端功率和输电效率。

（3）线路末端 B 点的变压器低压侧 C 点的电压偏移。

5. 简单环网如图 3-21 所示，导线型号为 LGJ-95，已知：线路 AB 段为 10km，AC 段 20km，BC 段 15km；变电所负荷为 $S_B = (10+j5)$MV·A，$S_C = (30+j15)$MV·A，电源电压为 $U_A = 110$kV。导线参数为：LGJ—95，$r_1 = 0.33\Omega$/km，$x_1 = 0.429\Omega$/km，$b_1 = 2.65*10^{-6}$S/km。试求网络的功率分界点，并求分界点的电压。

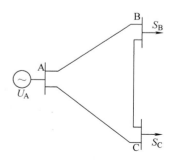

图 3-21 习题 3-4.5 图

第4章

复杂电力系统潮流计算

随着电力系统的不断扩大、电力网的结构越来越复杂，必须借助计算机进行分析计算。本章讨论复杂电力系统潮流计算的一般方法。通过本章的学习，掌握通过编程求解复杂电力系统潮流计算的方法。

4.1 电力网络的数学模型

通过对电力网络中各元件的建模和归算，可以得到电力网的等效电路，由电路分析理论可知，任一复杂网络，都可以用节点电压法或回路电流法进行分析。在电力系统的运行状态分析中，一般采用节点电压法。节点电压法以节点（母线）电压为待求量，对各节点列出节点电压方程并联立求解，唯一地确定各节点电压后，再运用简单的欧姆定律和功率方程，求出电力系统的功率分布和支路电流。

4.1.1 节点电压方程的建立

以图4-1a所示的电力系统为例，对各元件建模，则可以画出电力系统的等效电路如图4-1b所示，为列出节点电压方程，取接地点作为计算节点电压的参考点，并对各母线连接点标明节点号，设备节点（母线）电压作为待求量。

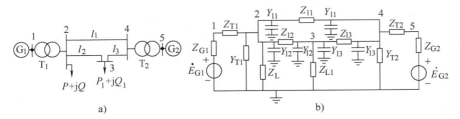

a)   b)

图4-1 某电力系统及其等效电路

a）某电力系统 b）等效电路

将等效电路图4-1b化简，并全用导纳表示，得化简后的电路如图4-2所示。

其中：$y_{10} = 1/Z_{G1}$，$y_{12} = 1/Z_{T1}$，$y_{20} = 1/Z_L + Y_{T1} + Y_{12} + Y_{11}$，$y_{24} = 1/Z_{11}$，$y_{23} = 1/Z_{12}$，$y_{30} = 1/Z_{L1} + Y_{12} + Y_{13}$，$y_{34} = 1/Z_{13}$，$y_{40} = Y_{T2} + Y_{11} + Y_{13}$，$y_{45} = 1/Z_{T2}$，$y_{50} = 1/Z_{G2}$，$\dot{I}_{S1} = \dot{E}_{G1}/Z_{G1} = \dot{E}_{G1} y_{10}$，$\dot{I}_{S2} = \dot{E}_{G2}/Z_{G2} = \dot{E}_{G1} y_{50}$

对除参考点外的其他节点，通常称为独立节点，根据基尔霍夫电流定律（KCL）列出方程：

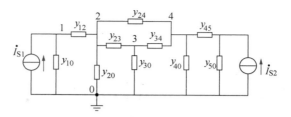

图 4-2 化简后的等效电路

节点 1：$y_{10}\dot{U}_1+y_{12}(\dot{U}_1-\dot{U}_2)=\dot{I}_{S1}$

节点 2：$y_{20}\dot{U}_2+y_{12}(\dot{U}_2-\dot{U}_1)+y_{23}(\dot{U}_2-\dot{U}_3)+y_{24}(\dot{U}_2-\dot{U}_4)=0$

节点 3：$y_{30}\dot{U}_3+y_{23}(\dot{U}_3-\dot{U}_2)+y_{34}(\dot{U}_3-\dot{U}_4)=0$

节点 4：$y_{40}\dot{U}_4+y_{24}(\dot{U}_4-\dot{U}_2)+y_{34}(\dot{U}_4-\dot{U}_3)+y_{45}(\dot{U}_4-\dot{U}_5)=0$

节点 5：$y_{50}\dot{U}_5+y_{45}(\dot{U}_5-\dot{U}_4)=\dot{I}_{S2}$

对上面的方程整理得

$(y_{10}+y_{12})\dot{U}_1-y_{12}\dot{U}_2=\dot{I}_{S1}$

$-y_{12}\dot{U}_1+(y_{12}+y_{20}+y_{23}+y_{24})\dot{U}_2-y_{23}\dot{U}_3-y_{24}\dot{U}_4=0$

$-y_{23}\dot{U}_2+(y_{23}+y_{30}+y_{34})\dot{U}_3-y_{34}\dot{U}_4=0$

$-y_{24}\dot{U}_2-y_{34}\dot{U}_3+(y_{24}+y_{34}+y_{40}+y_{45})\dot{U}_4-y_{45}\dot{U}_5=0$

$-y_{45}\dot{U}_4+(y_{50}+y_{45})\dot{U}_5=\dot{I}_{S2}$

观察上述方程，并把它表示为标准的节点电压方程组，得

$$\begin{cases} Y_{11}\dot{U}_1+Y_{12}\dot{U}_2+Y_{13}\dot{U}_3+Y_{14}\dot{U}_4+Y_{15}\dot{U}_5=\dot{I}_1 \\ Y_{21}\dot{U}_1+Y_{22}\dot{U}_2+Y_{23}\dot{U}_3+Y_{24}\dot{U}_4+Y_{25}\dot{U}_5=\dot{I}_2 \\ Y_{31}\dot{U}_1+Y_{32}\dot{U}_2+Y_{33}\dot{U}_3+Y_{34}\dot{U}_4+Y_{35}\dot{U}_5=\dot{I}_3 \\ Y_{41}\dot{U}_1+Y_{42}\dot{U}_2+Y_{43}\dot{U}_3+Y_{44}\dot{U}_4+Y_{45}\dot{U}_5=\dot{I}_4 \\ Y_{51}\dot{U}_1+Y_{52}\dot{U}_2+Y_{53}\dot{U}_3+Y_{54}\dot{U}_4+Y_{55}\dot{U}_5=\dot{I}_5 \end{cases} \qquad (4-1)$$

对照这两组方程，有以下特点：

式（4-1）中系数 Y_{ii} 称为节点 i 的自导纳，其值等于节点 i 所连接的所有支路中的导纳之和。例如 $Y_{11}=y_{10}+y_{12}$。

式（4-1）中系数 $Y_{ij}(i\neq j)$ 称为节点 i、j 之间的互导纳，其值等于连接这两个节点的支路导纳的负值。例如 $Y_{12}=Y_{21}=-y_{12}$，若两节点之间不存在直接连接的支路，则有 $Y_{ij}=0$，例如 $Y_{13}=Y_{31}=0$。

若节点 i 不与理想电流源直接连接，则 $\dot{I}_i=0$，例如图 4-2 所示电路中，$\dot{I}_3=0$，若节点 i 与理想电流源直接连接，则 $\dot{I}_i$ 为这些电流源的代数和，流入节点为正。例如 $\dot{I}_5=\dot{I}_{S2}$。

式（4-1）还可以写成矩阵形式。一般情况下，对一个有 n 个独立节点的网络，可以直

接写出

$$
\begin{pmatrix}
Y_{11} & Y_{12} & \cdots & Y_{1n} \\
Y_{21} & Y_{22} & \cdots & Y_{2n} \\
\vdots & \vdots & & \vdots \\
Y_{n1} & Y_{n2} & \cdots & Y_{nn}
\end{pmatrix}
\begin{pmatrix}
\dot{U}_1 \\
\dot{U}_2 \\
\vdots \\
\dot{U}_n
\end{pmatrix}
=
\begin{pmatrix}
\dot{I}_1 \\
\dot{I}_2 \\
\vdots \\
\dot{I}_n
\end{pmatrix}
\qquad (4-2)
$$

简写成

$$
\boldsymbol{Y}_\text{B}\boldsymbol{U}_\text{B} = \boldsymbol{I}_\text{B} \qquad (4-3)
$$

式（4-1）~式（4-3）均称为节点电压方程。

4.1.2 节点导纳矩阵及其修正

式（4-2）中的矩阵 $\boldsymbol{Y}_\text{B}$ 称为导纳矩阵。电力网络中的导纳矩阵，具有以下特点：

1）电力网络中节点非常多，对有 n 个独立节点的电力网络而言，其导纳矩阵为一个 $n\times n$ 的方阵，且是对称矩阵，即有 $Y_{ij}=Y_{ji}$。

2）其元素（导纳）是复数，所以是一个复数矩阵。

3）所有的对角元素为自导纳，为正值。

4）所有的非对角元素是两个相连接的节点之间支路导纳的负值，当两节点不相连接时，非对角元素为零。根据一般电力系统的特点，每一节点仅与少数节点有直接连接，因此导纳矩阵是一高度稀疏的矩阵（即有很多非对角元素为零）。

可见对电力系统建立导纳矩阵是比较方便的，不论是稳态分析中的潮流计算，还是暂态分析中的短路计算，都可以用导纳矩阵和节点电压方程进行分析。

实际的电力系统含有很多节点，且往往要作不同运行方式下的潮流计算，每种方式只是对电力系统的局部区域或个别元件作调整，例如投入或切除一条线路或一台变压器，显然改变一条支路的状态或参数只影响该支路两端的节点的自导纳和它们之间的互导纳，所以只需要对原有的节点导纳矩阵进行相应的修改。

设原电力系统有 n 个独立节点，已求出其导纳矩阵 $\boldsymbol{Y}_\text{B}$ 如下：

$$
\boldsymbol{Y}_\text{B} =
\begin{pmatrix}
Y_{11} & Y_{12} & \cdots & Y_{1n} \\
Y_{21} & Y_{22} & \cdots & Y_{2n} \\
\vdots & \vdots & & \vdots \\
Y_{n1} & Y_{n2} & \cdots & Y_{nn}
\end{pmatrix}
$$

分别考虑图 4-3 所示几种情况下导纳矩阵的修正方法。

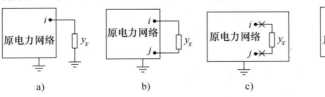
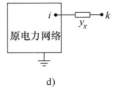

图 4-3 导纳矩阵的修正

a）增加一接地支路 b）i、j 之间加一支路 c）i、j 之间切除一支路 d）从 i 引出一条新支路并增加一个新节点

1）从原电力网络中增加一接地支路（例如增加一负荷）（图 4-3a）。

设在 i 节点增加一对地支路，支路导纳为 y_x，由于没有增加节点数，节点导纳矩阵阶数不变，仍为 n 阶，只有 i 节点的自导纳要修改为

$$Y'_{ii} = Y_{ii} + y_x \qquad (4\text{-}4)$$

2）电力网络中原有节点 i 与 j 之间增加一条支路（例如增加一回线路）（图 4-3b）

设所增加支路的导纳为 y_x，同样因没有增加节点数，节点导纳矩阵阶数不变，仍为 n 阶，要修改的是：

i 节点的自导纳 $Y'_{ii} = Y_{ii} + y_x$

j 节点的自导纳 $Y'_{jj} = Y_{jj} + y_x$

节点 i 与 j 之间的互导纳：$Y'_{ij} = Y'_{ji} = Y_{ij} - y_x$

3）电力网络中原有节点 i 与 j 之间切除一条支路（例如断开一条线路）（图 4-3c）

设所切除支路的导纳为 y_x，因节点数不变，要修改的是：

i 节点的自导纳 $Y'_{ii} = Y_{ii} - y_x$

j 节点的自导纳 $Y'_{jj} = Y_{jj} - y_x$

节点 i 与 j 之间的互导纳：$Y'_{ij} = Y'_{ji} = Y_{ij} + y_x$

4）从原电力网络中引出一条新支路，同时增加一个新节点（图 4-3d）

设在 i 节点引出新支路，新支路的导纳为 y_x，增加的节点编号为 k，因增加一个节点，则节点导纳矩阵阶数也要修改为 $n+1$ 阶，即要增加一行一列，要修改的元素有

i 节点的自导纳：$Y'_{ii} = Y_{ii} + y_x$

新增加的元素有

k 节点的自导纳：$Y_{kk} = y_x$

节点 i 与 k 之间的互导纳：$Y_{ik} = Y_{ki} = -y_x$

因节点 k 与其他节点不直接相连接，所以其余元素均为 0。修改后的导纳矩阵为

$$\begin{pmatrix} Y_{11} & \cdots & Y_{1i} & \cdots & Y_{1n} & 0 \\ \vdots & & \vdots & & \vdots & \vdots \\ Y_{i1} & \cdots & Y_{ii}+y_x & \cdots & Y_{in} & -y_x \\ \vdots & & \vdots & & & \vdots \\ 0 & \cdots & -y_x & \cdots & 0 & y_x \end{pmatrix}$$

例 4-1 如图 4-4a 所示的电力系统，已知 $y_{G1} = y_{G2} = j0.2$，$y_1 = 0.6 - j4$，$y_2 = j0.25$，（为简单起见，这里给出的导纳均以标幺值表示），列出导纳矩阵。

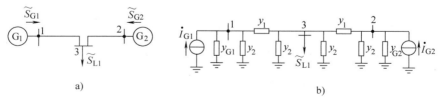

a) b)

图 4-4　例 4-1 的电力系统及其等效电路

解： 在电力系统分析时，节点 3 的负荷（$\widetilde{S}_{L1}$）可以作为此节点的流出功率，在列导纳矩阵时可以按图 4-4b 作等效电路来求，得

$$Y_{11} = y_{G1} + y_1 + y_2 = j0.2 + 0.6 - j4 + j0.25 = 0.6 - j3.55$$

$$Y_{22} = y_{G2} + y_1 + y_2 = j0.2 + 0.6 - j4 + j0.25 = 0.6 - j3.55$$

$$Y_{33} = 2y_1 + 2y_2 = 2 \times (0.6 - j4) + 2 \times j0.25 = 1.2 - j7.5$$

$$Y_{13} = Y_{31} = -y_1 = -0.6 + j4$$

$$Y_{23} = Y_{32} = -y_1 = -0.6 + j4$$

$$Y_B = \begin{pmatrix} 0.6-j3.55 & 0 & -0.6+j4 \\ 0 & 0.6-j3.55 & -0.6+j4 \\ -0.6+j4 & -0.6+j4 & 1.2-j7.5 \end{pmatrix}$$

例 4-2　在上题中，若电力系统增加了一条线路，如图 4-5 所示，列出修改后的导纳矩阵。

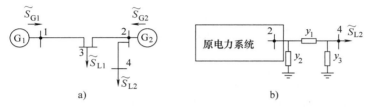

图 4-5　电力系统增加一条线路和一个新节点

解：只要修改 $Y'_{22} = Y_{22} + y_2 + y_1 = 0.6 - j3.55 + j0.25 + 0.6 - j4 = 1.2 - j7.8$

新增元素：$Y_{44} = y_1 + y_2 = 0.6 - j4 + j0.25 = 0.6 - j3.75$

$$Y_{24} = Y_{42} = -y_1 = -0.6 + j4$$

修改后的矩阵为 4 阶矩阵

$$Y'_B = \begin{pmatrix} 0.6-j3.55 & 0 & -0.6+j4 & 0 \\ 0 & 1.2-j7.8 & -0.6+j4 & -0.6+j4 \\ -0.6+j4 & -0.6+j4 & 1.2-j7.5 & 0 \\ 0 & -0.6+j4 & 0 & 0.6-j3.75 \end{pmatrix}$$

4.1.3　变压器电压比改变时导纳矩阵的修正

在多电压等级的电力系统分析时，在精确计算时需要将电力网络中的所有参数和变量归算到同一电压等级，但电力系统实际运行中，很多变压器的高、中压端都有分接头，变压器的实际电压比是可以调节的，如果改变了某个变压器的分接头，是不是经过这个变压器电压比归算的所有元件和参数都要重新计算呢？可以不要，这里介绍一种等效模型，采用这种等效模型后，则变压器电压比改变时导纳矩阵只需要稍作修正，而不必将其他元件和参数重新归算，下面讨论修正的方法。

设电力网络中某变压器归算后的阻抗为 Z_T（或用导纳表示为 $Y_T = 1/Z_T$），其两端的节点分别为 1、2 节点，在实际运行中，通过切换变压器的高压端的分接头，使变压器的电压比发生了变化，相当于串联了一个理想的变压器，其电压比为 $1:K$，如图 4-6a 所示。

由图 4-6a 电路，根据理想变压器的定义可得

$$\dot{I}_1 = K\dot{I}_2 \tag{4-5}$$

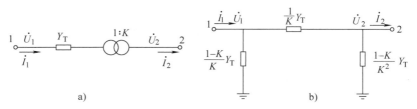

图 4-6　变压器电压比引起的电路修正

$$\dot{U}_1 - \dot{I}_1 Z_T = \frac{\dot{U}_2}{K} \tag{4-6}$$

解之，得

$$\dot{I}_1 = \frac{\dot{U}_1}{Z_T} - \frac{\dot{U}_2}{KZ_T} = \frac{K-1}{KZ_T}\dot{U}_1 + \frac{1}{KZ_T}(\dot{U}_1 - \dot{U}_2) \tag{4-7}$$

$$-\dot{I}_2 = -\frac{\dot{I}_1}{K} = \frac{-1}{KZ_T}\dot{U}_1 + \frac{\dot{U}_2}{K^2 Z_T} = \frac{1-K}{K^2 Z_T}\dot{U}_2 + \frac{1}{KZ_T}(\dot{U}_2 - \dot{U}_1) \tag{4-8}$$

以上两式也可以用导纳表示

$$\dot{I}_1 = \frac{K-1}{K}Y_T\dot{U}_1 + \frac{1}{K}Y_T(\dot{U}_1 - \dot{U}_2) \tag{4-9}$$

$$-\dot{I}_2 = \frac{1-K}{K^2}Y_T\dot{U}_2 + \frac{1}{K}Y_T(\dot{U}_2 - \dot{U}_1) \tag{4-10}$$

其等效电路如 4-6b 所示，因分接头切换引起的变压器的电压比变化用等效的导纳变化来体现。所以当电力网络的导纳矩阵已经建立求得后，如果某个变压器的分接头有切换时，相当于在原来的阻抗（或导纳）的基础上增加一个理想的变压器，只要修改与这个变压器相关的两个节点的自导纳和互导纳。

对节点 1：

$$Y'_{11} = Y_{11} - Y_T + \frac{K-1}{K}Y_T + \frac{1}{K}Y_T = Y_{11} \tag{4-11}$$

低压端的自导纳不变。

对节点 2：

$$Y'_{22} = Y_{22} - Y_T + \frac{1-K}{K^2}Y_T + \frac{1}{K}Y_T = Y_{22} - Y_T + \frac{1}{K^2}Y_T \tag{4-12}$$

高压端的自导纳要作修正，要把原来的 Y_T 修改为 Y_T/K^2。

互导纳则都要修正为

$$Y'_{12} = Y'_{21} = Y_{12} + Y_T - \frac{1}{K}Y_T \tag{4-13}$$

即要把原来的 Y_T 修改为 Y_T/K。

例 4-3　图 4-7 所示为某电力网络的等效电路，节点 1、2 之间为一升压变压器，节点 3、4 之间为一降压变压器，设原按主分接头电压比已求出归算后的阻抗标幺值，$Z_1 = \text{j}0.03$，$Z_2 = 0.08 + \text{j}0.30$，$Z_3 = \text{j}0.02$，线路导纳的标幺值为 $y = \text{j}0.25$，现升压变压器的分接头接在

+5%档，降压变压器的接头接在-5%档，试求此时的网络的导纳矩阵。

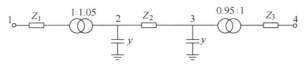

图 4-7 电力网络的等效电路

解：按节点导纳矩阵的计算，直接求其各元素，其非零元素为

$$Y_{11} = \frac{1}{Z_1} = \frac{1}{j0.03} = -j33.3$$

$$Y_{12} = -\frac{Y_1}{K} = -\frac{-j33.3}{1.05} = j31.7$$

$$Y_{22} = \frac{Y_1}{K^2} + y + \frac{1}{Z_2} = \frac{-j33.3}{1.05^2} + j0.25 + \frac{1}{0.08 + j0.30} = 0.83 - j33.1$$

$$Y_{23} = -\frac{1}{0.08 + j0.30} = -0.83 + j3.11$$

$$Y_{33} = \frac{1}{K_2{}^2 Z_3} + y + \frac{1}{Z_2} = \frac{1}{0.95^2 \times j0.02} + j0.25 + \frac{1}{0.08 + j0.30} = 0.83 - j58.3$$

$$Y_{34} = -\frac{1}{KZ_3} = -\frac{1}{0.95 \times j0.02} = j52.6$$

$$Y_{44} = \frac{1}{Z_3} = \frac{1}{j0.02} = -j50$$

最后导纳矩阵为

$$Y_B = \begin{bmatrix} -j33.3 & j31.7 & 0 & 0 \\ j31.7 & 0.83 - j33.1 & -0.83 + j3.11 & 0 \\ 0 & -0.83 + j3.11 & 0.83 - j58.3 & j52.6 \\ 0 & 0 & j52.6 & -j50 \end{bmatrix}$$

4.2 功率方程和节点分类

给定电力网络后，导纳矩阵可以求出，从而可以列出节点电压方程式（4-2），这是潮流计算的基础，如果电力网络中的电压源或电流源也给定，则直接求解网络方程就可以求出节点电压，从而求出各支路电流和功率分布，但实际中，通常给出的是发电机的输出功率或机端电压，负荷需求的功率等，所以无法直接对式（4-2）求解。

因为电力系统的电流不能事先确定，所以要把节点电压方程组修改成用功率和电压表示的功率方程。

4.2.1 功率方程

根据流过节点的复功率的定义：$\tilde{S} = \dot{U} \overset{*}{\dot{I}}$，式中 $\dot{U}$ 是该节点的电压，$\overset{*}{\dot{I}}$ 是流过该节点的电流相量 $\dot{I}$ 的复共轭，所以流过节点 i 的电流可以表示为

$$\dot{I}_i = \frac{\overset{*}{S}_i}{\overset{*}{U}_i} = \frac{P_i - jQ_i}{\overset{*}{U}_i} \tag{4-14}$$

式中 P_i 和 Q_i 为流入这个 i 节点的有功功率和无功功率，$\overset{*}{U}_i$ 为 i 节点电压相量 $\dot{U}_i$ 的复共轭。

把节点电压方程中的电流用电压和功率去替代，可以得到 i 节点的功率方程

$$\frac{P_i - jQ_i}{\overset{*}{U}_i} = Y_{i1}\dot{U}_1 + Y_{i2}\dot{U}_2 + \cdots + Y_{ii}\dot{U}_i + \cdots + Y_{in}\dot{U}_n = \sum_{j=1}^{n} Y_{ij}\dot{U}_j \tag{4-15}$$

对有 n 个独立节点的电力系统，可以列出 n 个方程，整理为

$$P_i - jQ_i = \overset{*}{U}_i \sum_{j=1}^{n} Y_{ij}\dot{U}_j \quad (i = 1, 2, \cdots, n) \tag{4-16}$$

式（4-16）称为电力网的统一潮流方程或功率方程，可以用于任一电力系统的潮流计算。

例 4-4 常见的电力系统的表示方法如图 4-8a 所示，已知 $\tilde{S}_{G1}$、$\tilde{S}_{G2}$、$\tilde{S}_{L1}$ 及其等效电路参数，如图 4-8b 所示，试列出其功率方程（潮流方程）。

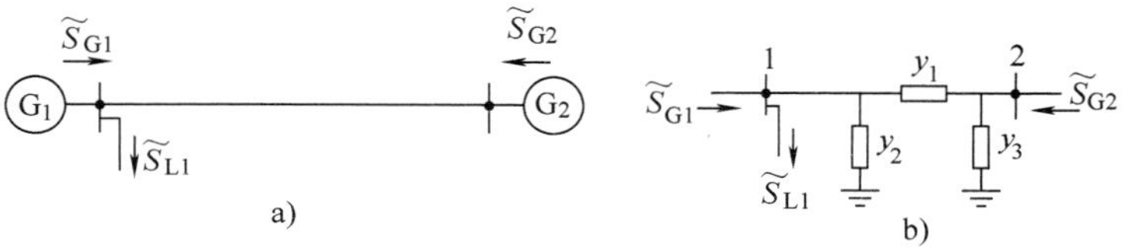

图 4-8 简单电力系统及其等效电路

解： 对节点 1：注入功率 $\tilde{S}_1 = \tilde{S}_{G1} - \tilde{S}_{L1} = (P_{G1} - P_{L1}) + j(Q_{G1} - Q_{L1}) = P_1 + jQ_1$

对节点 2：$\tilde{S}_2 = P_{G2} + jQ_{G2}$

则由式（4-16）得功率方程（复数表示式）：

$$\begin{cases} P_1 - jQ_1 = \overset{*}{U}_1(Y_{11}\dot{U}_1 + Y_{12}\dot{U}_2) \\ P_2 - jQ_2 = \overset{*}{U}_2(Y_{21}\dot{U}_1 + Y_{22}\dot{U}_2) \end{cases} \tag{4-17}$$

式中，$\dot{U}_1$、$\dot{U}_2$ 为待求的节点电压相量，$Y_{11} = y_1 + y_2$，$Y_{12} = Y_{21} = -y_1$，$Y_{22} = y_1 + y_3$

功率方程还可以化作实数方程式，把待求电压相量用直角坐标表示为

$$\dot{U}_1 = U_1 \angle \delta_1 = U_1 \cos\delta_1 + jU_1 \sin\delta_1$$

$$\dot{U}_2 = U_2 \angle \delta_2 = U_2 \cos\delta_2 + jU_2 \sin\delta_2$$

相应的复共轭：

$$\overset{*}{U}_1 = U_1 \angle -\delta_1 = U_1 \cos\delta_1 - jU_1 \sin\delta_1$$

$$\overset{*}{U}_2 = U_2 \angle -\delta_2 = U_2 \cos\delta_2 - jU_2 \sin\delta_2$$

导纳则为：$Y_{ij}=G_{ij}+jB_{ij}$，代入式（4-17）得

$$\begin{cases} P_1 - jQ_1 = (U_1\cos\delta_1 - jU_1\sin\delta_1) \sum_{j=1}^{2} (G_{1j} + jB_{1j})(U_j\cos\delta_j + jU_j\sin\delta_j) \\ P_2 - jQ_2 = (U_2\cos\delta_2 - jU_2\sin\delta_2) \sum_{j=1}^{2} (G_{2j} + jB_{2j})(U_j\cos\delta_j + jU_j\sin\delta_j) \end{cases} \tag{4-18}$$

将上式展开并根据复数相等为实部、虚部分别相等的原则，得到

$$\begin{cases} P_1 = U_1 \sum_{j=1}^{2} U_j [G_{1j}\cos(\delta_1 - \delta_j) + B_{1j}\sin(\delta_1 - \delta_j)] \\ P_2 = U_2 \sum_{j=1}^{2} U_j [G_{2j}\cos(\delta_2 - \delta_j) + B_{2j}\sin(\delta_2 - \delta_j)] \\ Q_1 = U_1 \sum_{j=1}^{2} U_j [G_{1j}\sin(\delta_1 - \delta_j) - B_{1j}\cos(\delta_1 - \delta_j)] \\ Q_2 = U_2 \sum_{j=1}^{2} U_j [G_{2j}\sin(\delta_2 - \delta_j) - B_{2j}\cos(\delta_2 - \delta_j)] \end{cases} \tag{4-19}$$

式（4-19）为该电力系统的功率方程组。其中待求量为 4 个（U_1、U_2、δ_1、δ_2），方程数也是 4 个。

电力系统的功率方程求解时要注意以下特点：

1）若电力系统有 n 个独立节点，则可以列出 $2n$ 个方程。

2）电力系统的功率方程是非线性的。

3）数学上看功率方程可能有多重解，但是针对电力系统具体问题，它的解还应符合一定的约束条件。

4.2.2　节点分类

为了求解功率方程，先对电力系统中的节点按运行时给定的条件进行分类，然后可以对不同类型的节点确定不同的求解步骤。

电力系统中的节点通常分成三类：

PQ 节点——这类节点的有功功率 P 和无功功率 Q 是给定的，节点的电压（包括电压的大小 U 和电压的相位角 δ）是待求量。通常负荷节点都是 PQ 节点，大部分变电所也属于 PQ 节点，当发电机输出的有功功率和无功功率不变时，也可以当作 PQ 节点。PQ 节点是电力系统中最多的节点。

PV 节点——这类节点的有功功率 P 和电压的大小 U 是给定的。这类节点通常是有一定无功储备的发电厂和有一定无功功率电源的变电所，即这类节点的电压大小在一定的范围内可以通过调节无功功率来维持不变。PV 节点的待求量是该节点注入的无功率 Q 和节点电压的相位角 δ。

平衡节点——电力系统中必须有一个（且只能有一个）平衡节点，担负电力系统调频任务的大型发电厂的母线往往被选作平衡节点，这个节点的电压的大小和相位角都是可以通过调节发电厂的输入功率进行调节，保证其定值，即平衡节点的电压大小和相位都是已知

的。一般设其标幺值为 $\dot{U}_{S*}=1\angle 0°$。平衡节点的待求量是该点注入的有功功率 P_s 和无功功率 Q_s。

4.2.3 潮流计算的约束条件

电力系统在正常运行时，应该满足这样的条件：

1) 从保证电能质量和供电安全的要求来看，电力系统的所有电气设备都必须运行在额定电压附近，即所有节点电压的大小都应在额定电压附近，用公式表示为

$$U_{min}<U_i<U_{max} \tag{4-20}$$

2) 电力系统的节点之间的电压的相位差很小，实际中如果节点相位差过大时，系统会变得不稳定。即要求：

$$|\delta_i-\delta_j|<|\delta_i-\delta_j|_{max} \tag{4-21}$$

3) 所有发电机输出的有功功率的给定值应在其可调节范围内：

$$P_{Gmin}<P_G<P_{Gmax} \tag{4-22}$$

因为所谓 P 给定，实质上是通过调节发电机保证其输出有功功率为确定值。

4) 所有含无功电源节点的无功功率的值也应在其可调节范围内：

$$Q_{Gmin}<Q_G<Q_{Gmax} \tag{4-23}$$

如果是 PQ 节点，其 Q 值调节后给定，如果是 PV 节点，则为了保证节点电压大小不变，则需要根据实际运行情况调节 Q，当然调节只能在允许的范围内，在后面求解时可以看到，如果超出范围，就只能把此类 PV 节点当成 PQ 节点进行分析了。

有了这些约束条件，一是可以在求解时把明显不符合电力系统实际运行条件的解舍去，二是在后面的近似计算中，可以根据实际情况进行近似估算，只求最符合条件的解，使求解过程相对简化。

4.3 牛顿-拉夫逊法潮流计算

通过前面讨论，可以归结出，有 n 个独立节点的电力系统的潮流计算，可以化为一组 $2n$ 个非线性方程组的求解，并要求其解符合一定的（约束）条件。

非线性方程组的求解一般采用计算机辅助求解，潮流计算最常用的方法是牛顿-拉夫逊（Newton-Raphson）法。用牛顿-拉夫逊迭代法求解电力网的非线性功率方程组通常称作牛顿-拉夫逊法潮流计算。

4.3.1 牛顿-拉夫逊法的基本原理

牛顿-拉夫逊法是求解非线性代数方程有效的迭代计算方法，在每一次迭代过程中，非线性问题通过线性化逐步近似，这里先以单变量非线性方程的求解来说明其基本原理。

设有单变量非线性方程

$$f(x)=0 \tag{4-24}$$

从图 4-9 可知，式（4-24）的解为曲线 $f(x)$ 与 x 轴的交点 x_T，称为真值。为求出这个解，先设方程的初值为 $x^{(0)}$，且它与真值的误差为 $\Delta x=x^{(0)}-x_T$ 即 $x_T=x^{(0)}-\Delta x$，代入式（4-24）

$$f(x^{(0)} - \Delta x) = 0$$

将上式用泰勒级数展开

$$f(x^{(0)} - \Delta x) = f(x^{(0)}) - f'(x^{(0)})\Delta x + \frac{1}{2!}f''(x^{(0)})(\Delta x)^2 - \cdots$$

$$(4\text{-}25)$$

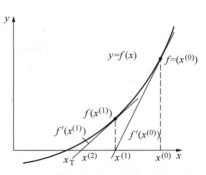

图4-9　牛顿-拉夫逊法的迭代过程

但式（4-25）求解 Δx 很难，如果略去式（4-25）中所有 Δx 的高次项，从图4-9中可以看到，相当于用直线 $f'(x)$ 去近似代替曲线 $f(x)$，设直线与 x 轴的交点 $x^{(1)}$ 与 $x^{(0)}$ 的误差为 $\Delta x^{(0)} = x^{(0)} - x^{(1)}$，近似有

$$f(x^{(1)}) = f(x^{(0)} - \Delta x^{(0)}) = f(x^{(0)}) - f'(x^{(0)})\Delta x^{(0)} = 0$$

即得

$$f(x^{(0)}) = f'(x^{(0)})\Delta x^{(0)} \tag{4-26}$$

式（4-26）称为修正方程式，从中可求出修正量：$\Delta x^{(0)}$

$$\Delta x^{(0)} = \frac{f(x^{(0)})}{f'(x^{(0)})} \tag{4-27}$$

修正后得到的新解为

$$x^{(1)} = x^{(0)} - \Delta x^{(0)} = x^{(0)} - \frac{f(x^{(0)})}{f'(x^{(0)})} \tag{4-28}$$

从图4-9中可以看到，$x^{(1)}$ 比 $x^{(0)}$ 更接近真值 x_{T}，但与 x_{T} 之间仍有误差，如果把 $x^{(1)}$ 作为近似值代入式（4-28），得

$$x^{(2)} = x^{(1)} - \Delta x^{(1)} = x^{(1)} - \frac{f(x^{(1)})}{f'(x^{(1)})}$$

为了进一步逼近真值，这样的迭代计算可以反复进行下去，迭代计算的通式是：

$$x^{(k+1)} = x^{(k)} - \Delta x^{(k)} = x^{(k)} - \frac{f(x^{(k)})}{f'(x^{(k)})} \tag{4-29}$$

如果两次迭代解的差值 $\Delta x^{(k)}$ 小于允许误差范围 ε（例如设 $\varepsilon = 10^{-3}$），即

$$\left| \Delta x^{(k)} \right| < \varepsilon \tag{4-30}$$

则认为解 $x^{(k)}$ 已在误差允许范围内等于真值。式（4-30）称为迭代的收敛判据。迭代也可以用另一种收敛判据来判断已找到真值，那就是

$$\left| f(x^{(k)}) \right| < \varepsilon_1 \tag{4-31}$$

其中 ε_1 也是预先给定的允许误差范围，从图4-9可以看到这种解法的几何意义。式（4-30）表示沿 x 轴逼近真值，式（4-31）表示沿 y 轴逼近真值，当逼近程度在误差允许范围内时认为所求的解近似等于真值。

将单变量问题推广到具有 n 个未知变量的 n 阶非线性联立代数方程组中，同样可以采用牛顿-拉夫逊法，通过迭代求出最接近真值的一组解。

设有 n 个联立的非线性方程组

$$f_i(x_1, x_2, \cdots x_n) = 0 \quad (i = 1, 2, \cdots n) \tag{4-32}$$

将上面 n 个方程在初始值附近分别展开成泰勒级数，并略去含有二次及以上高次项，便得修正方程（对照式（4-26））

$$f_i(x_1^{(0)}, x_2^{(0)}, \cdots x_n^{(0)}) = \sum_{j=1}^{n} \left. \frac{\partial f_i}{\partial x_j} \right|_{(0)} \Delta x_j \quad (i = 1, 2, \cdots n) \tag{4-33}$$

修正方程式（4-33）也可以用矩阵式表示

$$\begin{pmatrix} f_1(x_1^{(0)}, x_2^{(0)}, \cdots x_n^{(0)}) \\ f_2(x_1^{(0)}, x_2^{(0)}, \cdots x_n^{(0)}) \\ \vdots \\ f_n(x_1^{(0)}, x_2^{(0)}, \cdots x_n^{(0)}) \end{pmatrix} = \begin{pmatrix} \dfrac{\partial f_1}{\partial x_1} & \dfrac{\partial f_1}{\partial x_2} & \cdots & \dfrac{\partial f_1}{\partial x_n} \\ \dfrac{\partial f_2}{\partial x_1} & \dfrac{\partial f_2}{\partial x_2} & \cdots & \dfrac{\partial f_2}{\partial x_n} \\ \vdots & \vdots & \vdots & \vdots \\ \dfrac{\partial f_n}{\partial x_1} & \dfrac{\partial f_n}{\partial x_2} & \cdots & \dfrac{\partial f_n}{\partial x_n} \end{pmatrix}_{(0)} \begin{pmatrix} \Delta x_1 \\ \Delta x_2 \\ \vdots \\ \Delta x_n \end{pmatrix} \tag{4-34}$$

上式还可以简写为：

$$F(X^{(0)}) = J^{(0)} \Delta X^{(0)} \tag{4-35}$$

式中，X、ΔX 分别是由 n 个变量和 n 个修正量组成的 n 维列向量；$F(X)$ 为由 n 个多元函数组成的 n 维列向量；J 是 $n \times n$ 阶方阵，是一个先求偏导，然后代入相应初值形成的数值矩阵，称为雅可比矩阵。

从修正方程式中可以求出修正量

$$\Delta X^{(0)} = J^{-1} F(X^{(0)}) \tag{4-36}$$

经一次迭代后得到的值为

$$X^{(1)} = X^{(0)} - \Delta X^{(0)} = X^{(0)} - J^{-1} F(X^{(0)})$$

迭代过程可以一直进行，直到所有的解都满足收敛判据。

4.3.2　潮流计算的修正方程

前面 4.2 节的讨论中得到，对有 n 个独立节点的电力系统，其功率方程为

$$P_i - jQ_i = \overset{*}{U_i} \sum_{j=1}^{n} Y_{ij} \dot{U}_j \quad (i = 1, 2, \cdots, n)$$

式中，$\dot{U}_i$ 为各节点的电压相量。现在用牛顿-拉夫逊法去求解功率方程，当节点电压用极坐标表示时，有

$$\dot{U}_i = U_i \angle \delta_i = U_i \cos\delta_i + jU_i \sin\delta_i \tag{4-37}$$

式中，U_i 为电压相量的模；δ_i 为电压相量的相位角。而导纳矩阵元素则表示为

$$Y_{ij} = G_{ij} + jB_{ij}$$

将功率方程用直角坐标表示，并分别列出实部和虚部相等的表达式，得

$$\begin{cases} P_i = U_i \sum\limits_{j=1}^{n} U_j [G_{ij}\cos(\delta_i - \delta_j) + B_{ij}\sin(\delta_i - \delta_j)] \\ \\ Q_i = U_i \sum\limits_{j=1}^{n} U_j [G_{ij}\sin(\delta_i - \delta_j) - B_{ij}\cos(\delta_i - \delta_j)] \end{cases} \quad (i = 1, 2, \cdots, n) \tag{4-38}$$

令

$$\begin{cases} \Delta P_i = P_i - U_i \sum_{j=1}^n U_j \left[G_{ij}\cos(\delta_i - \delta_j) + B_{ij}\sin(\delta_i - \delta_j) \right] \\ \Delta Q_i = Q_i - U_i \sum_{j=1}^n U_j \left[G_{ij}\sin(\delta_i - \delta_j) - B_{ij}\cos(\delta_i - \delta_j) \right] \end{cases} \tag{4-39}$$

若各节点的电压相量 $\dot{U}_i$ 和输入功率 (P_i, Q_i) 均为已知（真值）时，则有 $\Delta P_i = 0$ 和 $\Delta Q_i = 0$，若各节点的电压相量 $\dot{U}_i$ 为待求量的假设初值时，而输入功率 (P_i, Q_i) 均为已知（真值）时，则有：$\Delta P_i \neq 0$，$\Delta Q_i \neq 0$。需要求解如同式（4-33）或式（4-34）的修正方程。

在 4.2 节中，根据电力系统实际运行时给定的条件，可以把节点分成三类，各类节点的已知值和待求量不同，所以在进行潮流计算时还要根据节点的类型进行具体分析。

设电力系统有 n 个独立节点，其中有一个平衡节点，为方便，给平衡节点编号为 n，有 m 个 PQ 节点，编号为 1，2，$\cdots$，m，剩下的全为 PV 节点，编号为：$m+1$，$m+2$，$\cdots$，$n-1$。则有

1）对 m 个 PQ 节点，P_1，$P_2 \cdots$，P_m 和 Q_1，Q_2，$\cdots$，Q_m 是已知的，待求量（变量）为 U_1，U_2，$\cdots$，U_m 和 δ_1，δ_2，$\cdots$，δ_m，共 $2m$ 个。

2）对 $n-m-1$ 个 PV 节点，P_{m+1}，P_{m+2}，$\cdots$，P_{n-1} 和 U_{m+1}，U_{m+2}，$\cdots$，U_{n-1} 是已知的，待求量（变量）为 δ_{m+1}，δ_{m+2}，$\cdots$，δ_{n-1}，共 $n-1-m$ 个。

3）U_n、δ_n 是已知的。

所以电力系统的总计待求量为 $n+m-1$ 个，而式（4-39）用泰勒级数展开并忽略高次项，近似得到类似于式（4-33）的 $n+m-1$ 个修正方程式

$$\Delta P_i = \sum_{j=1}^{n-1} \frac{\partial \Delta P_i}{\partial \delta_j} \Delta \delta_j + \sum_{j=1}^m \frac{\partial \Delta P_i}{\partial U_j} \Delta U_j \quad (i = 1, 2, \cdots, n-1) \tag{4-40}$$

$$\Delta Q_i = \sum_{j=1}^{n-1} \frac{\partial \Delta Q_i}{\partial \delta_j} \Delta \delta_j + \sum_{j=1}^m \frac{\partial \Delta Q_i}{\partial U_j} \Delta U_j \quad (i = 1, 2, \cdots, m) \tag{4-41}$$

可以通过牛顿-拉夫逊的迭代法进行求解，得到其修正值。

修正方程式（4-40）和式（4-41）还可以用矩阵表示为

$$\begin{pmatrix} \Delta P_1 \\ \vdots \\ \Delta P_{n-1} \\ \Delta Q_1 \\ \vdots \\ \Delta Q_m \end{pmatrix} = \begin{pmatrix} H_{1,1} & \cdots & H_{1n-1} & N_{1,1} & \cdots & N_{1,m} \\ \vdots & \vdots & \vdots & \vdots & \vdots & \vdots \\ H_{n-1,1} & \cdots & H_{n-1,n-1} & N_{n-1,1} & \cdots & H_{n-1,m} \\ K_{1,1} & \cdots & K_{1,n-1} & L_{1,1} & \cdots & L_{1,m} \\ \vdots & \vdots & \vdots & \vdots & \vdots & \vdots \\ K_{m,1} & \cdots & K_{m,n-1} & L_{m,1} & \cdots & L_{m,m} \end{pmatrix} \begin{pmatrix} \Delta \delta_1 \\ \vdots \\ \Delta \delta_{n-1} \\ \Delta U_1 / U_1 \\ \vdots \\ \Delta U_m / U_m \end{pmatrix} \tag{4-42}$$

式（4-42）中矩阵称为雅可比矩阵 $\boldsymbol{J}$，其矩阵元素分别为

$$H_{ij} = \frac{\partial \Delta P_i}{\partial \delta_j} = -U_i U_j \left[G_{ij}\sin(\delta_i - \delta_j) - B_{ij}\cos(\delta_i - \delta_j) \right] \quad (i \neq j) \tag{4-43}$$

$$H_{ii} = \frac{\partial \Delta P_i}{\partial \delta_i} = -U_i \sum_{j=1, j\neq i}^n U_j \left[-G_{ij}\sin(\delta_i - \delta_j) + B_{ij}\cos(\delta_i - \delta_j) \right] \tag{4-44}$$

$$= U_i^2 B_{ii} + Q_i$$

$$N_{ij} = U_j \frac{\partial \Delta P_i}{\partial U_j} = -U_i U_j \left[G_{ij}\cos(\delta_i - \delta_j) + B_{ij}\sin(\delta_i - \delta_j) \right] \quad (i \neq j) \qquad (4\text{-}45)$$

$$N_{ii} = U_i \frac{\partial \Delta P_i}{\partial U_i} = -U_i \sum_{j=1}^{n} U_j \left[G_{ij}\cos(\delta_i - \delta_j) + B_{ij}\sin(\delta_i - \delta_j) \right] - U_i^2 B_{ii} \qquad (4\text{-}46)$$

$$= -U_i^2 G_{ii} - P_i$$

在式（4-45）和式（4-46）中把节点不平衡功率对节点电压的模的偏导数都乘上该节点电压的模，相应地在式（4-42）的待求量矩阵中把节点电压的修正量都除以该节点电压的模，这样，雅可比矩阵元素的表达式比较对称。

$$K_{ij} = \frac{\partial \Delta Q_i}{\partial \delta_j} = U_i U_j \left[G_{ij}\cos(\delta_i - \delta_j) + B_{ij}\sin(\delta_i - \delta_j) \right] \quad (i \neq j) \qquad (4\text{-}47)$$

$$K_{ii} = U_i^2 G_{ii} - P_i \qquad (4\text{-}48)$$

$$L_{ij} = U_j \frac{\partial \Delta Q_i}{\partial U_j} = -U_i U_j \left[G_{ij}\sin(\delta_i - \delta_j) - B_{ij}\cos(\delta_i - \delta_j) \right] \quad (i \neq j) \qquad (4\text{-}49)$$

$$L_{ii} = U_i^2 B_{ii} - Q_i \qquad (4\text{-}50)$$

同样，式（4-49）和式（4-50）中把节点不平衡无功功率对节点电压相位角的偏导数都乘上该节点电压的模，比较可见，$K_{ij} = -N_{ij}$，而 $L_{ij} = H_{ij}$，这样用计算机求雅可比矩阵元素时可以减少计算量。

修正方程式还可以简写成：

$$\begin{pmatrix} \Delta P \\ \Delta Q \end{pmatrix} = \begin{pmatrix} \boldsymbol{H} & \boldsymbol{N} \\ \boldsymbol{K} & \boldsymbol{L} \end{pmatrix} \begin{pmatrix} \Delta \delta \\ \Delta U / U \end{pmatrix} \qquad (4\text{-}51)$$

其中 $\boldsymbol{H}$ 为 $(n-1)$ 阶方阵，$\boldsymbol{N}$ 为 $(n-1) \times m$ 阶矩阵，$\boldsymbol{K}$ 为 $m \times (n-1)$ 阶矩阵，$\boldsymbol{L}$ 为 m 阶方阵。即雅可比矩阵可以看成是四个分矩阵组成

$$\boldsymbol{J} = \begin{pmatrix} \boldsymbol{H} & \boldsymbol{N} \\ \boldsymbol{K} & \boldsymbol{L} \end{pmatrix} \qquad (4\text{-}52)$$

由式（4-42）及其系数表达式可见，雅可比矩阵有以下特点：

1）雅可比矩阵中的各元素都是节点电压的函数，在求解时要代入初值，因此在每一次迭代时，雅可比矩阵元素都要重新计算，工作量比较大。

2）雅可比矩阵是不对称的。

3）当节点导纳矩阵的非对角元素 Y_{ij} 为零时，雅可比矩阵中相对应的元素 H_{ij}、N_{ij}、K_{ij}、L_{ij} 也是零，因此该矩阵是十分稀疏的。

4）雅可比矩阵的元素的值也是不对称的，例如：

$$H_{ij} = -U_i U_j \left[G_{ij}\sin(\delta_i - \delta_j) - B_{ij}\cos(\delta_i - \delta_j) \right]$$

$$H_{ji} = -U_j U_i \left[G_{ji}\sin(\delta_j - \delta_i) - B_{ji}\cos(\delta_j - \delta_i) \right]$$

虽然导纳矩阵是对称的，即 $G_{ij} = G_{ji}$，$B_{ij} = B_{ji}$，但是 $\sin(\delta_i - \delta_j) = -\sin(\delta_j - \delta_i)$，所以有 $H_{ij} \neq H_{ji}$，其他元素也同样。

4.3.3 牛顿-拉夫逊潮流计算步骤

有了修正方程式及其系数表达式后，用牛顿-拉夫逊进行电力系统潮流计算的步骤如下：

（1）对给定的电力系统进行建模，画出归算到某一电压等级的等效电路　这一步在前两章已讨论很多了，这是电力系统分析不可缺少的基础。在作电力系统潮流计算时，发电机和负荷可以直接用输入功率、输出功率表示。

计算中为了表达简洁，一般都用标幺制。

（2）对等效电路求出导纳矩阵　为了后面列方程和编程方便，列导纳矩阵之前，要根据给定的节点性质来进行节点标号，一般把平衡节点作为最后一个，PQ 节点全放在前面，设有 m 个，然后是 PV 节点，则有 $n-1-m$ 个。

（3）设定各节点的初值，$\delta_1^{(0)}$，$\delta_2^{(0)}$，$\cdots$，$\delta_{n-1}^{(0)}$，$U_1^{(0)}$，$U_2^{(0)}$，$\cdots$，$U_m^{(0)}$　在电力系统潮流计算中因为电压及其相位角应该都在额定电压及其额定相位角附近，所以一般可以假设其初值为 $\delta_1^{(0)}=\delta_2^{(0)}=$，$\cdots$，$=\delta_{n-1}^{(0)}=0$，$U_1^{(0)}=U_2^{(0)}=$，$\cdots$，$U_m^{(0)}=1$。

（4）求 $\Delta \boldsymbol{P}^{(0)}$，$\Delta \boldsymbol{Q}^{(0)}$　将设定的初值（或求出的值）和已知值代入式（4-39），求出差值 $\Delta \boldsymbol{P}^{(0)}$（$n-1$ 阶列向量），$\Delta \boldsymbol{Q}^{(0)}$（$m$ 阶列向量）。

（5）求出雅可比矩阵 $\boldsymbol{J}^{(0)}$　将设定的初值和已知值再代入式（4-43）~式（4-50），求出雅可比矩阵 $\boldsymbol{J}^{(0)}$，要注意各分矩阵的阶数，在编程时可以利用雅可比矩阵各系数表达式之间的关系，减小计算量。

（6）解修正方程，求 $\Delta \delta^{(0)}$、$\Delta U^{(0)}$　由式（4-51）可以得到

$$\begin{bmatrix} \Delta \boldsymbol{\delta} \\ \Delta \boldsymbol{U}/\boldsymbol{U} \end{bmatrix} = \begin{bmatrix} \boldsymbol{H} & \boldsymbol{N} \\ \boldsymbol{K} & \boldsymbol{L} \end{bmatrix}^{-1} \begin{bmatrix} \Delta \boldsymbol{P} \\ \Delta \boldsymbol{Q} \end{bmatrix} \tag{4-53}$$

这里要求雅可比矩阵的逆矩阵，高阶的矩阵求逆本来比较麻烦，但如果用 Matlab 软件，则只需要一条简单的命令就可以求出修正值 $\Delta \boldsymbol{\delta}^{(0)}$（$n-1$ 阶列向量）和 $\Delta \boldsymbol{U}^{(0)}$（$m$ 阶列向量）。

（7）修正各节点电压 $\delta_1^{(1)}$，$\delta_2^{(1)}$，$\cdots$，$\delta_{n-1}^{(1)}$，$U_1^{(1)}$，$U_2^{(1)}$，$\cdots$，$U_m^{(1)}$

$$\boldsymbol{\delta}^{(1)} = \boldsymbol{\delta}^{(0)} - \Delta \boldsymbol{\delta}^{(0)}$$

$$\boldsymbol{U}^{(1)} = \boldsymbol{U}^{(0)} - \Delta \boldsymbol{U}^{(0)}$$

（8）校验是否收敛　前面已讨论，有两种方法可以判断迭代后求出的解是否接近真值。

1）根据判据

$$|\max\{\Delta \boldsymbol{\delta}_1, \Delta \boldsymbol{\delta}_2, \cdots, \Delta \boldsymbol{\delta}_{n-1}\}| < \varepsilon \tag{4-54}$$

$$|\max\{\Delta \boldsymbol{U}_1, \Delta \boldsymbol{U}_2, \cdots, \Delta \boldsymbol{U}_m\}| < \varepsilon \tag{4-55}$$

即求出的所有修正值均小于给定的允许误差值 ε，则迭代结束，执行下一步作进一步计算。若不能同时满足式（4-54）和式（4-55），则用求到的值作为初值，再次迭代，即令

$$\boldsymbol{\delta}^{(0)} = \boldsymbol{\delta}^{(1)}, \boldsymbol{U}^{(0)} = \boldsymbol{U}^{(1)}$$

然后返回到第 4 步继续执行。

2）求出 $\Delta \boldsymbol{P}^{(1)}$、$\Delta \boldsymbol{Q}^{(1)}$　将求出的值和已知值代入式（4-39），求出差值 $\Delta \boldsymbol{P}^{(1)}$（$n-1$ 阶列向量），$\Delta \boldsymbol{Q}^{(1)}$（$m$ 阶列向量），根据判据

$$|\max\{\Delta \boldsymbol{P}_1, \Delta \boldsymbol{P}_2, \cdots, \Delta \boldsymbol{P}_{n-1}\}| < \varepsilon_1 \tag{4-56}$$

$$|\max\{\Delta \boldsymbol{Q}_1, \Delta \boldsymbol{Q}_2, \cdots, \Delta \boldsymbol{Q}_m\}| < \varepsilon_1 \tag{4-57}$$

同样若能同时满足上面两式，即各点注入的有功功率和无功功率的差值均小于给定的允许误差值 ε_1 时迭代结束，若不能同时满足，则同样用求到的值作为初值，再次迭代，即令

$$\boldsymbol{\delta}^{(0)} = \boldsymbol{\delta}^{(1)}, \boldsymbol{U}^{(0)} = \boldsymbol{U}^{(1)},$$

$$\Delta \boldsymbol{P}^{(0)} = \Delta \boldsymbol{P}^{(1)}, \Delta \boldsymbol{Q}^{(0)} = \Delta \boldsymbol{Q}^{(1)}$$

然后返回到第5步继续执行。

从上面可以看出计算机迭代计算是一种循环执行的程序，注意上面这两种判据可任选一种，但必须选一种，当结果符合精度要求时跳出循环，执行下一步。

（9）功率计算　通过牛顿-拉夫逊迭代求出各节点电压值后，再根据功率方程（4-38）求出平衡点注入的有功功率 P_n 和无功功率 Q_n，并求出 PV 节点所需要注入的无功功率 $Q_{m+1}, Q_{m+2}, \cdots, Q_{n-1}$。

最后有一点要说明，如果某个 PV 节点的无功功率调节是有限的，即有约束条件：

$$Q_{\text{Gmin}} < Q_G < Q_{\text{Gmax}}$$

那么在最后的计算中如果求出该 PV 节点需要注入的功率 Q_{m+1} 不能满足约束条件，即 $Q_{m+1} < Q_{\text{Gmin}}$，或 $Q_{m+1} > Q_{\text{Gmax}}$，考虑到实际中无法做到保证这点的电压大小不变，那么只能取 $Q_{m+1} = Q_{\text{Gmin}}$（当 $Q_{m+1} < Q_{\text{Gmin}}$ 时），或 $Q_{m+1} = Q_{\text{Gmax}}$（当 $Q_{m+1} > Q_{\text{Gmax}}$ 时）。把这个 PV 节点改成 PQ 节点再进行计算。

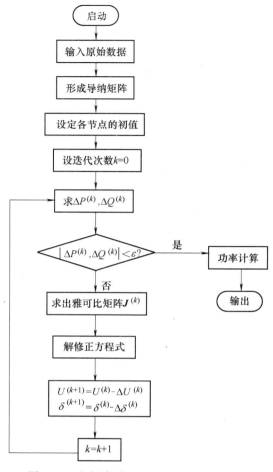

图 4-10　牛顿-拉夫逊法潮流计算流程框图

图 4-10 给出牛顿-拉夫逊法计算潮流的流程框图，其中采用第二种方法即判据式（4-56）和式（4-57）进行收敛性校验。

4.4　P-Q 分解法潮流计算

P-Q 分解法是在牛顿-拉夫逊法潮流计算的基础上，考虑电力系统的实际情况作了一系统的简化后派生出来的方法，在电力系统中得到广泛的应用。下面讨论 P-Q 分解法的简化，从而得出 P-Q 分解法潮流计算的步骤。

4.4.1　P-Q 分解法的简化过程

将牛顿-拉夫逊法修正方程式（4-51）展开为

$$\Delta \boldsymbol{P} = \boldsymbol{H} \Delta \boldsymbol{\delta} + \boldsymbol{N}(\Delta \boldsymbol{U}/\boldsymbol{U}) \tag{4-58}$$

$$\Delta \boldsymbol{Q} = \boldsymbol{K} \Delta \boldsymbol{\delta} + \boldsymbol{L}(\Delta \boldsymbol{U}/\boldsymbol{U}) \tag{4-59}$$

简化1：

考虑到电力系统中有功功率分布主要受节点电压的相位角的影响，而无功功率分布主要受节点电压大小的影响，所以认为近似有：$N=0$ 和 $K=0$。则式（4-58）和式（4-59）分别简化为：

$$\Delta P = H\Delta\delta \tag{4-60}$$

$$\Delta Q = L(\Delta U/U) \tag{4-61}$$

这样就可以使有功功率修正方程和无功功率修正方程分开进行迭代。而且原来要解的矩阵是 $n+m-1$ 阶的，而现在只要解一个 $n-1$ 阶和一个 m 阶的小矩阵，当电力系统的节点数 n 很多时，显然计算的工作量可以减小很多。

但是 H 和 L 中的元素仍是节点电压的函数，在每次迭代过程中仍要进行计算。

简化2：

根据电力系统在稳态运行时的特点：其相邻两点之间的相位角的差值是很小的，所以有

$$\cos(\delta_i-\delta_j)\approx 1$$

$$\sin(\delta_i-\delta_j)\ll 1 \text{ 或 } \sin(\delta_i-\delta_j)\approx 0$$

简化3：

因电力系统中架空线路等一般电抗大于电阻，则其导纳为

$$Y=\frac{1}{Z}=\frac{1}{R+jX}=\frac{R}{R^2+X^2}-j\frac{X}{R^2+X^2}=G-jB$$

即电导小于电纳，所以有

$$G_{ij}\sin(\delta_i-\delta_j)\ll B_{ij}$$

代入到 H_{ij} 的表达式（4-43）和 L_{ij} 的表达式（4-49），可以得到

$$H_{ij}=L_{ij}=U_iU_jB_{ij} \tag{4-62}$$

注意 H_{ij} 是 $n-1$ 阶矩阵的非对角元素，L_{ij} 是 m 阶矩阵的非对角元素。

由自导纳的定义，$U_i^2B_{ii}$ 项相当于在各元件的电抗远大于电阻条件下，节点 i 的相邻节点都接地（短路）时节点 i 需要注入的无功功率，而 Q_i 则是正常运行状态下节点 i 注入的无功功率，所以近似有

$$U_i^2B_{ii}\gg Q_i$$

则式（4-44）和式（4-50）可简化为

$$H_{ii}=L_{ii}=U_i^2B_{ii}, \tag{4-63}$$

注意 H_{ii} 是 $n-1$ 阶矩阵的对角元素，L_{ii} 是 m 阶矩阵的对角元素。

这样式（4-60）中的 H 矩阵可表示为

$$H=\begin{bmatrix} U_1B_{11}U_1 & U_1B_{12}U_2 & \cdots & U_1B_{1n-1}U_{n-1} \\ U_2B_{21}U_1 & U_2B_{22}U_2 & \cdots & U_2B_{2n-1}U_{n-1} \\ \vdots & \vdots & \vdots & \vdots \\ U_{n-1}B_{n-11}U_1 & U_{n-1}B_{n-1}U_2 & \cdots & U_nB_{n-1n-1}U_{n-1} \end{bmatrix}$$

代入到简化后的修正方程式（4-60）中，并结合矩阵乘法规则，改写成

$$\begin{bmatrix} \dfrac{\Delta P_1}{U_1} \\ \dfrac{\Delta P_2}{U_2} \\ \vdots \\ \dfrac{\Delta P_{n-1}}{U_{n-1}} \end{bmatrix} = \begin{bmatrix} B_{11} & B_{12} & \cdots & B_{1n-1} \\ B_{21} & B_{22} & \cdots & B_{2n-1} \\ \vdots & \vdots & \vdots & \vdots \\ B_{n-11} & B_{n-12} & \cdots & B_{n-1n-1} \end{bmatrix} \begin{bmatrix} U_1\Delta\delta_1 \\ U_2\Delta\delta_2 \\ \vdots \\ U_{n-1}\Delta\delta_{n-1} \end{bmatrix} \tag{4-64}$$

同理，简化后的修正方程式（4-61）可以改写成

$$\begin{bmatrix} \dfrac{\Delta Q_1}{U_1} \\ \dfrac{\Delta Q_2}{U_2} \\ \vdots \\ \dfrac{\Delta Q_m}{U_m} \end{bmatrix} = \begin{bmatrix} B_{11} & B_{12} & \cdots & B_{1n-1} \\ B_{21} & B_{22} & \cdots & B_{2n-1} \\ \vdots & \vdots & \vdots & \vdots \\ B_{m1} & B_{m2} & \cdots & B_{mm} \end{bmatrix} \begin{bmatrix} \Delta U_1 \\ \Delta U_2 \\ \vdots \\ \Delta U_m \end{bmatrix} \tag{4-65}$$

修正方程式也可以简写成

$$\Delta P/U = B'U\Delta\delta \tag{4-66}$$

$$\Delta Q/U = B''\Delta U \tag{4-67}$$

可见，P-Q 分解法的后两个简化，使得在迭代过程不再需要反复求雅可比矩阵，只要求出导纳矩阵的虚部所构成的 B'、B'' 电纳矩阵，就可以求解修正方程。其中 B' 为 $n-1$ 阶，在电纳矩阵中去掉平衡节点构成；B'' 为 m 阶，是在电纳矩阵中划去平衡节点和 PV 节点后构成的。

P-Q 分解法具有线性收敛性，与牛顿-拉夫逊法相比，当收敛到同样的精度时，P-Q 分解法需要迭代的次数较多，但是 P-Q 分解法每次迭代计算的方程数阶数低，不需重新形成雅可比矩阵，计算工作量大大减少，所以总体上，P-Q 分解法的计算速度比牛顿-拉夫逊法快。

需要说明的是，当电力系统中含有 35kV 及以下电压等级的电力线路时，由于它们的电阻相对比较大，不满足电阻远小于电抗因而忽略不计电阻的条件，可能会出现迭代计算不收敛的情况，所以 P-Q 分解法一般只适用于 110kV 及以上的电力网的计算。

4.4.2　P-Q 分解法潮流计算步骤

P-Q 分解法潮流计算的步骤与牛顿-拉夫逊法潮流计算类似，其流程框图如图 4-11 所示。

（1）建模并列出导纳矩阵　对电力系统建模并画出等效电路，在输入数据时可以忽略电阻，并列出等效电路的电纳矩阵。

为了后面列方程和编程方便，列导纳矩阵之前，要根据给定的节点性质来进行节点标号，一般把平衡节点作为最后一个，PQ 节点全放在前面，设有 m 个，然后是 PV 节点，则有 $n-1-m$ 个。

（2）求出 B'、B''　由前面讨论知，B' 为 $n-1$ 阶，是在电纳矩阵中去掉平衡节点构成的，

B'' 为 m 阶，是在电纳矩阵中划去平衡节点和 PV 节点后构成的。

（3）设定各节点的初值，$\delta_1^{(0)}$，$\delta_2^{(0)}$，$\cdots$，$\delta_{n-1}^{(0)}$，$U_1^{(0)}$，$U_2^{(0)}$，$\cdots$，$U_m^{(0)}$　在电力系统潮流计算中因为电压及其相位角应该都在额定电压及其额定相位角附近，所以一般可以假设其初值为 $\delta_1^{(0)}=\delta_2^{(0)}=$，$\cdots$，$=\delta_{n-1}^{(0)}=0$，$U_1^{(0)}=U_2^{(0)}=$，$\cdots$，$U_m^{(0)}=1$。

（4）求 $\Delta P^{(0)}$，$\Delta Q^{(0)}$　将设定的初值（或求出的值）和已知值代入式（4-39），求出差值 $\Delta P^{(0)}$（$n-1$ 阶列向量），$\Delta Q^{(0)}$（m 阶列向量）。并求出 $\Delta P^{(0)}/U^{(0)}$，$\Delta Q^{(0)}/U^{(0)}$。

（5）解修正方程，求 $\Delta \delta^{(0)}$，$\Delta U^{(0)}$
$$U^{(0)}\Delta\delta^{(0)}=(B')^{-1}(\Delta P^{(0)}/U^{(0)})$$
$$\Delta U^{(0)}=(B'')^{-1}(\Delta Q^{(0)}/U^{(0)})$$

（6）修正各节点电压 $\delta_1^{(1)}$，$\delta_2^{(1)}$，$\cdots$，$\delta_{n-1}^{(1)}$，$U_1^{(1)}$，$U_2^{(1)}$，$\cdots$，$U_m^{(1)}$
$$\delta^{(1)}=\delta^{(0)}-\Delta\delta^{(0)}$$
$$U^{(1)}=U^{(0)}-\Delta U^{(0)}$$

（7）校验是否收敛　同样可以有两种方法可以判断迭代后求出的解是否接近真值。

1）根据判据式（4-54）和式（4-55），如果求出的所有修正值均小于给定的允许误差值 ε，则迭代结束，执行下一步作进一步计算。若不能同时满足式（4-54）和式（4-55），则用求到的值作为初值，再次迭代，即令
$$\delta^{(0)}=\delta^{(1)},U^{(0)}=U^{(1)}$$
然后返回到第 4 步继续执行。

2）求出 $\Delta P^{(1)}$，$\Delta Q^{(1)}$　将求出的值和已知值代入式（4-39），求出差值 $\Delta P^{(1)}$（$n-1$ 阶列向量），$\Delta Q^{(1)}$（m 阶列向量），根据判据式（4-56）和式（4-57），若能同时满足上面两式，即各点注入的有功功率和无功功率的差值均小于给定的允许误差值 ε_1 时迭代结束，若不能同时满足，则同样用求到的值作为初值，再次迭代，即令
$$\delta^{(0)}=\delta^{(1)},U^{(0)}=U^{(1)},\Delta P^{(0)}=\Delta P^{(1)},\Delta Q^{(0)}=\Delta Q^{(1)}$$
然后返回到第 5 步继续执行。

从上面可以看出计算机迭代计算是一种循环执行的程序，注意上面这两种判据可任选一种，但必须选一种，当结果符合精度要求时跳出循环，执行下一步。

（8）功率计算　通过牛顿-拉夫逊迭代求出各节点电压值后，再根据功率方程（4-38）求出平衡点注入的有功功率 P_n 和无功功率 Q_n，并求出 PV 节点所需要注入的无功功率

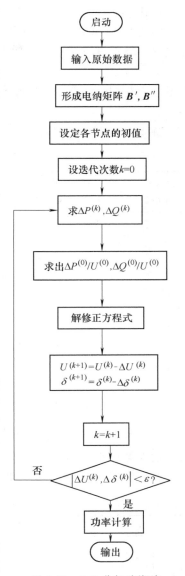

图 4-11　P-Q 分解法潮流计算的流程框图

Q_{m+1}，Q_{m+2}，…，Q_{n-1}。

图 4-11 给出 P-Q 分解法潮流计算的流程框图，其中采用第一种方法即判据式（4-54）和式（4-55）进行收敛性校验。

4.5　Matlab 在电力系统潮流分析中的应用举例

例 4-5　图 4-12 所示的电力网中，各支路阻抗和对地导纳的标幺值见表 4-1。

表 4-1　例 4-5 各支路阻抗与导纳

Z_1	Z_2	Z_3	Z_4	Z_5	y_0
0.04+j0.25	0.08+j0.30	0.1+j0.35	j0.015	j0.03	j0.25

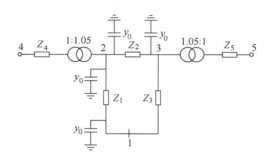

图 4-12　例 4-5 的电力系统接线图

图中共有 5 个节点，其中 1、2、3 为 PQ 节点，4 为 PV 节点，5 为平衡节点。各节点的已知量为见表 4-2。

试分别用牛顿-拉夫逊法和 P-Q 分解法计算潮流。

表 4-2　例 4-5 各节点的已知量

PQ 节点			PV 节点	平衡节点
1	2	3	4	5
$P=-1.6$	$P=-2$	$P=-3.7$	$P=5$	$U_5=1.05$
$Q=-0.8$	$Q=-1$	$Q=-1.3$	$U_4=1.05$	相位角 =0

解：设待求的各节点电压的初值见表 4-3，其中 U_4，U_5 和 δ_5 是已知的值。

表 4-3　待求的各节点电压的初值

	U_1	U_2	U_3	δ_1	δ_2	δ_3	δ_4
$k=0$	1	1	1	0	0	0	0

（1）牛顿-拉夫逊法计算潮流

按图 4-10 的牛顿-拉夫逊法潮流计算流程框图，用 Matlab 编程（参考程序见附录）求解：

求出导纳矩阵 $\boldsymbol{Y}$ 如表 4-4 所示。

表 4-4 导纳矩阵 Y

1. 3787−6. 2917i	−0. 62402+3. 9002i	−0. 75472+2. 6415i	0	0
−0. 62402+3. 9002i	1. 4539−66. 981i	−0. 82988+3. 112i	0+63. 492i	0
−0. 75472+2. 6415i	−0. 82988+3. 112i	1. 5846−35. 738i	0	0+31. 746i
0	0+63. 492i	0	0−66. 667i	0
0	0	0+31. 746i	0	0−33. 333i

根据式（4-39），将各节点电压初值代入，可求出首次迭代时有

$$
\begin{pmatrix}
\Delta P_1^{(0)} \\
\Delta P_2^{(0)} \\
\Delta P_3^{(0)} \\
\Delta P_4^{(0)} \\
\Delta Q_1^{(0)} \\
\Delta Q_2^{(0)} \\
\Delta Q_3^{(0)}
\end{pmatrix}
=
\begin{pmatrix}
-1.6000 \\
-2.0000 \\
-3.7000 \\
5.0000 \\
-0.5500 \\
5.6980 \\
2.0490
\end{pmatrix}
$$

将各节点电压初值代入式（4-43）~式（4-50），求出首次迭代的雅可比矩阵为

$$
\boldsymbol{J}^{(0)}=
\begin{pmatrix}
-6.5417 & 3.9002 & 2.6415 & 0 & 0.2213 & 0.6240 & 0.7547 \\
3.9002 & -73.6789 & 3.1120 & 66.6667 & 0.6240 & 0.5461 & 0.8299 \\
2.6415 & 3.1120 & -39.0869 & 0 & 0.7547 & 0.8299 & 2.1154 \\
0 & 66.6667 & 0 & -66.6667 & 0 & 0 & 0 \\
2.9787 & -0.6240 & -0.7547 & 0 & -5.4917 & 3.9002 & 2.6415 \\
-0.6240 & 3.4539 & -0.8299 & 0 & 3.9002 & -65.9808 & 3.1120 \\
-0.7547 & -0.8299 & 5.2846 & 0 & 2.6415 & 3.1120 & -34.4379
\end{pmatrix}
$$

用 Matlab 作矩阵运算特别方便，通过解修正方程（4-53），就可以求出节点电压的大小和相位角，当取迭代精度为 $\varepsilon=10^{-4}$ 即满足 $|\Delta\boldsymbol{\delta}|<\varepsilon$ 且 $|\Delta U|<\varepsilon$ 时，需要迭代 4 次，迭代过程中各节点电压和功率误差的变化情况见表 4-5 和表 4-6。

如果取迭代精度为 $\varepsilon=10^{-6}$，也只需迭代 5 次。

表 4-5 迭代过程中各节点电压变化情况

迭代次数	δ_1/rad	δ_2/rad	δ_3/rad	δ_4/rad	U_1	U_2	U_3
1	−0. 0138	0. 4036	−0. 0595	0. 4786	0. 9540	1. 1079	1. 0472
2	−0. 0765	0. 3173	−0. 0740	0. 3870	0. 8674	1. 0783	1. 0371
3	−0. 0834	0. 3116	−0. 0747	0. 3812	0. 8622	1. 0779	1. 0364
4	−0. 0834	0. 3116	−0. 0747	0. 3812	0. 8622	1. 0779	1. 0364

表 4-6 迭代过程中各节点功率误差变化情况

迭代次数	ΔP_1	ΔP_2	ΔP_3	ΔP_4	ΔQ_1	ΔQ_2	ΔQ_3
1	−1. 6000	−2. 0000	−3. 7000	5. 0000	−0. 5500	5. 6980	2. 0490
2	0. 0518	−0. 0701	−0. 0139	−0. 5342	−0. 3547	−1. 8648	−0. 2432
3	−0. 0136	−0. 0105	0. 0092	−0. 0102	−0. 0142	−0. 0087	−0. 0219
4	0. 00008	0. 00002	0. 00005	0. 00000	0. 00002	0. 00002	−0. 00012

最后由求出的各节点电压值，式（4-38）可以求出平衡节点的输入功率为

$$P_n = 2.5794$$
$$Q_n = 2.2994$$

（2）P-Q 分解法计算潮流

用 P-Q 分解法计算潮流时，需要先求出 B' 和矩阵，这两个矩阵可以直接从导纳矩阵中略去电导部分并稍作修改得到，其中 B' 中不包含平衡节点，B'' 只计入 PQ 节点。

按图 4-11 用 Matlab 编程求得

$$B' = \begin{pmatrix} -6.2917 & 3.9002 & 2.6415 & 0 \\ 3.9002 & -66.9808 & 3.1120 & 63.4921 \\ 2.6415 & 3.1120 & -35.7379 & 0 \\ 0 & 63.4921 & 0 & -66.6667 \end{pmatrix}$$

$$B'' = \begin{pmatrix} -6.2917 & 3.9002 & 2.6415 \\ 3.9002 & -66.9808 & 3.1120 \\ 2.6415 & 3.1120 & -35.7379 \end{pmatrix}$$

在求解过程中可以分别求解电压的相位角和大小，且不再需要建立雅可比矩阵。当取迭代精度为 $\varepsilon = 10^{-4}$ 时，需要迭代 9 次，迭代过程中各节点电压和功率误差的变化情况见表 4-7 和表 4-8。

表 4-7　迭代过程中各节点电压变化情况

迭代次数	δ_1/rad	δ_2/rad	δ_3/rad	δ_4/rad	U_1	U_2	U_3
1	-0.1216	0.2741	-0.0887	0.3166	0.8882	1.0799	1.0391
2	-0.0728	0.3063	-0.0728	0.3745	0.8743	1.0790	1.0379
3	-0.0852	0.3078	-0.0748	0.3773	0.8649	1.0782	1.0369
4	-0.0820	0.3116	-0.0745	0.3812	0.8634	1.0780	1.0365
5	-0.0838	0.3111	-0.0748	0.3808	0.8624	1.0779	1.0365
6	-0.0832	0.3117	-0.0747	0.3813	0.8623	1.0779	1.0364
7	-0.0835	0.3115	-0.0747	0.3812	0.8622	1.0779	1.0364
8	-0.0834	0.3116	-0.0747	0.3812	0.8622	1.0779	1.0364
9	-0.0834	0.3116	-0.0747	0.3812	0.8622	1.0779	1.0364

表 4-8　迭代过程中各节点功率误差变化情况

迭代次数	ΔP_1	ΔP_2	ΔP_3	ΔP_4	ΔQ_1	ΔQ_2	ΔQ_3
1	-1.6000	-2.0000	-3.7000	5.0000	-1.1182	5.6688	1.4446
2	0.0832	-1.8918	0.3815	1.9378	-0.0718	-0.0035	-0.0052
3	-0.0606	-0.0279	-0.0538	0.0942	-0.0464	-0.0197	-0.0069
4	0.0006	0.0079	-0.0089	0.0085	-0.0072	-0.0025	-0.0096
5	-0.0061	-0.0030	-0.0050	0.0070	-0.0050	-0.0016	0.0003
6	0.0008	0.0017	-0.0004	-0.0002	-0.0003	-0.0001	-0.0012
7	-0.00085	-0.00054	-0.00056	0.00086	-0.00059	-0.00019	0.00018
8	0.0002	0.0002	0.00002	0.00013	0.00003	0.00002	0.00017
9	0.00001	0.00009	0.00007	0.0001	0.00007	0.00002	0.00004

最后求出流入平衡节点的有功功率和无功功率与前面牛顿拉夫逊法相同。可以看到，为了达到同样的精度，需要迭代的次数比牛顿-拉夫逊法多，即收敛速度慢于牛顿-拉夫逊法，但因为每一次迭代的计算工作量远小于牛顿-拉夫逊法，当节点数很多时，总的计算速度可以得到提高。

小　　结

复杂电力系统分析计算的一般方法是对整个电力系统建立数学模型，并通过计算机编程求出各节点的电压及电力系统中的功率分布。

对电力系统建模后建立节点电压方程，代入电力系统已知参数可以求出节点导纳矩阵，电力网络的节点导纳矩阵是一对称的复数矩阵，其对角元素称为节点的自导纳，其值等于该节点所连接的所有支路中导纳之和。其非对角元素称为节点的互导纳，其值等于连接两个节点的支路导纳的负值。当电力系统发生局部变化时，可以对导纳矩阵进行相应的修正。

把节点电压方程中的电流用电压和功率替代，就得到电力网的统一潮流方程或功率方程。功率方程是非线性的，通常采用计算机辅助求解，牛顿-拉夫逊法就是求解非线性代数方程有效的叠代计算方法之一。牛顿-拉夫逊法潮流计算就是指用牛顿-拉夫逊迭代法求解电力网的非线性功率方程组。

根据电力系统实际运行时给定的条件，可以把节点分成三类：PQ 节点——这类节点的有功功率 P 和无功功率 Q 是给定的；PV 节点——这类节点的有功功率 P 和电压的大小 U 是给定的；平衡节点——电力系统中必须有一个（只能是一个）平衡节点。

本章讨论了节点电压用极坐标表示时牛顿-拉夫逊潮流计算的步骤，以及采用 Matlab 编程求解的具体应用方法。

P-Q 分解法是在牛顿-拉夫逊法潮流计算的基础上，进行以下三个方面的简化：① $N=0$ 和 $K=0$，使有功功率修正方程和无功功率修正方程分开进行迭代。② 相邻两节点之间的相位角的差值是很小的，可以忽略不计。③ 电导远小于电纳。迭代过程中不再需要反复求雅可比矩阵，只要求出导纳矩阵的虚部所构成的 $\boldsymbol{B}'$、$\boldsymbol{B}''$电纳矩阵，就可以求解修正方程。但 P-Q 分解法一般只适用于 110kV 及以上的电力网的计算。

习　　题

4-1 选择题

1. 电力系统稳态分析中所用阻抗指的是（　　　）。

A. 一相等效阻抗　　　　B. 两相阻抗　　　　C. 三相阻抗　　　　D. 四相阻抗

2. 节点导纳矩阵为方阵，其阶数等于（　　　）。

A. 网络中所有节点数　　　　　　　　B. 网络中除参考节点以外的节点数

C. 网络中所有节点数加 1　　　　　　D. 网络中所有节点数减 2

3. 牛顿-拉夫逊潮流计算的功率方程是由下列什么方程推导出的（　　　）。

A. 回路电流方程　　　B. 支路电流方程　　　C. 节点电压方程　　　D. 以上都不是

4. 对 PQ 节点来说，其待求量是（　　　）。

A. 电压的大小 U 和电压的相位角 δ B. 有功功率 P 和无功功率 Q

C. 有功功率 P 和电压的大小 U D. 无功率 Q 和节点电压的相位角 δ

5. 对 PV 节点来说，其待求量是（   ）。

A. 电压的大小 U 和电压的相位角 δ B. 有功功率 P 和无功功率 Q

C. 有功功率 P 和电压的大小 U D. 无功率 Q 和节点电压的相位角 δ

6. PQ 节点是指（   ）已知的节点。

A. 电压的大小 U 和电压的相位角 δ B. 有功功率 P 和无功功率 Q

C. 有功功率 P 和电压的大小 U D. 无功率 Q 和节点电压的相位角 δ

7. 以下说法不正确的是（   ）。

A. 功率方程是非线性的。

B. 雅可比矩阵是对称的。

C. 导纳矩阵是对称的。

D. 功率方程是从节点电压方程中推导得到的。

8. 潮流计算的 P-Q 分解法是在哪一类方法的基础上派生而来的（   ）。

A. 阻抗法   B. 直角坐标形式的牛顿-拉夫逊法

C. 极坐标形式的牛顿-拉夫逊法   D. 以上都不是

9. 如果已知某一电力网有 6 个独立节点，其中 1 个平衡节点，3 个 PQ 节点，2 个 PV 节点，则以下说法不正确的是（   ）。

A. 其导纳矩阵为 6 阶。   B. 其 B' 矩阵为 5 阶。

C. 其 B'' 矩阵为 3 阶。   D. 其雅可比矩阵为 6 阶。

10. P-Q 分解法和牛顿-拉夫逊法进行潮流计算时，当收敛到同样的精度时，二者的迭代次数是（   ）

A. P-Q 分解法多于牛顿-拉夫逊法

B. 牛顿-拉夫逊法多于 P-Q 分解法

C. 无法比较

D. 两种方法一样

4-2 填空题

1. 用牛顿-拉夫逊法进行潮流计算是指（   ）。

2. PV 节点是指（   ）都已知的节点。

3. PQ 节点是指（   ）都已知的节点。

4. 如果已知某一电力网有 6 个独立节点，其中 1 个平衡节点，3 个 PQ 节点，2 个 PV 节点，则雅可比矩阵是（   ）阶的。

5. P-Q 分解法一般只适用（   ）。

6. 从保证电能质量和供电安全的要求来看，所有节点电压的大小都应在（   ）电压附近。

7. 在用计算机编程进行潮流计算时，当（   ）小于给定的允许误差值时，迭代结束。

8. 若电力系统有 n 个独立节点，则可以列出（   ）个节点电压方程。

9. P-Q 分解法潮流计算时，认为相邻节点之间的相位角的差值（   ）所以有（   ）

10. 导纳矩阵中节点 i 的自导纳等于 （ ）。

4-3 简答题

1. 电力系统功率方程中变量个数与节点数有什么关系？与节点类型有什么关系？

2. 牛顿-拉夫逊法的基本原理是什么？

3. 牛顿-拉夫逊法潮流计算的修正方程式是什么？其分矩阵都是方阵吗？

4. 雅可比矩阵有什么特点？

5. P-Q 分解法简化条件是什么？它的适用范围是什么？

4-4 计算题

1. 网络等效电路如图 4-13 所示，已知 $Z_1 = (0.1+j1.0)\Omega$，$Z_2 = j0.5\Omega$，$Z_3 = (0.2+j0.5)$ Ω，$y = j0.25S$，求出网络的节点导纳矩阵。

2. 已知电力系统接线图如图 4-14 所示，变电所端运算负荷为 $S_B = (20+j15)MV \cdot A$，$S_C = (10+j10)MV \cdot A$，线路 AB 段为 40km，AC 段 30km，BC 段 30km；导线参数为：LGJ-95，$r_1 = 0.33\ \Omega/km$，$x_1 = 0.429\ \Omega/km$，$b_1 = 2.65 \times 10^{-6}$ S/km，按中等长度线路计算。取 A 端为平衡节点，其电压为 $\dot{U}_{A*} = 1$。

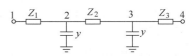

图 4-13　习题 4-4.1 图

1）取 $U_B = U_N = 220kV$，$S_B = 100MV \cdot A$ 画出用标幺值表示的等效电路图。

2）求出其导纳矩阵。

3）说明节点 B、C 分别为什么类型的节点。

3. 已知电力系统的等效电路图如图 4-15 如下，写出它的节点电压方程组。

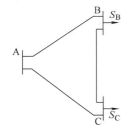

图 4-14　习题 4-4.2 图

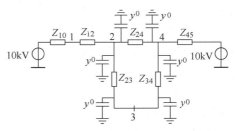

图 4-15　习题 4-4.3 图

4. 如图 4-16 所示的等效电路，参数数字为电抗标幺值，A 为平衡节点，其电压为 $\dot{U}_{A*} = 1$，已知 $U_{B*} = 1$，$P_{B*} = 1$，$S_{C*} = 3+j1$，$S_{D*} = 2+j1$，求：

1）导纳矩阵。

2）用牛顿-拉夫逊法求解时，可以列出多少个方程？即雅可比矩阵是几阶的？

3）写出用牛顿-拉夫逊法求各节点电压的步骤（迭代一次）。

5. 若用 P-Q 分解法求解图 4-16 所示的等效电路，求

1）$\boldsymbol{B}'$ 矩阵是几阶的？写出 $\boldsymbol{B}'$ 矩阵。

2）$\boldsymbol{B}''$ 矩阵是几阶的？写出 $\boldsymbol{B}''$ 矩阵。

3）写出用 P-Q 分解法求各节点电压的步骤（迭代一次）。

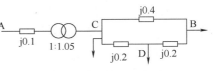

图 4-16　习题 4-4.4 图

第5章

电力系统功率平衡与控制

前面已提到,电力系统中描述电能质量最基本的指标是频率和电压。换言之,电力系统运行的基本任务是将电能在电压、频率合格的前提下安全、可靠、经济地分配给各用电设备。在这一章中,讨论对稳态运行的电力系统如何进行优化和调整以保证电能质量。

5.1 电力系统中有功功率平衡与频率变化

电力系统理论上应时刻保持有功功率的平衡,即每一时刻所有发电机发出的有功功率之和应等于电力系统消耗的有功功率之和。用公式可表示成

$$\sum P_G = \sum P_{电力系统} \tag{5-1}$$

或写成

$$\sum P_G = \sum P_{厂用电} + \sum P_{电力网} + \sum P_L \tag{5-2}$$

但实际上电力系统负荷消耗的有功功率在不断变化,当电力系统发出的有功功率之和大于电力系统消耗的有功功率之和时,电力系统的频率会上升,反之,电力系统的频率会下降。

因为所有的设备都是按照额定电压和额定频率进行设计的,工作在额定频率条件下可以达到最佳工作状态,所以电力系统的频率变化对用电设备、发电机组以及电力系统的运行状况都有很大影响:

1) 对用户的影响 频率变化会引起工业中大量应用的电动机的转速发生变化,使电动机所拖动的机械设备工作不稳,影响产品质量,频率变化还会影响电动机的输出功率,另外频率波动过大时会使一些电子设备(如雷达、精密检测仪器、电力电子设备等)不能正常工作。

2) 对发电厂的影响 对发电机组本身,当频率偏高,旋转设备的离心力过大,会影响其机械强度,频率偏低时,汽轮机叶片的振动会变大,轻则影响使用寿命,重则可能产生裂纹。对于额定频率为 50Hz 的电力系统,当频率低到 45Hz 附近时,某些汽轮机的叶片可能因发生共振而断裂,造成重大事故。另外火力发电厂和核能发电厂的一些主要厂用机械的输出功率受到频率下降的影响时,会严重影响发电机的运行。

3) 对电力系统而言,频率降低时引起变压器的励磁电流增加,使电力系统所需无功功率增加,给电力系统无功平衡的电压调整增加困难。

电力系统中各点的频率相等且每个电力系统都有一个额定的频率,我国电力系统的额定频率(常称为工频)为 50Hz。电力系统运行时的实际频率与额定频率之差称为频率偏移,

频率偏移是衡量电能质量的一项重要指标，我国规定允许的频率范围为 50±0.2Hz。当系统容量较小或事故情况下，频率允许偏差范围可放宽到 50±0.5Hz。随着电力系统自动化控制水平的提高，频率变化范围也将逐步缩小。

5.2 有功功率的电源与负荷

5.2.1 有功功率负荷及其变化

电力系统的有功功率负荷时刻都在不停的变化，对某个具体的负荷来说这种变化可能是毫无规律的，但对整个系统或某个子系统来说，通过观测发现，这种变化还是有一定的统计规律的。对系统实际负荷变化曲线的分析表明，系统负荷 P_Σ 可以看作是由三种具有不同变化规律的变动负荷组成，如图 5-1 所示。第一种负荷变化幅度很小，变化周期很短，用曲线 P_1 表示，一般是中小型用电设备的投入切除引起的，带有很大的随机性；第二种是变化幅度较大，变化周期较长的负荷变化，用曲线 P_2 表示，主要是周期性的需要大量有功功率的用电设备，如轧钢机、电动机等的投入切除引起的；第三种是变化缓慢且持续性变动的负荷变化，用曲线 P_3 表示，引起负荷变化的原因主要是工厂的作息制度、生活规律、气象条件的变化等。前两种负荷变化是无法预计的，而第三种负荷变化则可通过分析以前的负荷变化资料加以预测，事先进行计算，并按最优分配的原则作出各发电厂的日发电曲线，各发电厂按此曲线调节发电出力（即输出的有功功率）。

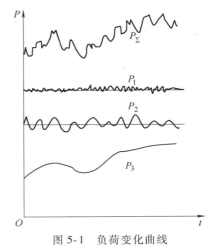

图 5-1 负荷变化曲线

5.2.2 有功功率电源的备用

目前，电力系统中产生有功功率的唯一电源是发电厂（其他清洁电源并网后也可以看成是发出有功功率的电源），为了保证供电可靠性和电能质量，电力系统必须留有一定的备用容量，即电力系统的总发电容量必须大于其最大负荷时需消耗的容量，这多出来的部分就是备用容量。另外还考虑到其他各种用途，所以系统的备用容量一般可分为负荷备用、事故备用、检修备用和国民经济备用。

1）负荷备用 为满足系统中计划外负荷增加和适应系统中的短时负荷波动而留有的备用容量称负荷备用，负荷备用容量的大小应根据系统负荷的大小、运行经验和系统中各类用户的比例来确定，一般为系统最大负荷的 2%~5%。

2）事故备用 考虑在发电设备发生偶然事故时保证电力用户不受影响所留有的备用容量称为事故备用，事故备用容量的大小根据系统总容量、发电机台数、单位发电机组容量、各类发电厂的比重、对供电可靠性的要求来确定，一般为系统最大负荷的 5%~10%，但不应小于运转中的最大一台机组的容量。

3）检修备用 发电设备是需要定期进行检修保养的，在按计划进行检修时，为保证正常对用户供电需要有一定的备用容量，检修备用容量应根据系统水电、火电、核电等的配合及年负荷变化等情况进行设置，有时可能不需要专门设置。

4）国民经济备用　考虑电力系统覆盖范围内工农业用户的超计划生产，新用户的出现等设置的备用容量，其值根据国民经济的发展规划确定，一般为系统最大负荷的 3% ~ 5%。

备用容量按其存在的形式又可以分为热备用和冷备用。热备用是指运转中的发电设备可能发的最大功率与系统发电负荷之差，也叫运转备用或旋转备用。热备用容量的作用在于及时抵偿由于随机事件引起的负荷功率的增加，包括短时间内负荷的波动和日负荷曲线的预测误差和发电机组因偶然性事故退出运行等，即热备用容量中包括了负荷备用和部分事故备用。全部热备用容量都可以承担频率调整的任务。冷备用是指未运转的发电设备可能发的最大功率，它不包括检修中的发电设备。它作为检修备用、国民经济备用和部分事故备用。

电力系统必须留有足够的备用容量才能在任何时刻保证电力系统的有功功率平衡和保证电力系统的频率偏差在允许的范围内，从而保证电力系统安全可靠地运行。

5.2.3　各类发电厂的合理组合

在第 1 章中讨论了各类发电厂的主要工作原理及特点。如果根据它们各自的特点，合理地组合这些发电厂的运行方式，恰当安排它们各自在电力系统日负荷曲线和年负荷曲线中的位置，就可以提高电力系统运行的经济性。一般在制订发电计划时要考虑以下几点：

（1）火力发电厂　火力发电厂在运行中需要消耗燃料，并受运输条件限制，但火力发电不受自然条件的影响。火力发电设备的效率同蒸汽参数有关，一般把火力发电设备分为超临界机组、高温高压、中温中压和低温低压四类，其特点见表 5-1。

表 5-1　火力发电设备的特点

	压力范围	温度范围	起停时间	起停成本	有功功率调节范围	运行成本
超临界机组	≥200 大气压	575℃	最长	最高	最窄	最低
高温高压	180 大气压	550℃	长	高	窄	低
中温中压	100 大气压	520℃	中等	中	中	中
低温低压	35 大气压	450℃	短	低	宽	高

总体来说，一般火力发电厂可承担有功功率的调节任务，但受锅炉和汽轮机的最小技术负荷的限制，火电厂输出有功功率的调节范围比较小，带有热负荷的火电厂（称热电厂）因担负一定的供热任务，其总效率高于一般的凝汽式火电厂，但与热负荷相应的那部分发电功率是不可调节的。

另外低温低压发电设备因其效率低，污染严重，是需要逐步退出电力系统的。

根据国家政策，减少燃油电厂的发电量，增加烧劣质煤和当地产煤电厂的发电量。

（2）水力发电　水力发电的首要原则是要充分利用水资源，尽量避免弃水，因防洪、灌溉、航运、供水等原因必须向下排放的水都要用来发电，这部分发电量是不可调节的，供给基本负荷。

根据不同的水电厂进行安排，径流式水电站因其水库容量小，通常承担基本负荷，不担任调节任务，水库调节式水电厂因水轮发电机的出力调整范围较宽，启停成本低于火力发电厂，所以可以承担部分调节任务，而抽水蓄能发电厂的主要作用就是用来调峰（即调节有功功率）。

（3）核电厂一次投资大，运行成本低，但起停成本很高，所以一般担任基本负荷，不承担调节任务。

（4）风能、太阳能并网发电目前占比很少，暂不进行讨论。

根据上述的讨论，各类发电厂在日负荷曲线上的分担如图5-2所示。

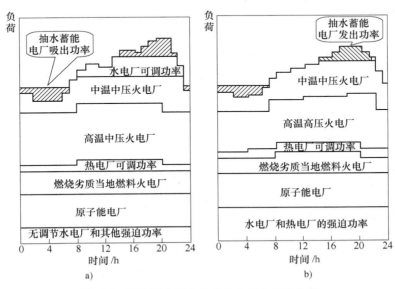

图5-2 日负荷曲线上各类发电厂分担的负荷
a）枯水季节 b）丰水季节

图5-2a为冬天枯水期，来水较少，在日负荷曲线中，火力发电为主，凝汽式火电厂承担基本负荷，水库调节式水电厂承担尖峰负荷。

图5-2b为夏天丰水期，水量充足，水电厂为主，承担基本负荷以避免弃水，热电厂的可调节部分和凝汽式火电厂则承担尖峰负荷，在此期间，火电厂发电机组不必全部开机，还可以抓紧时间进行检修。

5.3 电力系统的有功功率平衡

5.3.1 电力系统的有功功率-频率静态特性

1. 负荷有功功率-频率静态特性

当电力系统的有功功率不能达到平衡时，电力系统的频率就在其额定频率附近波动，这种频率的波动可能对负荷实际吸收的有功功率 P_L 也有影响。当系统处于稳态运行时，系统中负荷吸收的有功功率随频率的变化特性称为负荷的有功功率-频率静态特性。

根据负荷吸收的有功功率与频率的关系可以把负荷分成以下几类：

1）与频率变化无关的，例如纯电阻类负荷、整流设备等。

2）与频率变化成正比的，例如压缩机、卷扬机、往复式水泵。

3）与频率变化的二次方成正比的，例如变压器中的涡流损失。

4）与频率变化的高次方成正比的，便如通风机，循环式水泵等。

当电力系统的频率偏离额定频率不大（我国规定允许偏离的范围只有±0.2Hz）时，负荷的静态频率特性可以近似用一条直线表示，实验测得当电力系统频率略有下降时，同一负荷实际吸收的有功功率下降，如图5-3所示。

用公式表示为

$$\Delta P_{\mathrm{L}} = K_{\mathrm{L}} \Delta f \qquad (5\text{-}3)$$

其中 K_{L} 称为负荷的单位调节功率，又称负荷频率调节效应系数，也可以用标幺值表示

$$K_{\mathrm{L}*} = \frac{\Delta P_{\mathrm{L}}/P_{\mathrm{Ln}}}{\Delta f/f_{\mathrm{n}}} = K_{\mathrm{L}} \frac{f_{\mathrm{n}}}{P_{\mathrm{Ln}}} \qquad (5\text{-}4)$$

$K_{\mathrm{L}*}$ 的数值取决于全系统各类负荷的比重，不同系统 $K_{\mathrm{L}*}$ 的值可能不同，甚至同一系统在不同时刻 $K_{\mathrm{L}*}$ 的值都可能不同。

在实际电力系统中，$K_{\mathrm{L}*} = 1 \sim 3$，在各种情况下 $K_{\mathrm{L}*}$ 的具体值通常由试验和计算求得。

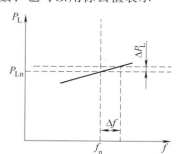

图5-3 负荷有功功率-频率静态特性

2. 发电机的有功功率-频率静态特性

发电机一般带有自动调速系统，这种自动调速系统有机械液压式的，也有电气液压式的。其主要原理都是当电力系统中负荷所需的有功功率增加时，电力系统的频率略有下降，这时调速系统动作，使发电机输出的有功功率也增加，使电力系统达到新的平衡；反之，当电力系统中负荷所需的有功功率减小时，电力系统的频率略有上升，这时调速系统动作，使发电机输出的有功功率减小，使电力系统达到新的平衡。在调速过程中，发电机输出的有功功率和频率关系近似表示为一条直线，同样，发电机输出的有功功率与频率的关系称为发电机的有功功率-频率静态特性，如图5-4所示。

发电机组有功功率-频率静态特性曲线用公式表示为：

$$\Delta P_{\mathrm{G}} = -K_{\mathrm{G}} \Delta f \qquad (5\text{-}5)$$

其中斜率 K_{G} 称为发电机组的单位调节功率，又称发电机组的有功功率-频率静态系数，也可以用标幺值表示为

$$K_{\mathrm{G}*} = -\frac{\Delta P_{\mathrm{G}}/P_{\mathrm{Gn}}}{\Delta f/f_{\mathrm{n}}} = K_{\mathrm{G}} \frac{f_{\mathrm{n}}}{P_{\mathrm{Gn}}} \qquad (5\text{-}6)$$

式中的负号表示发电机输出有功功率的变化和频率变化的方向相反，即电力系统的频率下降时发电机输出的有功功率增加。

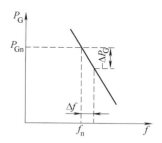

图5-4 发电机的有功功率-频率静态特性

也有把 K_{G} 的倒数定义为发电机组的静态调差系数

$$\delta = -\frac{\Delta f}{\Delta P_{\mathrm{G}}} \qquad (5\text{-}7)$$

其标幺值形式为

$$\delta_* = -\frac{\Delta f/f_{\mathrm{n}}}{\Delta P_{\mathrm{G}}/P_{\mathrm{Gn}}} = \delta \frac{P_{\mathrm{Gn}}}{f_{\mathrm{n}}} \qquad (5\text{-}8)$$

与负荷的频率调节效应系数不同，发电机组的单位调节功率或相应的静态调差系数是可以调整的，当然受发电机组调速机构的限制，调差系数的数值整定范围是有限的。通常有

汽轮发电机组：$K_{G*} = 16.7 \sim 25$，$\delta_* = 0.06 \sim 0.04$

水轮发电机组：$K_{G*} = 50 \sim 250$，$\delta_* = 0.04 \sim 0.02$

3. 电力系统的有功功率-频率静态特性

为简单起见，先以一台发电机组和一个负荷为例，说明电力系统的有功功率与频率的关系，电力系统的有功功率-频率静态特性分析如图 5-5 所示。

在原始运行状态下，负荷的有功功率-频率静态特性为 $P_{L1}(f)$，发电机组的有功功率-频率静态特性为 $P_G(f)$，它们的交点为电力系统稳定运行的平衡点 A，此时有 $P_{G1} = P_{L1} = P_1$，对应的系统频率为 f_1。

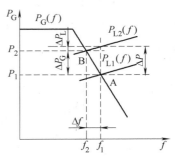

图 5-5 电力系统的有功功率-频率静态特性

假设电力系统增加了一些负荷设备，负荷有功功率增加 ΔP，这时负荷的静态特性曲线平移到 $P_{L2}(f)$，而发电机组还来不及随之调整，于是电力系统有功功率处于不平衡状态，$P_G < P_L$，引起电力系统的频率下降，而根据前面的分析，当电力系统频率下降时，负荷吸收的有功功率略有下降，发电机发出的有功功率增加，最终达到新的平衡点 B，此时有 $P_{G2} = P_{L2} = P_2$，对应的系统频率为 f_2，频率的变化量为

$$\Delta f = f_2 - f_1 < 0$$

发电机组的功率输出的增量为

$$\Delta P_G = -K_G \Delta f$$

由于负荷的频率调节效应所产生的负荷功率变化为

$$\Delta P_L = K_L \Delta f$$

系统输出的有功功率变化为

$$\Delta P_S = \Delta P_G - \Delta P_L = -K_G \Delta f - K_L \Delta f = -K_S \Delta f \tag{5-9}$$

其中 $K_S = K_G + K_L$，称为系统的单位调节功率或系统的有功功率-频率静态特性系数。式中负号表示电力系统的单位调节功率变化方向与频率变化方向也相反，即频率减小时系统发出的有功功率增加。可见电力系统的单位调节功率取决于发电机和负荷两方面，但对一个具体系统，负荷的 K_L 并不可调，因此 K_S 主要由 K_G 决定。

5.3.2 电力系统的频率调整

1. 电力系统频率的一次调整

前面所讨论的由发电机组调速系统随电力系统频率变化而自动控制发电机进行有功功率的调整，通常称为电力系统频率的一次调整或称电力系统的一次调频。

一次调频的特点有两个：一是频率调整速度快，但调整量随发电机组不同而不同；二是调整量有限，属于自动调整，值班调度员难以控制。

对多发电机组和多负荷组成的电力系统，当各机组并网运行时，受外界负荷变动影响，电网频率发生变化，这时，各机组的调节系统自动参与调节作用，改变各机组所带的负荷，

使之与外界负荷相平衡。同时，还尽力减少电网频率的变化，这一过程仍称为电力系统的一次调频。这时电力系统的单位调节功率为：

$$K_S = K_L + K_{G1} + K_{G2} + K_{G3} + \cdots \tag{5-10}$$

即使电力系统中有多台发电机组，电力系统的单位调节功率 K_S 也需要适当设置，这有两方面的原因：

1）如果一台发电机组已经满载运行，则发电机组已没有可调节的容量，不能再增加输出，这时这台发电机组的 $K_G = 0$。如果系统中的全部发电机组均处于满载运行，则系统只能靠频率下降后负荷本身的频率调节效应来取得新的有功功率平衡，此时 $K_S = K_L$，这时负荷的增加会引起系统频率的下降，而且下降很大，可见系统中有功功率的输出应该留有一定的备用容量。

2）如果 K_S 很大，实际上是系统的发电机组多处于非满载运行状态，或者系统留有很大的备用容量，这样实质上电力系统运行的经济性较差。

电力系统的单位调节功率的标幺值要由系统的总额定容量和额定频率求出：

$$K_{S*} = K_S \frac{f_n}{P_{Sn}} \tag{5-11}$$

例 5-1 设电力系统中各发电机组的容量和它们的单位调节功率标幺值为

水轮机组：100MW/台×5 台，$K_{G*} = 25$

汽轮机组：300MW/台×2 台，$K_{G*} = 16$

负荷的单位调节功率 $K_{L*} = 1.5$，系统总负荷为 1000MW，试计算：1）全部机组都参加调频时。2）汽轮机组已满载，仅水轮机组参加调频时的电力系统的单位调节功率和频率下降 0.2Hz 系统能够承担的负荷增量。

解：1）全部机组都参加调频时

水轮机组的单位调节功率：$K_{G1} = 5 \times K_{G*} \dfrac{P_{Gn}}{f_n} = 5 \times 25 \times \dfrac{100}{50} \text{MW/Hz} = 250 \text{MW/Hz}$

汽轮机组的单位调节功率：$K_{G2} = 2 \times K_{G*} \dfrac{P_{Gn}}{f_n} = 2 \times 16 \times \dfrac{300}{50} \text{MW/Hz} = 192 \text{MW/Hz}$

负荷的单位调节功率：$K_L = K_{L*} \dfrac{P_{Ln}}{f_n} = 1.5 \times \dfrac{1000}{50} \text{MW/Hz} = 30 \text{MW/Hz}$

电力系统的单位调节功率：$K_S = K_{G1} + K_{G2} + K_L = 250 + 192 + 30 \text{MW/Hz} = 472 \text{MW/Hz}$

电力系统的单位调节功率标幺值：

$$K_{S*} = \frac{K_S f_n}{P_{Sn}} = \frac{472 \times 50}{100 \times 5 + 300 \times 2} = 21.5$$

频率下降 0.2Hz 系统能够承担的负荷增量：

$$\Delta P_S = -K_S \Delta f = -(472) \times (-0.2) \text{MW} = 94.4 \text{MW}$$

2）仅水轮机组参加调频时

电力系统的单位调节功率：$K_S = K_{G1} + K_L = 250 + 30 \text{MW/Hz} = 280 \text{MW/Hz}$

电力系统的单位调节功率标幺值：

$$K_{S*} = \frac{(250+30)f_n}{P_{Sn}} = \frac{280 \times 50}{100 \times 5 + 300 \times 2} = 12.7$$

频率下降 0.2Hz 系统能够承担的负荷增量：

$$\Delta P_S = -K_S \Delta f = -(280) \times (-0.2) \text{MW} = 56 \text{MW}$$

可见，频率的一次调整的作用是有限的，它只能适应变化幅度小，变化周期较短（10s 内）的变化负荷，且一般情况下，一次调整不能维持频率不变。对于变化幅度较大、变化周期较长的变化负荷，仅靠频率的一次调整不一定能保证系统频率偏移在允许范围内，这种情况下需要由发电机组的调频控制器（或称转速控制器，同步器）来进行频率的二次调整。

2. 电力系统频率的二次调整

一次调频是有差调节，不能维持电网频率不变，只能缓和电网频率的变化程度，所以还需要利用同步器增、减某些机组的负荷，使原动机的输出功率发生改变，以恢复电网频率达到额定值，这一过程称为电力系统频率的二次调整或称电力系统的二次调频。简单地说，一次调频是汽轮机调速系统根据电网频率的变化，自发地调整机组负荷以恢复电网频率，二次调频是人为设定，根据电网频率高低来调整机组负荷，是指当电力系统负荷或发电出力发生较大变化时，一次调频不能使频率恢复到规定范围时采用的调频方式。

二次调频目前常用的有手动调频及自动调频两种方式；

手动调频：当电力系统的负荷发生较大变化时引起电力系统频率的较大变化，这时由运行人员根据系统频率的变动来调节发电机的出力，使频率保持在规定范围内。手动调频的特点是反映速度慢，在调整幅度较大时往往不能满足频率质量的要求，同时值班人员操作频繁，劳动强度大。

自动调频：这是现代电力系统采用的主要调频方式，自动调频是通过装在发电厂和调度中心的自动装置随系统频率的变化自动增减发电机的发电功率，保持系统频率在较小的范围内波动。自动调频是电力系统调度自动化的组成部分，它具有完成调频，系统间联络线交换功率控制和经济调度等综合功能。

二次调频由发电机组的调频控制器（同步器）来实现，其基本原理是通过手动或自动操作改变进汽（水）阀门，从而改变进汽（水）量，使原动机的输出功率发生改变，由机电平衡关系，改变发电机的转速。

在发电机组的有功功率−频率静态特性曲线上频率的二次调整体现为曲线的平移，如图 5-6 所示。

设电力系统中只有一台发电机组向负荷供电，电力系统原运行在平衡点 A，该点为发电机组的有功功率−频率静态特性 $P_{G1}(f)$ 和负荷的有功功率−频率静态特性为 $P_{L1}(f)$ 的交点，有 $P_{G1} = P_{L1} = P_1$，对应的系统频率为 f_1。

假设电力系统增加了较多负荷设备，负荷有功功率增加 ΔP，这时负荷的静态特性曲线平移到 $P_{L2}(f)$，如果仅有一次调频，则运行平衡点将移到 B 点，系统的频率则降到 f_2，这时调度发出了二次调频的指令，在调频机构的作用下，机组的静态特性曲线平移到 $P_{G2}(f)$，运行平衡点也随之移到 C 点，此时系统的频率为 f_3，$\Delta f = f_3 - f_1 < 0$。

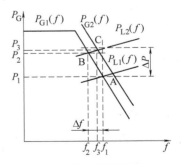

图 5-6 电力系统频率的二次调整

由图 5-6 可见，从 A 点到 C 点，包含频率的一、二次调整的电力系统有功功率平衡方程为

$$\Delta P + K_L \Delta f = \Delta P_G - K_S \Delta f \tag{5-12}$$

该式也可以写成

$$\Delta P - \Delta P_G = -K_G \Delta f - K_L \Delta f = -K_S \Delta f \tag{5-13}$$

或

$$\Delta f = -\frac{\Delta P - \Delta P_G}{K_S} \tag{5-14}$$

由上式可以看到,二次调频只是增加了发电机组的输出功率,它并不改变系统的单位调节功率 K_S 的值。另外由图 5-6 还可以看到,二次调频有可能完全补偿负荷的变化,使频率保持不变。

在有多台发电机组并联运行的电力系统中,当负荷变化时,配置调速器的机组,只要还有可调的容量,都要参加频率的一次调整,而频率的二次调整一般只由一台或少数几台发电机组(一个厂或几个厂)完成,这些机组(厂)称为主调频机组(厂)。

负荷有较大变化时,如果所有主调频机组(厂)二次调整所得的总发电功率增量足以平衡负荷功率的初始增量,则系统的频率将恢复到原平衡值,否则频率将不能保持不变,所出现的功率缺额将根据一次调频的原理,由一次调频补偿。

3. 互联电力系统频率的调整

大型电力系统分布的地区广,电源和负荷分布比较复杂,可以把整个电力系统看作是由若干个子系统通过联络输电线路连接而成的互联系统,在频率调整时,为了减少线路传输损耗,提高电力系统运行的经济性,还要注意联络线路交换功率的控制问题。

为讨论简便,把一个大型电力系统看成是两个子系统的联合,通过传输线构成互联系统,如图 5-7 所示。假定两个子系统 A、B 都能进行频率的二次调整,以 ΔP_{LA}、ΔP_{LB} 分别表示 A、B 两系统的负荷变化量;以 ΔP_{GA}、ΔP_{GB} 分别表示 A、B 两系统由二次调频而得到的发电机组的功率增量;K_A、K_B 分别为两系统的单位调节功率。假设联络线上的交换功率 ΔP_{AB} 由 A 向 B 流动时为正。

对 A 系统 ΔP_{AB} 可看作是一个负荷,其功率平衡方程为

$$\Delta P_{LA} + \Delta P_{AB} - \Delta P_{GA} = -K_A \Delta f \tag{5-15}$$

对 B 系统 ΔP_{AB} 可看作是一个电源,其功率平衡方程为

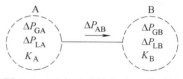

图 5-7 两个子系统构成互联系统

$$\Delta P_{LB} - \Delta P_{AB} - \Delta P_{GB} = -K_B \Delta f \tag{5-16}$$

两式相加得

$$\Delta P_{LA} + \Delta P_{LB} - \Delta P_{GA} - \Delta P_{GB} = -(K_A + K_B) \Delta f$$

电力系统的频率变化为

$$\Delta f = -\frac{\Delta P_{LA} + \Delta P_{LB} - \Delta P_{GA} - \Delta P_{GB}}{K_A + K_B} \tag{5-17}$$

将求出的 Δf 代入式(5-15)或式(5-16),可以求出联络线上传输的有功功率。

下面对三种情况进行讨论:

1)由式(5-17),可知,如果整个电力系统发电机组的二次调频增量 $\Delta P_{GA} + \Delta P_{GB}$ 能调节到等于整个电力系统负荷功率增量 $\Delta P_{LA} + \Delta P_{LB}$ 时,可以实现无差调节,使 $\Delta f = 0$,否则将

出现频率偏移。但无差调节时联络线上传输的有功功率不一定等于 0。

$$\Delta P_{AB} = \frac{K_A(\Delta P_{LB} - \Delta P_{GB}) - K_B(\Delta P_{LA} - \Delta P_{GA})}{K_A + K_B} \tag{5-18}$$

2）当 A、B 两子系统都进行二次调频，且两部分的功率缺额同其单位调节功率成正比，即满足条件

$$\Delta f = -\frac{\Delta P_{LA} - \Delta P_{GA}}{K_A} = -\frac{\Delta P_{LB} - \Delta P_{GB}}{K_B} \tag{5-19}$$

则联络线上传输的有功功率等于零，即 $\Delta P_{AB} = 0$。如果每个子系统都没有功率缺额，则 $\Delta f = 0$。

3）当只有一个系统能进行二次调频，例如只有 A 系统能二次调频，$\Delta P_{GB} = 0$，则 B 系统的负荷增量 ΔP_{LB} 将由 A 系统的二次调频来承担，并通过联络传输，这相当于调频厂设在远离负荷中心的情况，这时联络线上传输的有功功率为：

$$\Delta P_{AB} = \frac{K_A(\Delta P_{LB}) - K_B(\Delta P_{LA} - \Delta P_{GA})}{K_A + K_B} = \Delta P_{LB} - \frac{K_B(\Delta P_{LA} + \Delta P_{LB} - \Delta P_{GA})}{K_A + K_B} \tag{5-20}$$

如果通过二次调频能使系统达到有功功率平衡，则有 $\Delta P_{AB} = \Delta P_{LB}$，即联络线上传输的有功功率最大。

例 5-2　如图 5-7 所示的两个子电力系统通过联络线互联，正常运行时 $\Delta P_{AB} = 0$，各子系统的额定容量和以额定容量为基准的一次调频单位调节功率标幺值如下：

A 系统：额定容量 1500MW，$K_{GA*} = 20$，$K_{LA*} = 1.5$

B 系统：额定容量 2000MW，$K_{GB*} = 16$，$K_{LB*} = 1.5$

设 A 子系统的负荷增加了 100MW，试计算下列情况下频率变化量和联络线上传输的有功功率。

1）A、B 两子系统都只有一次调频。

2）A 子系统增发 60MW（二次调频），且 A、B 都有一次调频。

3）B 子系统增发 100MW（二次调频），且 A、B 都有一次调频。

解：求出两个系统单位调节功率的有名值：

$$K_{GA} = K_{GA*} P_{An}/f_n = 20 \times 1500/50 \text{MW/Hz} = 600 \text{MW/Hz}$$
$$K_{LA} = K_{LA*} P_{An}/f_n = 1.5 \times 1500/50 \text{MW/Hz} = 45 \text{MW/Hz}$$
$$K_{GB} = K_{GB*} P_{Bn}/f_n = 16 \times 2000/50 \text{MW/Hz} = 640 \text{MW/Hz}$$
$$K_{LB} = K_{LB*} P_{Bn}/f_n = 1.5 \times 2000/50 \text{MW/Hz} = 60 \text{MW/Hz}$$

1）A、B 两子系统都只有一次调频。$\Delta P_{GA} = 0$，$\Delta P_{GB} = 0$，$\Delta P_{LB} = 0$，$\Delta P_{LA} = 100 \text{MW}$。

$$K_A = K_{GA} + K_{LA} = 600 + 45 \text{MW/Hz} = 645 \text{MW/Hz}$$
$$K_B = K_{GB} + K_{LB} = 640 + 60 \text{MW/Hz} = 700 \text{MW/Hz}$$

$$\Delta f = -\frac{\Delta P_{LA} + \Delta P_{LB} - \Delta P_{GA} - \Delta P_{GB}}{K_A + K_B} = -\frac{100}{645 + 700} \text{Hz} = -0.074 \text{Hz}$$

$$\Delta P_{AB} = \frac{K_A(\Delta P_{LB} - \Delta P_{GB}) - K_B(\Delta P_{LA} - \Delta P_{GA})}{K_A + K_B} = \frac{-700 \times 100}{645 + 700} \text{MW} = -52 \text{MW}$$

上式中负号表示有功功率的实际传输方向与假设方向相反，是从 B 流向 A。

2）A 子系统增发（二次调频）60MW，且 A、B 都有一次调频。$\Delta P_{GA} = 60 \text{MW}$，$\Delta P_{LB} =$

0，$\Delta P_{LA} = 100\text{MW}$。

$$\Delta f = -\frac{\Delta P_{LA} + \Delta P_{LB} - \Delta P_{GA} - \Delta P_{GB}}{K_A + K_B} = \frac{100-60}{645+700}\text{Hz} = 0.03\text{Hz}$$

$$\Delta P_{AB} = \frac{K_A(\Delta P_{LB} - \Delta P_{GB}) - K_B(\Delta P_{LA} - \Delta P_{GA})}{K_A + K_B} = \frac{-700 \times (100-60)}{645+700}\text{MW} = -20.82\text{MW}$$

这种情况比较理想，频率偏移较小且线路传输损耗也较小。

3）B 子系统增发 100MW（二次调频），且 A、B 都有一次调频。$\Delta P_{GA} = 0$，$\Delta P_{GB} = 100\text{MW}$，$\Delta P_{LB} = 0$，$\Delta P_{LA} = 100\text{MW}$

$$\Delta f = -\frac{\Delta P_{LA} + \Delta P_{LB} - \Delta P_{GA} - \Delta P_{GB}}{K_A + K_B} = 0\text{Hz}$$

$$\Delta P_{AB} = \frac{K_A(\Delta P_{LB} - \Delta P_{GB}) - K_B(\Delta P_{LA} - \Delta P_{GA})}{K_A + K_B} = \frac{645 \times (-100) - 700 \times (100)}{645+700}\text{MW} = 100\text{MW}$$

这种情况下在通过联络线传输的功率很大，会增加线路损耗，虽可维持频率不变，但不是最佳方案。

5.4 电力系统中无功功率的平衡

电力系统各节点的电压值是不相等的，是在其额定值附近波动，根据我国对电能质量的要求，电力系统各节点的电压偏移必须控制在（1±5%）U_N 的范围内，如果电压偏移过大，会对用电设备和电力系统都造成不利的影响。

1）电压对用电设备的影响　一切用电设备都是按照其在额定电压下工作的条件进行设计制造的，当其实际工作电压偏离额定电压时，用电设备的性能就会受到影响。例如照明灯，当实际工作电压偏低时，光通量减少，即照明亮度达不到其设计值；当实际电压偏高时，光通量增加，照明亮度虽然增加，但其工作寿命会相应缩短。再如异步电动机，其转矩与工作电压成正比，当实际工作电压偏低时，其输出力矩，输出功率都下降，并导致电动机绕组的电流显著增加，效率下降；反之，若实际工作电压过高，则会导致电动机励磁电流增加，使铁心过热，对电动机的绝缘也是不利的，会缩短其工作寿命。

2）电压对电力系统的影响　电压波动对电力系统本身也是不利的。电压偏低，会使电力网络中线路的功率损耗增加，因电压过低对用电设备有影响，很多保护（欠压保护等）装置会相应动作，从而会危及电力系统运行的稳定性，甚至可能引起大面积停电和电力系统崩溃；而电压过高，则各种电力设备的绝缘可能受到损害，在超高压网络中还将增加电晕损耗等。

根据对电力系统的研究，电力系统的运行电压水平很大程度上取决于无功功率是否平衡。因此本节先讨论无功功率的平衡。

由电路分析知，在交流电路中纯电感和纯电容是不消耗能量的，但它们会存储和释放能量，电力系统的很多设备都可以看成感性设备和容性设备。因此定义无功功率 $Q = UI\sin\varphi$ 描述这些电感（电容）存储（释放）能量的本领。其中 $\varphi = \varphi_u - \varphi_i$ 为阻抗角，即电感（电容）两端的电压与流过的电流的相位角的差。对于感性负荷，$Q > 0$，在电力系统讨论中定义为无功功率负荷或无功功率损耗，用 Q_L 表示。对于容性负荷，$Q < 0$，在电力系统讨论中定义为

无功功率电源，用 Q_G 表示。

5.4.1 无功功率负荷和无功功率损耗

1. 无功功率负荷

工业生产中大量应用的异步电动机是无功功率负荷，日光灯等照明设备也是无功功率负荷。可以用电阻与电感的串联模型来描述这类负荷。所以电力系统的综合负荷 $S_L = P_L + jQ_L$，通常都是感性负荷，即 $Q_L > 0$。一般综合负荷的功率因数 $\cos\varphi = 0.6 \sim 0.9$。

2. 变压器的无功功率损耗

在前面的讨论中已给出了变压器的模型，如图 5-8 所示。变压器的无功功率损耗 Q_{LT} 包括励磁损耗和漏抗中的损耗，即

$$Q_{LT} = U^2 B_T + \left(\frac{S}{U}\right)^2 X_T \approx \frac{I\%}{100} S_n + \frac{U_k\%}{100} \frac{S^2}{S_n}\left(\frac{U_n}{U}\right)^2 \tag{5-21}$$

变压器的无功功率损耗在系统的无功功率消耗中占有较大的比重，假设一台变压器的空载电流为 $I\% = 1.5$，短路电压 $U_k\% = 10.5$，由式（5-21）可求出在额定满载运行时，无功功耗的损耗为额定容量的 12%，通常从电源到用户需要经过好几个变压器，因此变压器中无功功率的损耗是相当大的。

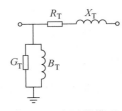

图 5-8 变压器模型

3. 电力线路的无功功率

从电力线路的模型（图 5-9 所示）中可以看到即有电感模型，也有电容模型，线路中串联的电感模型消耗的无功功率与流过它的电流成正比，即

$$\Delta Q_X = \left(\frac{S_1}{U_1}\right)^2 X = \left(\frac{S_2}{U_2}\right)^2 X \tag{5-22}$$

而线路电容的无功功率与电压的二次方成正比，但 $Q_C < 0$，即

$$\Delta Q_B = -\frac{B}{2}(U_1^2 + U_2^2) \tag{5-23}$$

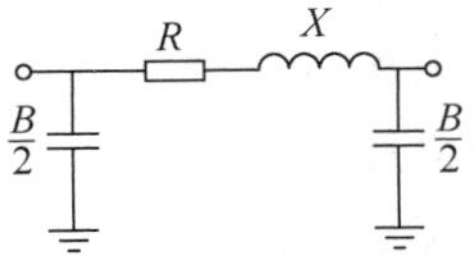

电力线路的无功功率为

$$\Delta Q = \Delta Q_X + \Delta Q_B \tag{5-24}$$

图 5-9 架空电力
线路模型

所以电力线路是作为无功功率负荷还是无功功率电源要视具体情况而定。一般情况下，35kV 及以下的架空线路是属于无功功率负荷的，即消耗无功功率。110kV 及以上的架空线路当传输的功率较大时，电抗中消耗的无功功率将大于电纳中产生的无功功率，线路成为无功功率负荷；当传输的功率较小时，电抗中消耗的无功功率小于电纳中产生的无功功率，线路成为无功功率电源。

5.4.2 无功功率电源

与有功功率只能由发电机供给不同，产生无功功率的电源却有多种，除了发电机，还有同步调相机、并随着电容器、静止无功补偿器等多种无功补偿装置。

1. 发电机

发电机在正常运行时，其定子电流和转子电流都不能超过额定值，在额定运行状态下，发电机发出的无功功率为

$$Q_{Gn} = S_{Gn}\sin\varphi = P_{Gn}\tan\varphi \qquad (5\text{-}25)$$

式中，S_{Gn} 为发电机的额定视在功率，P_{Gn} 为发电机的额定有功功率，φ 为功率因数角。注意，作为电源，一般取发电机两端端电压的方向与电流的方向是非关联的，所以要说明是发出无功功率，但不加负号。若取关联方向，则电源发出功率为负。

由式（5-25）可以看到，发电机发出的无功功率受到以下几个因数的限制：

1）受视在功率 S_{Gn}（定子额定电流）限制，发电机的视在功率是在设计制造中已确定的。所以发电机只有在额定电压、额定电流和额定功率因数下运行时，视在功率才能达到额定值，其容量得到最充分的利用。

2）受有功功率 P_{Gn} 限制，发出有功功率是发电机的主要任务，只有在满足有功功率需求的条件下才考虑让发电机发出无功功率。

当系统中无功电源不足，而有功功率备用容量又比较充裕时才利用负荷中心附近的发电机降低功率因数运行，多发无功功率。

3）另外还要受到转子额定电流的限制。

2. 同步调相机（又称同期调相机）

同步调相机相当于空载运行的同步电动机。同步电动机的特点是通过调节励磁电流的大小，既可以使同步电动机工作在欠励磁状态（$\varphi > 0$），这时它相当于一个感性的负荷（无功功率负荷），也可以使它工作在同步状态（$\varphi = 0$），这时它相当于一个电阻性负荷，（无功功率 $= 0$），但较多的是让它工作在过励磁状态（$\varphi < 0$），这时它相当于一个容性负荷（无功功率电源）。

同步调相机可以通过改变其励磁电流的大小，平滑地改变它的无功功率大小及方向，因而它可以平滑地调节所在地区的电压，在过励状态下，同步调相机可以满载运行，在欠励状态下，其容量约为过励运行容量的 50%～60%。

早期的电力系统在一些枢纽变电所安装同步调相机，通过改变励磁电流来改变电力系统的无功功率大小和方向（因为它既可作为无功功率电源也可以作为无功功率负荷）。同步调相机还可以装设自动调节的励磁装置以维持电力系统的电压。特别是有强行励磁装置时，在系统故障情况下也能调整系统的电压。

在一些大型工厂，当应用了较多的异步电动机导致其功率因数比较低时，就可以适当选用一些同步电动机作为动力源，并让它工作在过励磁状态，这样也可以提高综合负荷的功率因数。

同步调相机的缺点是作为一个旋转机械，其运行维护比较复杂，并需要消耗有功功率，在满载运行时，它消耗的有功功率约为额定容量的 1.5%～5%，容量越小，百分值越大。小容量的同步调相机每千伏安（kV·A）容量的投资费用也比较大，所以同步调相机一般适用于大容量集中使用。20 世纪 70 年代以来同步调相机已逐步被静止补偿器取代。

3. 并联电容器

并联电容器可按三角形或星形接法连接到变电所母线上，只能发出系统无功功率。

$$Q_C = -B_C U^2 = -\frac{U^2}{X_C} \qquad (5\text{-}26)$$

式中 U 为电容器所在节点的电压，所以如果节点电压下降时，并联电容器发出的无功功率会减少，因此如果电力系统发生故障或其他原因使节点电压下降时，并联电容器输出的无功功率反而减少，可能导致电力系统电压的继续下降，这是并联电容器的缺点。

并联电容器的装设容量可以选择，既可集中使用，也可以分散装设，就地补偿无功功率损耗，提高功率因数。电容器投资费用较少，维护也方便。高压电容器装置（图5-10所示）可分成若干组，在运行中根据负荷的变化，采用断路器分组投入或切除，调节电容器发出的功率。

高压并联电容器装置的外绝缘配合，应与变电所、配电所中同级电压的其他电气设备一致。并联电容器装置的总回路和分组回路的电器和导体的稳态过电流，应为电容器组额定电流的 1.35 倍。电容器运行中承受的长期工频过电压，应不大于电容器额定电压的 1.1 倍。

4. 静止无功补偿器

静止无功补偿器（Static Var Compensator，SVC）是一种没有旋转部件，快速、平滑可控的动态无功功率补偿装置。它是将可控的电抗器和电力电容器（固定或分组投切）并联使用。电容器可发出无功功率（容性的），可控电抗器可吸收无功功率（感性的）。通过对电抗器进行调节，可以使整个装置平滑地从发出无功功率改变到吸收无功功率（或反向进行），并且响应快速。

图 5-10　高压并联电容器成套装置

按照电抗器的调节方法，静止无功补偿器有以下 3 种类型。

1）可控饱和电抗器型　可控饱和电抗器包括两部分绕组，即交流绕组和直流控制绕组。改变直流控制绕组的励磁电流，调节铁心的饱和程度，就可改变交流绕组的电感值。

2）自饱和电抗器型　自饱和电抗器在某一电压值下，铁心即自行饱和。在未饱和时电抗值大，饱和后电抗值小，随着电抗值的改变所吸收的无功功率也就改变。

3）相控电抗器型　利用晶闸管开关来控制电抗器的接通时间（通过控制晶闸管的导通角），从而控制电抗器中电流的波形，其基波电流将随导通角改变其大小，这就相当于改变电抗器的电抗值。

静止无功补偿器在低压供配电系统中广泛应用于电压调整、改善电压水平、减少电压波动、改善功率因数、抑制电压闪变、平衡不对称负荷，静止无功补偿器配套的滤波器能吸收谐波和减小谐波干扰等。在超高压输电系统中，静止无功补偿器的作用是提供无功补偿、调整电压，改善系统电压水平，改善电力系统的动态和暂态稳定性，抑制工频过电压等。

静止无功补偿器能双向连续、平滑调节。与同步调相机相比，静止无功补偿器没有旋转部件，所以运行维护简单。同时静止无功补偿器调节速度快，因此具有很大的优越性。它的缺点是本身产生谐波，若不采取措施将污染电力系统，一般有配套的电力滤波器。为了实现双向连续调节，克服并联电容调节效应的弱点，要求增大补偿容量。

5. 静止同步无功补偿器

静止同步无功补偿器又称静止无功发生器（Static Var Generator，SVG），是目前技术最为先进的无功补偿装置。它不再采用大容量的电容器、电感器来产生所需无功功率，而是通过电力电子器件的高频开关实现无功补偿，特别适用于中高压电力系统中的动态无功补偿。

与静止无功补偿器相比，其主要优点是响应速度更快，运行范围更宽，谐波电流含量更少，尤其是所在处电压较低时仍可向系统注入较大的无功功率，它的储能元件的容量远小于它所能提供的无功容量。

5.4.3 无功功率与电压的关系

电力系统在稳态运行时必须保持无功功率的平衡，即电力系统发出的无功功率之和必须等于无功功率负荷和电力网中无功功率损耗之和。

电力系统中的各点电压值与无功功率密切相关，可以从三个方面说明这种关系：

1. 电力系统供给的无功功率不足会导致节点电压下降

电力系统中各种用电设备吸收的无功功率，大多数与所加的电压有关，系统综合负荷的无功功率-电压的关系如图5-11所示。在额定电压附近，负荷吸收的无功功率随电压的上升而增加，随电压的下降而减小，当电力系统供给的无功功率不足时，综合负荷的电压会下降，减少其向系统吸收的无功功率，以达到无功功率的平衡。所以为保证负荷能正常工作，必须提供适当的无功功率。

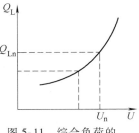

图 5-11 综合负荷的
无功功率-电压关系

2. 负荷节点电压偏低使电力线路、变压器的无功功率损耗增加

为简单起见，以电力线路和变压器都有的电阻和电抗的串联模型来分析，其中电抗消耗的无功功率和电阻消耗的有功功率分别为

$$\Delta Q = I^2 X = \frac{|\dot{U}_1 - \dot{U}_2|^2}{R^2 + X^2} X \approx \frac{(U_1 - U_2)^2}{R^2 + X^2} X \tag{5-27}$$

$$\Delta P = I^2 R = \frac{|\dot{U}_1 - \dot{U}_2|^2}{R^2 + X^2} R \approx \frac{(U_1 - U_2)^2}{R^2 + X^2} R \tag{5-28}$$

电力线路或变压器的参数 R 和 X 都是确定的，当负荷节点的电压 U_2 下降时，由式（5-27）和式（5-28）可见，电力网中的无功功率和有功功率损耗都增加。且因为 X 远大于 R，如果负荷需要的无功功率都通过电力网传输时，电力系统中无功功率的损耗相当大，一般约占系统负荷的50%，因此减少无功功率的传输，实现无功功率就地补偿是减少电力网无功功率损耗和有功功率损耗的重要手段。

3. 节点电压大小对无功功率分布起决定性的作用

仍以简单的电阻和电抗的串联模型来分析，设从节点2输出的功率为 $P+jQ$，节点1和节点2的电压分别为 U_1 和 U_2，则有

$$\dot{U}_1 = U_2 + \frac{PR + QX}{U_2} + j\frac{PX - QR}{U_2} \tag{5-29}$$

考虑到线路电抗远大于电阻，且稳态运行时线路两端的相位角差很小，忽略式（5-29）中的虚部，近似有

$$Q = \frac{U_1 - U_2}{X} U_2 \tag{5-30}$$

可见，线路传输的无功功率与两点间的电压差成正比，无功功率将从电压高的节点流向电压低的节点，节点电压大小的变化，会影响无功功率的分布。

电力系统无功功率平衡的基本要求是：

1）无功功率电源容量必须大于无功功率负荷的容量，即除了无功功率时刻保持平衡

外，系统还应留有一定的无功功率备用容量。

2）无功功率应采用就地补偿，提高功率因数。我国规定：以 35kV 及以上电压等级直接供电的工业负荷，功率因数要达到 0.90 以上，对其他负荷，功率因数不能低于 0.85。

3）电力系统在无功负荷较小的运行阶段，可能会出现无功功率过剩的现象，导致电压过高，所以在采取无功补偿措施时要适当考虑选用能双向补偿的无功补偿设备。

5.5　电力系统的电压控制

5.5.1　中枢点的电压管理

电力系统进行电压调整的目的，就是要采用各种措施，使用户处的电压偏移保持在规定的范围内。但电力系统结构复杂，有许多发电厂、变电所和用户节点，要对这些节点电压全部实行监控是不可能的，也是没必要的。一般是在这些节点中选择一些具有代表性的节点加以监控，如果这些节点的电压符合要求，则它们邻近的其他节点的电压也在允许范围内，这些节点被称为电压监控中枢点，简称电压中枢点。电压中枢点一般选择在区域性发电厂的高压母线，有大量地方性负荷的发电厂母线，枢纽变电所的二次母线和城市直降变电所的二次母线。

对于实际的电力系统，首先选择用来控制电压的一批中枢点，然而分析由中枢点供电的所有用电设备的日负荷曲线及其对电压的质量要求（电压值和可以接受的电压波动范围），并结合考虑电力网的电压损耗后，求出对相应中枢点的电压要求和电压变化范围，采用相应的措施，使中枢点的电压保持在某个值。这样就使得由它供电的所有用电设备都能正常工作，即它们的电压都接近额定值，电压偏移都在允许变化范围内。但也有可能在进行规划设计时，由于各负荷对电压质量的要求还不明确，或者可能在某些时间段内，中枢点的电压无法同时满足所有的负荷对电压质量的要求，则要采取相应的调压措施。

中枢点的调压措施可以分为"逆调压"、"顺调压"、和"恒调压"等，每一中枢点根据具体情况选择一种作为控制电压的原则。

1）逆调压方式　在负荷高峰时，线路上的电压损耗也增大，如果提高中枢点电压，就可以抵偿部分电压损耗，使负荷点的电压不致于过低；反之，在负荷小的时候，线路上的电压损耗也减小，这时适当降低中枢点的电压就可使负荷点的电压不致于过高。这种在负荷高峰时升高中枢点电压，负荷低谷时降低中枢点电压的调压方式称为逆调压。

中枢点采用逆调压可以改善负荷点的电压质量，但有些中枢点（例如枢纽变电所、城市直降变电所等）与发电厂之间有一定的距离，从发电厂到这些中枢点的传输线上也有电压损耗而且在大负荷时中枢点的电压自然要低一些，这种中枢点电压的自然变化规律与逆调压的要求恰好相反，所以逆调压实现的难度比较高。

2）顺调压方式　对某些用户离中枢点距离较近、用户负荷变动不大或者用户对电压质量要求不是很高的中枢点，可以采用顺调压，即在负荷高峰时允许中枢点电压低一些，但不低于线路额定电压的 102.5%，在负荷低谷时允许中枢点电压高一些，但不高于线路额定电压的 107.5%。这种调压方式称为顺调压。

3）恒调压（常调压）方式　无论是负荷高峰或负荷低谷，中枢点电压基本保持不变的调压方式称为恒调压，也称为常调压。常调压方式下中枢点电压略大于额定电压，一般为线路额定电压的 102% ~ 105%。

当系统发生事故时，因电压损耗比正常情况下大，因此对电压质量的要求允许适当放低，通常事故时中枢点电压偏移比稳态运行时要大 5%。

5.5.2 电压调整的基本原理

无功功率平衡是保证电力系统有较好的运行电压水平的必要条件，但即使电力系统有充足的无功功率备用，由于电能传输过程中不可避免的电压损耗，要保证所有用户的电压质量都符合电能质量要求，有时还要采用必要的调压手段。现以图 5-12 所示的最简化的电力系统为例，说明常用的各种调压措施所依据的基本原理。

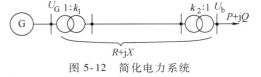

图 5-12 简化电力系统

如图 5-12 所示，发电机通过升压变压器，电力线路和降压变压器向用户供电，输出功率 $P+jQ$。为简单起见，略去线路的上并联的电容发出的无功功率及变压器的励磁功率。变压器的参数都已归算到高压侧且与线路的电阻电抗合并，并忽略电压降落的横向分量，即取

$$d\dot{U} = \Delta U + j\delta U \approx \Delta U$$

则在用户端的电压为

$$U_{\mathrm{b}} = \frac{U_{\mathrm{G}}k_1 - \Delta U}{k_2} = \frac{U_{\mathrm{G}}k_1 - \dfrac{PR+QX}{k_1 U_{\mathrm{G}}}}{k_2} \tag{5-31}$$

式中，k_1 和 k_2 分别为升压和降压变压器的电压比（高压/低压），R、X 为变压器和电力线路总电阻和总电抗。

由式（5-31）可见，若要调整用户端的电压（U_{b}）可以采取以下措施：

1）调节励磁电流以改变发电机端电压 U_{G}。

2）适当选择变压器的电压比（k_1 和 k_2）。

3）改变线路的参数 X。

4）改变无功功率 Q 的分布。

5.5.3 电压调整措施

1. 改变发电机端电压 U_{G} 调压

应用发电机调压是不需另外增加投资的调压手段。现代同步发电机在机端电压偏离额定值 ±5% 的范围内，仍能以额定功率运行，大中型同步发电机都装有自动励磁装置，可以根据运行情况调节励磁电流来改变其端电压。

由孤立发电厂不经升压直接供电的小型电力网，例如一些大型企业的内部发电厂，因其供电线路不长，线路上电压损耗不大，故改变发电机端电压（例如实行逆电压）就可以满足负荷点的电压质量要求，而不必另外再增加调压设备，这是最经济合理的调压方式。

对于线路比较长，供电范围比较大且有多级变压的供电系统，从发电厂到最远处的负荷点之间，电压损耗的数值和变化幅度都比较大，一般不采用这种方式调压。

对于有多个发电厂并列运行的大型电力系统，一般也不采用这种方式调压，因为节点的

无功功率分布与节点电压水平有关，当调整某个发电厂的母线电压时，会引起系统中无功功率的重新分配，该发电厂需要多输出无功功率，所以要求进行电压调整的发电厂要有相当充裕的无功功率备用，而且这样还可能与电力系统的无功功率经济分配发生矛盾，所以在大型电力系统中发电机调压只能作为一种辅助性的调压措施。

2. 改变变压器的电压比调压

改变变压器的电压比调压也是一种不需另外增加投资的调压手段。电力系统中的双绕组变压器的高压绕组和三绕组变压器的高、中压绕组一般都有若干个分接头可供选择，改变变压器的电压比调压实际上就是根据调压要求选择适当的分接头。一般的电力变压器只能在停电的情况下进行分接头的切换，因此，每一个变压器必须在通电前选择合适的分接头，以保证在运行中无论是负荷高峰还是负荷低谷，电压的偏移均不超出允许的范围。

（1）降压变压器分接头的选择　如图 5-13 所示，设变压器高压侧输入功率为 $P+jQ$，在忽略变压器励磁功率损耗，归算到高压侧的变压器阻抗为 R_T+jX_T，归算到高压侧的变压器电压损耗为 ΔU_T，低压侧的实际电压为 U_2，即

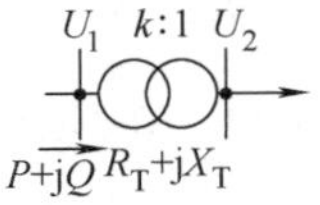

$$\Delta U_T = \frac{PR_T+QX_T}{U_1} \tag{5-32}$$

$$U_2 = (U_1-\Delta U_T)/k \tag{5-33}$$

其中，k 为变压器高压侧分接头电压 U_t 与低压侧额定电压之比。代入 k 可得高压侧分接头电压

图 5-13　降压变压器

$$U_{1t} = \frac{U_1-\Delta U_T}{U_2}U_{2N} \tag{5-34}$$

当负荷高峰时，流过变压器的功率最大，变压器的电压损耗也最大，低压侧电压可能下降最多，高压侧电压可能下降较多。这时可求出：

$$U_{1tmax} = \frac{U_{1max}-\Delta U_{Tmax}}{U_{2max}}U_{2N} \tag{5-35}$$

当负荷低谷时，流过变压器的功率最小，变压器的电压损耗也最小，低压侧电压可能下降最少，高压侧电压可能下降较少。这时可求出：

$$U_{1tmin} = \frac{U_{1min}-\Delta U_{Tmin}}{U_{2min}}U_{2N} \tag{5-36}$$

然后取它们的算术平均值，$U_{1av} = (U_{1max}+U_{1min})/2$，根据 U_{1av} 选择一个最接近的分接头，然后还要作校验。

例 5-3　降压变压器如图 5-14 所示，变压器归算到高压侧的阻抗为 $(2.44+j40)$ Ω，已知在最大负荷时通过变压器的功率为 $(28+j14)$ MV·A，高压侧的电压 $U_{1max}=110$kV，要求低压侧的电压 U_{2max} 不小于 6kV；最小负荷时通过变压器的功率为 $(10+j6)$ MV·A，高压侧的电压 $U_{1min}=113$kV，要求低压侧的电压 U_{2min} 不大于 6.6kV，试选择变压器的分接头。

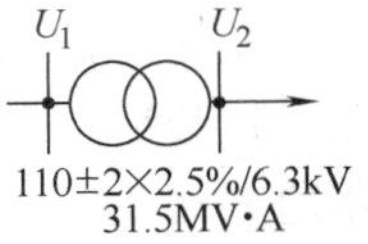

110±2×2.5%/6.3kV
31.5MV·A

图 5-14　例 5-3 的降压变压器

解： 先计算两种情况下的电压损耗

$$\Delta U_{Tmax} = \frac{P_{max}R_T+Q_{max}X_T}{U_{1max}} = \frac{28×2.44+14×40}{110}kV = 5.7kV$$

$$\Delta U_{Tmin} = \frac{P_{min}R_T + Q_{min}X_T}{U_{1min}} = \frac{10 \times 2.44 + 6 \times 40}{113} kV = 2.34 kV$$

分别代入式（5-33）、式（5-34）得

$$U_{1tmax} = \frac{U_{1max} - \Delta U_{Tmax}}{U_{2max}} U_{2N} = \frac{(110-5.7)6.3}{6.0} kV = 109.5 kV$$

$$U_{1tmin} = \frac{U_{1min} - \Delta U_{Tmin}}{U_{2min}} U_{2N} = \frac{(113-2.34)6.3}{6.6} kV = 105.6 kV$$

取算术平均值：$U_{1tav} = (109.5 + 105.6)/2 kV = 107.51 kV$

选择最接近计算值的实际分接头：$U_{1t} = 107.25 kV$。用式（5-33）按所选的实际分接头校验变压器的低压母线的实际电压值：

负荷高峰时：$U_2 = (U_{1max} - \Delta U_T)/k = \frac{110-5.7}{107.25} 6.3 kV = 6.13 kV > 6.0 kV$

负荷低谷时：$U_2 = (U_{1min} - \Delta U_T)/k = \frac{113-2.34}{107.25} 6.3 kV = 6.5 kV < 6.6 kV$

可见所选的分接头（-2.5%）符合调压要求。

（2）升压变压器的分接头的选择 升压变压器一般是一端接发电机，一端接入电网，如图5-15所示。其分接头选择方法与选择降压变压器基本相同，但有几点不同：

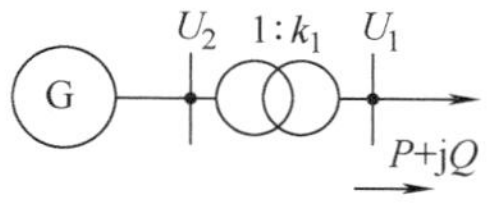

1）升压变压器中功率是从低压侧输送到高压侧，若将变压器阻抗归算到高压侧，从高压侧流出的功率为 $P+jQ$，则式（5-34）修改为

图5-15 升压变压器

$$U_{1t} = \frac{U_1 + \Delta U_T}{U_2} U_{2N} \tag{5-37}$$

2）升压变压器的主分接头电压比与降压变压器是不同的。

3）选择发电厂升压变压器的分接头时，无论最大负荷还是最小负荷的情况，一般要求发电机的机端电压不能超过规定的允许范围。如果在发电机电压母线上有地方负荷，则应当满足地方负荷对发电机母线的调压要求，一般可采用逆调压。

例5-4 升压变压器如图5-16所示。变压器归算到高压侧的阻抗为（3+j40）Ω，已知在最大负荷时通过变压器的功率为（28+j14）MV·A，要求高压侧的电压为 $U_{1max} = 120 kV$；最小负荷时通过变压器的功率为（14+j10）MV·A,，要求高压侧的电压为 $U_{1min} = 114 kV$，低压侧的电压允许变化范围为 10~11 kV。试选择变压器的分接头。

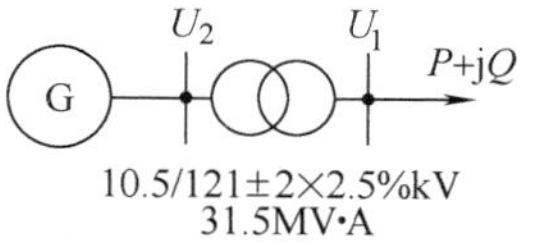

图5-16 例5-4
的升压变压器

10.5/121±2×2.5%kV
31.5MV·A

解：先计算两种情况下的电压损耗

$$\Delta U_{Tmax} = \frac{P_{max}R_T + Q_{max}X_T}{U_{1max}} = \frac{28 \times 3 + 14 \times 40}{120} kV = 5.37 kV$$

$$\Delta U_{Tmin} = \frac{P_{min}R_T + Q_{min}X_T}{U_{1min}} = \frac{10 \times 3 + 10 \times 40}{114} kV = 3.77 kV$$

根据发电机电压可能的调节范围及升压变压器采用逆调压

$$U_{1tmax} = \frac{U_{1max} + \Delta U_{Tmax}}{U_{2max}} U_{2N} = \frac{(120+5.37)10.5}{11} kV = 119.67 kV$$

$$U_{1tmin} = \frac{U_{1min} + \Delta U_{Tmin}}{U_{2min}} U_{2N} = \frac{(114+2.34)10.5}{10} kV = 122.16 kV$$

取算术平均值：$U_{1tav} = (119.6 + 122.16)/2 kV = 120.91 kV$

选择最接近计算值的实际分接头：$U_{1t} = 121(kV)$（恰为主分接头）。用式（5-33）按所选的实际分接头校验变压器的低压母线的实际电压值：

负荷高峰时：$U_2 = (U_{1max} + \Delta U_T)/k = \frac{120+5.37}{121} 10.5 kV = 10.88 kV < 11 kV$

负荷低谷时：$U_2 = (U_{1min} + \Delta U_T)/k = \frac{114+2.34}{121} 10.5 kV = 10.09 kV > 10 kV$

可见所选的分接头（主分接头）符合调压要求。

三绕组变压器的分接头选择公式与双绕组降压变压器相同，因为三绕组变压器的高、中压绕组都有分接头，需要对高压和中压绕组的分接头经过两次计算来逐个选择，至于先选择哪一侧的分接头，要根据功率的流向来决定，例如三绕组降压变压器（功率从高压侧流向低、中压侧）要先按低压母线的调压要求选择高压侧的分接头（高低压绕组相当于一个双绕组变压器），然后按中压母线的调压要求选择中压侧的分接头（此时高中压绕组相当于一个双绕组变压器）。

在一些电压中枢点，还可以装一种专门设计的有载调压变压器，则可以在带负荷的情况下改变分接头，而且分接头比较多，调节范围比较大，当然这种变压器相对成本要高很多，例如，一台 SCZ—800/10 型 10kV 干式有载调压变压器约 30 万元，而一台 SC—800/10 型 10kV 无载调压变压器才约 20 万元，所以选用有载调压变压器增加了投资成本。

我国《电力系统技术导则（试行）》规定了 "对 110kV 及以下变压器，宜考虑至少有一级电压的变压器采用带负载调压方式"。因此，用直接向供电中心供电的有载调压变压器，在实现无功功率分区就地平衡的前提下，随着地区负荷增减变化，配合无功补偿设备并联电容器及低压电抗器的投切，调整分接头，以便随时保证对用户的供电电压质量。

但要注意的是，改变变压器电压比调压并不能改变无功需求的平衡状态，当系统无功功率缺额时，负荷的电压特性可以使系统在较低电压下保持稳定运行，但如果无功功率缺额较大时，为保持电压水平，有载调压变压器动作，电压暂时上升，将无功功率缺额全部转嫁到主网，从而使主网电压逐渐下降，严重时可能引发系统电压崩溃。因为这个原因，世界上有几次大停电事故，例如 1983 年 12 月 27 日的瑞典大停电事故，1987 年 7 月 23 日的日本东京电力系统停电事故。

3. 改变网络中无功功率分布调压

当电力系统无功功率不足时，就不能单靠改变变压器的电压比来进行调压，必须在适当的地点进行无功功率补偿。无功功率就地补偿虽然需要添加设备，但可以改变电力网中的无功功率分布，从而减少电力网络中因传输无功功率引起的能量损耗，提高电力系统的经济性。

这里仅从调压的角度来讨论无功功率的补偿问题。

现用最简单的并联电容（如图 5-17 所示）进行无功功率补偿加以说明。设供电端的电

压为 U_1，变电所低压侧的输出功率为 $P+jQ$，线路对地电容和变压器的励磁支路忽略不计，并忽略电压降落的横分量，则在变电所低压侧未加无功功率补偿装置（即没并联电容）时，有

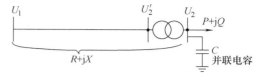

图 5-17　并联电容补偿无功功率示意图

$$U_1 = U_2' + \frac{PR+QX}{U_2'} \qquad (5-38)$$

式中 U_2' 为补偿前归算到变电所高压侧的低压母线电压。

若变电所低压侧加上无功功率补偿装置（即无功电源）后产生的无功功率为 Q_C，则负荷从电压网吸收的无功功率降低为 $Q-Q_C$，这时有

$$U_1 = U_{2C}' + \frac{PR+(Q-Q_C)X}{U_{2C}'} \qquad (5-39)$$

式中 U_{2C}' 为补偿后归算到高压侧的变电所低压母线电压。

如果补偿前后供电点的电压 U_1 保持不变，但使变压所低压侧电压从 U_2 上升到 U_{2C}，即变电所高压侧电压从 U_2' 上升为 U_{2C}'，则联立式（5-36）和式（5-37），则有

$$U_2' + \frac{PR+QX}{U_2'} = U_{2C}' + \frac{PR+(Q-Q_C)X}{U_{2C}'} \qquad (5-40)$$

由此可求出需要补偿的无功功率 Q_C

$$Q_C = \frac{U_{2C}'}{X}\left[(U_{2C}' - U_2') + \left(\frac{PR+QX}{U_{2C}'} - \frac{PR+QX}{U_2'} \right) \right] \qquad (5-41)$$

其中方括号内的第二项的数值比较小，为讨论简便，略去这一项，得到

$$Q_C = \frac{U_{2C}'}{X}(U_{2C}' - U_2') \qquad (5-42)$$

但要从式（5-42）求出 Q_C 还有一些地方要讨论：

（1）实际需要调节的是变电所低压侧的电压，（调节到 U_{2C}），电容也并联在低压侧，所以 Q_C 还与变压器的电压比 k 有关。

$$k = \frac{U_2'}{U_2} = \frac{U_{2C}'}{U_{2C}} = \frac{U_t}{U_{2N}} \qquad (5-43)$$

如果选定变压器的电压比为 k，补偿前变压器高压侧电压为 U_2'，要求补偿后变压器低压侧的电压为 U_{2C}，则

$$Q_C = \frac{kU_{2C}}{X}(kU_{2C} - U_2') \qquad (5-44)$$

（2）如果是采用并联电容或并联静止补偿器时，Q_C 的大小又与接入点的电压 U_{2C} 有关。

$$Q_C = U_{2C}^2 \omega C \qquad (5-45)$$

所以在确定补偿容量 Q_C 之前，要先选择适当的变压器分接头，选择原则是在满足调压要求条件下，使无功功率补偿容量最小。

（3）在无功功率电源的讨论中已提到，补偿无功功率的设备也有多种，其补偿范围也不相同，所以要先选择无功功率补偿设备，大致分析其补偿范围，然后选择变压器的电压比，最后确定无功补偿的容量。

1）如果选用并联电容器，价格比较低，但其特点是只能发出无功功率，如果补偿容量很大时，可以分组接入或切除。但为了充分利用补偿容量，应该在最大负荷时全部接入，最小负荷时全部切除。计算步骤如下：

① 根据调压要求，按最小负荷时没有补偿的条件求出变压器的分接头。由最小负荷时变压器低压侧要求保持的电压 $U_{2\min}$ 求出变压器高压侧的电压 $U'_{2\min}$：

$$U'_{2\min} = U_1 - \frac{P_{1\min}R + Q_{1\min}X}{U_1} \tag{5-46}$$

$$U_{\mathrm{t}} \approx \frac{U'_{2\min}}{U_{2\min}} U_{2\mathrm{N}} \tag{5-47}$$

选择最接近的分接头确定变压器的电压比 $k = U_{\mathrm{t}}/U_{2\mathrm{N}}$。

② 求出未装无功补偿设备时归算到低压侧的电压值 $U_{2\max}$

$$U'_{2\max} = U_1 - \frac{P_{1\max}R + Q_{1\max}X}{U_1} \tag{5-48}$$

则变压器低压侧的电压为 $U_{2\max} = U'_{2\max}/k$，这个电压是偏低的，所以要作无功功率补偿。若要求补偿后使变电所变压器低压侧的电压提高到 $U_{2\mathrm{Cmax}}$，需补偿的容量为

$$Q_{\mathrm{C}} = \frac{kU_{2\mathrm{Cmax}}}{X}(kU_{2\mathrm{Cmax}} - U'_{2\max}) \tag{5-49}$$

2）若补偿设备为同步调相机，其特点是在最大负荷时同步调相机过励运行，发出全部容量 Q_{C}，使电压升高，在最小负荷时，同步调相机欠励运行成为感性负荷，吸收无功功率使电压降低，但吸收的无功功率比较小，一般为 $-\alpha Q_{\mathrm{C}}$，（$\alpha = 0.5 \sim 0.6$）。注意，这里补偿设备作为无功功率电源，其两端电压方向与电流方向是非关联的，所以发出无功功率为正，吸收无功功率为负。计算步骤如下：

① 求出变压器的电压比 k，在最大负荷时，则按式（5-49），有

$$Q_{\mathrm{C}} = \frac{kU_{2\mathrm{Cmax}}}{X}(kU_{2\mathrm{Cmax}} - U'_{2\max})$$

同理，在最小负荷时有

$$-\alpha Q_{\mathrm{C}} = \frac{kU_{2\mathrm{Cmin}}}{X}(kU_{2\mathrm{Cmin}} - U'_{2\min})$$

两式相除，得

$$-\alpha = \frac{U_{2\mathrm{Cmin}}(kU_{2\mathrm{Cmin}} - U'_{2\min})}{U_{2\mathrm{Cmax}}(kU_{2\mathrm{Cmax}} - U'_{2\max})} \tag{5-50}$$

解得变压器的电压比

$$k = \frac{\alpha U_{2\mathrm{Cmax}} U'_{2\max} + U_{2\mathrm{Cmin}} U'_{2\min}}{\alpha U_{2\mathrm{Cmax}}^2 + U_{2\mathrm{Cmin}}^2} \tag{5-51}$$

根据求出的 k 选择最接近的分接头，确定实际电压比 k_{t}。

② 将确定的变压器电压比代入式（5-49），求出需补偿的无功功率设备的容量 Q_{C}。

例 5-5 简单电力系统及其等效电路如图 5-18a、b 所示，变压器励磁支路和线路电容忽略不计，变压器 T_2 的电压比为 $110 \pm 2 \times 2.5\%/11\mathrm{kV}$。已知节点 1 归算到高压侧的电压为

118kV，且维持不变，降压变压器 T_2 低压母线侧电压要求保持为 10.5kV。试配合降压变压器 T_2 的分接头选择，确定在变压器 T_2 的应装设的无功补偿设备容量（1）静电电容器（2）同步调相机。

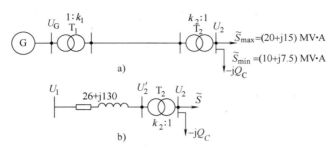

图 5-18　例 5-5 的简单电力系统及其等效电路

解：（1）计算未补偿时归算到高压侧的低压母线电压 U'_{2max} 和 U'_{2min}

此题属于已知首端电压和末端功率求末端电压。所以先按线路额定电压计算始端输入功率：

$$\widetilde{S}_{1max} = \widetilde{S}_{max} + \Delta\widetilde{S}_{max} = \left[20+j15+\frac{20^2+15^2}{110^2}(26+j130)\right] \text{MV}\cdot\text{A} = (21.34+j21.72)\text{MV}\cdot\text{A}$$

$$\widetilde{S}_{1min} = \widetilde{S}_{min} + \Delta\widetilde{S}_{min} = \left[10+j7.5+\frac{10^2+7.5^2}{110^2}(26+j130)\right] \text{MV}\cdot\text{A} = (10.34+j9.18)\text{MV}\cdot\text{A}$$

然后用始端功率和始端电压求末端电压：

$$U'_{2max} = U_1 - \frac{P_{1max}R+Q_{1max}X}{U_1} = \left(118 - \frac{21.34\times26+21.72\times130}{118}\right) \text{kV} = 89.37\text{kV}$$

$$U'_{2min} = U_1 - \frac{P_{1min}R+Q_{1min}X}{U_1} = \left(118 - \frac{10.34\times26+9.18\times130}{118}\right) \text{kV} = 105.61\text{kV}$$

（2）选用并联电容器

按最小负荷时没有无功补偿确定变压器的分接头电压

$$U_t \approx \frac{U'_{2min}}{U_{2N}}U_{2N} = \frac{105.61}{10.5}\times11\text{kV} = 110.69\text{kV}$$

最接近的变压器分接头为 110kV（主分接头），所以 $k = 110/11 = 10$

计算并联电容器补偿容量：

$$Q_C = \frac{kU_{2Cmax}}{X}(kU_{2Cmax}-U'_{2max}) = \frac{10\times10.5}{130}\times(10\times10.5-89.37)\text{Mvar} = 12.62\text{Mvar}$$

验算在最大负荷时变压器低压侧的实际电压（最小负荷时没有补偿所以不必验算）：

$$\widetilde{S}_{1Cmax} = \left[20+j(15-12.62)+\frac{20^2+(15-12.62)^2}{110^2}\times(26+j130)\right] \text{MV}\cdot\text{A} = (20.88+j7.4)\text{MV}\cdot\text{A}$$

$$U_{2Cmax} = \left(U_1 - \frac{P_{1max}R+Q_{1max}X}{U_1}\right)/k = \left(118 - \frac{20.88\times26+7.4\times130}{118}\right)/10\text{kV} = 10.525\text{kV}$$

$$U_{2Cmin} = U'_{2Cmin}/k = 105.61/10\text{kV} = 10.561\text{kV}$$

（3）选用同步调相机，设 $\alpha = 0.5$

先确定电压比，由式（5-51）得

$$k \approx \frac{\alpha U_{2Cmax} U'_{2max} + U_{2Cmin} U'_{2min}}{\alpha U^2_{2Cmax} + U^2_{2Cmin}} = \frac{0.5 \times 10.5 \times 89.37 + 10.5 \times 105.61}{0.5 \times 10.5^2 + 10.5^2} = 9.54$$

选择最接近的分接头 $k = 9.5$

由式（5-49）求出同步调相机的容量

$$Q_C = \frac{kU_{2Cmax}}{X}(kU_{2Cmax} - U'_{2max}) = \frac{9.5 \times 10.5}{130} \times (9.5 \times 10.5 - 89.37) \text{ Mvar} = 7.96 \text{Mvar}$$

选取最接近标准容量的同步调相机，其额定容量为 $7.5 \text{MV} \cdot \text{A}$

验算变压器低压侧的实际电压，最大负荷时：

$$\widetilde{S}_{1Cmax} = \left[20 + j(15 - 7.5) + \frac{20^2 + (15 - 7.5)^2}{110^2} \times (26 + j130)\right] \text{MV} \cdot \text{A} = (20.98 + j12.4) \text{MV} \cdot \text{A}$$

$$\widetilde{S}_{1Cmin} = \left[10 + j(7.5 + 0.5 \times 7.5) + \frac{10^2 + (7.5 + 3.75)^2}{110^2} \times (26 + j130)\right] \text{MV} \cdot \text{A} = (10.49 + j13.68) \text{MV} \cdot \text{A}$$

$$U_{2Cmax} = \left(U_1 - \frac{P_{1Cmax}R + Q_{1Cmax}X}{U_1}\right)/k = \left(118 - \frac{20.98 \times 26 + 12.4 \times 130}{118}\right)/9.5 \text{kV} = 10.496 \text{kV}$$

$$U_{2Cmin} = \left(U_1 - \frac{P_{1Cmin}R + Q_{1Cmin}X}{U_1}\right)/k = \left(118 - \frac{10.49 \times 26 + 13.68 \times 130}{118}\right)/9.5 \text{kV} = 10.59 \text{kV}$$

4. 改变输电线路参数调压

对于 110kV 和 35kV 的输电线路，如果传输线路比较长，且需传输的功率变化比较大，功率因数比较低，则可以线路上串联电容器，利用电容器的容抗抵消线路上的感抗，使线路的电压损耗减小，线路末端的电压提高，从而改善电压质量。

以简单架空输电线路为例，设首端电压为 U_1，首端输入功率为 $P_1 + jQ_1$，未加串联补偿电容前末端电压为 U_2，其等效电路如图 5-19a 所示，若在线路中串联容抗为 X_C 的电容器，则末端电压为 U_{2C}，等效电路如图 5-19b 所示。

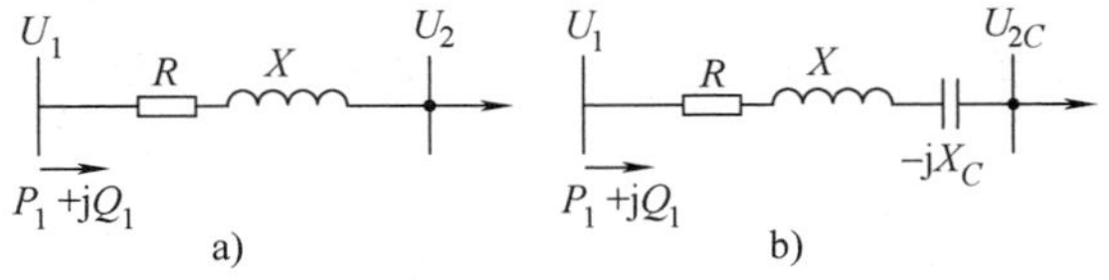

未加串联电容补偿前，电压降落的纵向分量（其横向分量很小，为简单起见忽略不计）：

图 5-19　输电线路串联电容调压

$$\Delta U = \frac{P_1 R + Q_1 X}{U_1} \tag{5-52}$$

串联电容补偿后，电压降落的纵向分量为

$$\Delta U_C = \frac{P_1 R + Q_1 (X - X_C)}{U_1} \tag{5-53}$$

两式相减，得

$$X_C = \frac{U_1 (\Delta U - \Delta U_C)}{Q_1} \tag{5-54}$$

根据线路末端需要提高的电压值（$\Delta U - \Delta U_C$），就可以求出需要补偿的电容器的容抗。这里有几个问题要讨论一下：

1）令 $K_C = X_C / X$，称为线路电抗之比，通常取值范围为 $0.5 \sim 3$，K_C 越大，改善电压质量的效果越好。

2）线路电阻与电抗的比值 R/X 越小，串联电容器补偿的效果越好。所以对 10kV 及以下的架空线路（配电线路），由于 R/X 很大，使用串联电容补偿是不经济的。

3）线路接入串联电容器后，线路的有功功率和无功功率损失都会有不同程度的减小，所以串联电容补偿后，还能提高首端输入功率的功率因数。但对功率因数 $\cos\varphi > 0.95$ 时串联电容器补偿的效果已很小。

4）220kV 以上电压等级的远距离输电线路中采用串联电容补偿，其作用主要在于提高运行稳定性和输电能力。

串联电容补偿用的电力电容器有一些特殊的技术要求，例如必须能承受很高的过电压（我国规定要能承受持续 >0.2s 的 5 倍额定电压）。单个串联电容器的额定电压不高（最高约 $1 \sim 2kV$），额定容量也不大（约 $20 \sim 40kvar$）所以要用许多个串联电容器串并联组成串联电容器组，如图 5-20 所示。

串联电容器组的并联数和串联数是根据最大工作电流来选择的，要求在最大工作电流通过电容器组时，应满足：

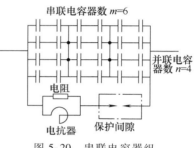

图 5-20　串联电容器组

$$mI_{Cn} > I_{\max} \tag{5-55}$$

$$nU_{Cn} > I_{\max}X_C \tag{5-56}$$

选定 m 和 n 后，再核算电容器组的实际容抗

$$X_C = \frac{n}{m}X_{Cn} = \frac{n}{m}\frac{U_{Cn}^2}{Q_{Cn}} \tag{5-57}$$

三相串联电容器组的总容量为 $3mnQ_{Cn}$。

例 5-6　阻抗为 R+jX =（10+j10）Ω 的 35kV 电力输电线路，输送的功率为（7+j6）MV·A，要求线路末端的电压不低于 33kV。试求 1）若采用串联电容器的方法提高电压，求串联电容器的容量。2）若采用在末端并联电容器的方法，求并联电容器的容量。3）比较这两种补偿方法对线路有功功率损耗的影响。

解：补偿前线路的电压损耗及线路末端电压

$$\Delta U = \frac{7 \times 10 + 6 \times 10}{35} kV = 3.71 kV$$

$$U_2 = U_1 - \Delta U = 35 - 3.71 kV = 31.29 kV$$

1）采用串联电容器的方法，串联容抗为

$$X_C = \frac{U_1(U_{2C} - U_2)}{Q_1} = \frac{35 \times (33 - 31.29)}{6}\Omega = 9.975 \ \Omega$$

选用额定电压为 0.6kV，容量为 20kvar 的单相油浸纸质串联电容器组，每个电容器的额定电流为

$$I_{Cn} = \frac{Q_{Cn}}{U_{Cn}} = \frac{20}{0.6} A = 33.33 A$$

$$X_{Cn} = \frac{U_{Cn}}{I_{Cn}} = \frac{600}{33.33}\Omega = 18\Omega$$

需要并联的个数

$$m \geqslant \frac{I_{\max}}{I_{Cn}} = \frac{152.1}{33.33} = 4.56$$

需要串联的个数

$$n \geqslant \frac{I_{\max}X_C}{U_{Cn}} = \frac{152.1 \times 18}{33.33} = 2.53$$

所以选 $m=5$，$n=3$

总补偿量为

$$Q_C = 3mnQ_{Cn} = 3 \times 5 \times 3 \times 20\text{kvar} = 900\text{kvar}$$

实际的补偿容抗为

$$X_C = \frac{3X_{Cn}}{5} = \frac{3 \times 18}{5}\Omega = 10.8\Omega$$

补偿后线路的末端电压为

$$U_{2C} = U_1 - \frac{PR+Q(X-X_C)}{U_1} = \left[35 - \frac{7 \times 10 + 6 \times (10-10.8)}{35}\right]\text{kV} = 33.14\text{kV}$$

2）采用并联电容器的方法，按要求末端归算到高压侧电压为 33kV

$$Q_C = \frac{U_{2C}}{X}(U_{2C}-U_2) = \frac{33}{10}(33-31.29)\text{Mvar} = 5.643\text{Mvar}$$

可见所需并联电容器的容量远大于所需串联电容器的容量。

并联电容器补偿后的线路末端电压为

$$U_{2C} = \left(U_1 - \frac{P_1R+Q_1X}{U_1}\right) = \left(35 - \frac{7 \times 10 + (6-5.643) \times 6}{35}\right)\text{kV} = 32.94\text{kV}$$

3）电力线路有功功率损耗比较

无补偿时，$\Delta P = \dfrac{P_1^2+Q_1^2}{U_1^2}R = \dfrac{7^2+6^2}{35^2} \times 10\text{MW} = 0.694\text{MW}$

采用串联电容器补偿后，如果首端输入功率保持不变，则电力线路的有功功率损耗不变。如果保持末端的输出功率 P_2+jQ_2 不变，则首端输入的无功功率略有变化，所以对电力线路的有功功率损耗影响非常小。

采用并联电容器补偿后，如果保持末端的输出功率 P_2+jQ_2 不变，则电力线路的有功功率损耗为

$$\Delta P = \frac{P_1^2+(Q_2-Q_C)^2}{U_1^2}R = \frac{7^2+(6-5.643)^2}{35^2} \times 10\text{MW} = 0.40\text{MW}$$

所以并联电容器补偿无功功率，还可以有效地减少电力线路的有功功率损耗。

由以上例题，可以比较串联电容器与并联电容器进行电压调整的特点。

1）就电压调整效果来看，串联电容器具有较大的优势，所需串联的电容器组的容量相对比较小，而且串联电容器提高电压的数值随着无功负荷大小而变化，负荷大的时候电压增加得多，负荷小的时候电压增加得少，正好符合调压的要求。

2）并联电容则可以直接减少线路的有功功率损耗，且可以在 10kV 及以下电压等级的低压端直接补偿。

具有多个电压等级电力网的电力系统，电压的控制比较复杂，因为各种负荷的变化规律不同，调节发电厂和主变电所的电压会影响系统各处的电压，而且在调节电压时电力网中的无功功率分布将发生变化，所以本节讨论的各种调电压措施要合理组合应用。

小　　结

电力系统运行的基本任务是将电能在电压、频率合格的前提下安全、可靠、经济地分配给各用电设备。我国规定允许的频率范围为 $50\pm0.2\mathrm{Hz}$，电力系统各节点的电压偏移范围为 $(1\pm5\%)U_\mathrm{n}$。

电力系统应时刻保持有功功率的平衡。当电力系统发出的有功功率之和大于电力系统消耗的有功功率之和时，电力系统的频率会上升；反之，电力系统的频率会下降。所以电力系统要留有一定的备用容量，一般可分为负荷备用、事故备用、检修备用和国民经济备用。

由发电机组调速系统随电力系统频率变化而自动控制发电机进行输出有功功率的调整，通常称为电力系统频率的一次调整。

$$\Delta P_\mathrm{S} = \Delta P_\mathrm{G} - \Delta P_\mathrm{L} = -K_\mathrm{G}\Delta f - K_\mathrm{L}\Delta f = -K_\mathrm{S}\Delta f$$

二次调频由发电机组的调频控制器（同步器）来实现，二次调频只是增加了发电机组的输出功率，在发电机组的有功功率–频率静态特性曲线上频率的二次调整体现为曲线的平移。

无功功率的电源有发电机、同步调相机、电容器和静止补偿器等多种无功补偿装置。

电力系统在稳态运行时必须保持无功功率的平衡，电力系统供给的无功功率不足会导致节点电压下降。

电压中枢点是指选择一些具有代表性的节点加以监控，中枢点的调压措施可以分为"逆调压"、"顺调压"和"恒调压"三种。

电压调整的基本措施为①调节励磁电流以改变发电机端电压 U_G。②适当选择变压器的电压比（k_1 和 k_2）。③改变线路的参数 X。④改变无功功率 Q 的分布。各种调电压措施要合理组合应用。

习　　题

5-1　选择题

1. 电力系统的有功功率电源是（　　　　）。

A. 发电机　　　　　　　B. 变压器　　　　　　　C. 静止补偿器　　　　D. 电容器

2. 发电机的单位调节功率可以表示为（　　　　）。

A. $K_\mathrm{G} = -\dfrac{\Delta f}{\Delta P_\mathrm{G}}$　　　　B. $K_\mathrm{G} = -\dfrac{\Delta P_\mathrm{G}}{\Delta f}$　　　　C. $K_\mathrm{G} = \dfrac{\Delta f}{\Delta P_\mathrm{G}}$　　　　D. $K_\mathrm{G} = \dfrac{\Delta P_\mathrm{G}}{\Delta f}$

3. 最小负荷时将中枢点的电压调低，最大负荷时将中枢点的电压调高，这种中枢点调压方式为（　　　　）。

A. 顺调压　　　　　　　B. 恒调压　　　　　　　C. 逆调压　　　　　　D. 以上都不是

4. 系统有功备用容量中，哪种可能不需要专门设置（　　　　）。

A. 负荷备用　　　　　　B. 国民经济备用　　　C. 事故备用　　　　　D. 检修备用

5. 逆调压是指（　　　）。

A. 高峰负荷时，低谷负荷时，将中枢点电压均调高

B. 高峰负荷时，将中枢点电压调低，低谷负荷时，将中枢点电压调高

C. 高峰负荷时，将中枢点电压调高，低谷负荷时，将中枢点电压调低

D. 高峰负荷时，低谷负荷时，将中枢点电压均调低

6. 电容器并联在系统中，它发出的无功功率与并联处的电压（　　　）。

A. 一次方成正比　　　　B. 二次方成正比　　　C. 三次方成正比　　　D. 无关

7. 借串联补偿电容器调压，可以（　　　）。

A. 抵偿线路感抗

B. 增大线路感抗

C. 有时抵偿线路感抗，有时增大线路感抗

D. 抵偿线路容抗

8. 以下（　　　）不是电力系统的无功功率电源。

A. 发电机　　　　　　　B. 变压器　　　　　　C. 静止补偿器　　　　D. 电容器

9. 负荷高峰时，流过变压器的功率（　　　），变压器的电压损耗（　　　）。

A. 最大，不变　　　　　　　　　　　　B. 最小，不变

C. 最大，最大　　　　　　　　　　　　D. 最小，最小

10. 改变变压器的电压比调压时，（　　　）。

A. 可以增加系统的无功功率输出

B. 减少系统的无功功率输出

C. 不改变无功功率需求的平衡状态

D. 可能增加也可能减少系统的无功功率输出

5-2　填空题

1. 电力系统要注意有功功率平衡，因为供给的有功功率不足时，会引起系统频率（　　　），反之则造成系统频率（　　　）。（填增加或减少）

2. 电力系统频率的一次调整是指（　　　）而自动控制发电机进行输出有功功率的调整。其特点是（　　　）。

3. 电力系统二次调频的基本原理是（　　　）使原动机的输出功率发生改变。

4. 电力系统在稳态运行时必须保持无功功率的平衡，电力系统供给的无功功率不足会导致节点电压（　　　）。

5. 列举三种电力系统中的无功功率电源（　　　）。

6. 电力系统的电压中枢点是指（　　　）。

7. 电力系统的综合负荷通常是（　　　）（填感性，阻性，容性），即其 Q（　　　）（大于零，等于零，小于零）。

8. 静止无功补偿器在低压供配电系统中可应用于（　　　）（写出三种以上的应用）。

9. 无功功率应就地补偿，我国规定：以 35kV 及以上电压等级直接供电的工业负荷，功率因数（　　　），对其他负荷，功率因数（　　　）。

10. 我国规定允许的频率范围为（   ）。电力系统各节点的电压偏移范围为（   ）U_n。

5-3 简答题

1. 发电厂主要有哪几类？各类电厂有什么特点？

2. 什么是电力系统负荷的有功功率–频率静态特性？什么是发电机组的有功功率-频率静态特性？

3. 简述电力系统的电压调整可采用哪些措施？

4. 试简要说明电容器作为无功电源并联于系统中的优、缺点？

5. 简述中枢点的三种主要调压方式。

5-4 计算题

1. 设电力系统中各发电机组的容量和它们的单位调节功率标幺值为

水轮机组：100MW/台×2 台，$K_{G*} = 25$

汽轮机组：300MW/台×3 台，$K_{G*} = 16$

负荷的单位调节功率 $K_{L*} = 1.5$，系统总负荷为 1000MW，试计算：

1）全部机组都参加调频时电力系统的单位调节功率和频率下降 0.15Hz 系统能够承担的负荷增量。

2）汽轮机组已满载，仅水轮机组参加调频时电力系统的单位调节功率和频率下降 0.2Hz 系统能够承担的负荷增量。

2. 如图 5-21 所示的两个子电力系统通过联络线互联，正常运行时 $\Delta P_{AB} = 0$，各子系统的额定容量和一次调频单位调节功率及负荷增量如下：

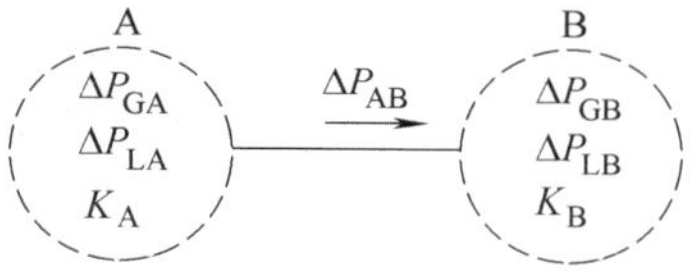

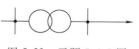

图 5-21 习题 5-4.2 图

A 系统：额定容量 1500MW，$K_{GA} = 800MW/Hz$，$K_{LA} = 50\ MW/Hz$，$\Delta P_{LA} = 100MW$

B 系统：额定容量 2000MW，$K_{GB} = 800MW/Hz$，$K_{LB} = 40\ MW/Hz$，$\Delta P_{LB} = 50MW$

求在下列情况下频率的变化量和联络线功率 ΔP_{AB}

1）只有 A 系统参加一次调频，而 B 系统不参加一次调频。

2）A、B 两子系统都参加一次调频。

3）A、B 两子系统都增发 50MW（二次调频），且都有一次调频。

3. 图 5-22 所示的 110kV 降压变电所，归算至高压侧的变压器的阻抗为 4+j50Ω，电压比为 110/11，变压器高压侧电压在最大负荷时为 112kV，在最小负荷时为 115kV，其最大负荷时输出功率为（24+j16）MV·A，最小负荷时输出功率为（18+j10）MV·A，试计算低压侧实际电压的运行范围。

4. 有一降压变压器归算到高压侧的阻抗为（2.4+j40）Ω，变压器的额定电压为 110±2×2.5%/6.3kV。在最大负荷时，变压器高压侧通过功率为（28+j14）MV·A，高压母线侧电压为 113kV，低压母线侧要求电压大于 6kV，在最小负荷时，变压器高压侧通过功率为（10+j8）MV·A，高压母线侧电压为 115kV，低压母线侧要求电压小于 6.6kV，试选择该变压器的分接头。

图 5-22 习题 5-4.3 图

5. 简单电力系统及其等效电路如图 5-23 所示，变压器励磁支路和线路电容忽略不计，线路归算到 110kV 级的 Z = $(18+j80)\Omega$，变压器 T1 归算到高压端的 Z_T = $(3+j40)$ Ω，最大负荷时输入功率为 $(20+j18)$ MV·A，最小负荷时输入功率为 $(10.5+j10)$ MV·A。已知供电点 A（归算到高压侧）的电压为 117kV，且维持不变，降压变压器 T_2 低压母线侧 C 点电压要求保持为 10.4kV，试配合降压变压器 T_2 的分接头（110±2×2.5%）选择，确定在变压器 T_2 的应装设的无功补偿设备容量：

1）采用静电电容器。

2）采用 α = 0.5 的同步调相机

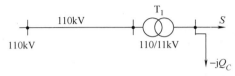

图 5-23　习题 5-4.5 图

第6章

电力系统三相短路故障分析

前面的讨论都是基于电力系统处于正常工作的状态，通常称为稳态，本章起将讨论如果电力网从一种运行状态切换到另一种运行状态，会有什么样的过渡过程（称为暂态）。因为由故障引起的暂态过程在什么时候发生是不能预测的，所以通过对故障的分析求出暂态过程中电路的参数变化，并选择相关的保护设备和措施是十分必要的。

6.1 电力系统故障概述

6.1.1 电力系统故障原因及分类

电力系统在运行时可能受到各种扰动，例如负荷切换以及系统内个别元件的绝缘老化引起不同相之间或相线与地线之间发生短路等，这些扰动如果使电力系统不能正常运行，就称为电力系统故障。如果电力系统中只有某一处发生故障称为简单故障，如果有两个以上的简单故障同时发生，则称为复杂故障，本书只讨论简单故障。

电力系统可能发生的故障主要可分为短路故障和断相故障。短路故障属于横向故障，其中发生概率最大的是单相短路故障。短路是指一切不正常的相与相之间或相与地（或中线）之间发生导通的情况。因为短路故障引起的短路电流要比电力系统正常运行时的电流大得多，其冲击效应和热效应都会对电气设备造成损害，同时短路故障改变了电力系统的网络结构，因此对发电机的输出功率都有影响，严重时可造成发电机组之间的失步，使电力系统失去稳定。

发生短路故障的原因很多，常见的有：①元件的绝缘自然老化发展成短路。②因雷击或过电压引起电弧放电，风、雪等自然灾害引起电杆倒塌。③违规操作。④其他，如鸟兽等跨接裸露导线等造成的短路。

发生短路故障时可能产生以下后果：

1）通过短路点的短路电流和所燃起的电弧使短路点的元件发生故障甚至损坏。

2）短路电流通过非故障设备时，由于发热和电动力作用，引起它们使用寿命缩短甚至损坏。

3）电力系统中部分地区的电压大大降低，使大量电力用户的正常工作遭到破坏。

4）破坏电力系统中各发电厂之间并列运行的稳定性，引起系统振荡甚至使系统崩溃。

短路故障又可以分为三相接地故障，用 $K^{(3)}$ 表示；单相接地故障，用 $K^{(1)}$ 表示；两相短接故障，用 $K^{(2)}$ 表示；两相接地短路故障，用 $K^{(1,1)}$ 表示。在三相交流电力系统发生的各种短路故障中，单相接地短路故障所占的比例最高，其次为两相短路故障，两相短路接地故障，三相短路故障发生的概率最小。电力系统短路故障大多数发生在架空线路部分，约占70%以上。表6-1给出2002年我国220kV电网输电线路各种类型故障发生的次数和百分比。从表中可以看到单相接地故障占88.7%。

表 6-1　2002 年我国 220kV 电网输电线路故障统计表

故障类型	三相短路	两相短路	两相接地	单相接地	其他故障
故障次数	17	28	91	1319	32
故障百分比	1.14%	1.88%	6.12%	88.7%	2.16%

断相故障主要有断一相故障和断两相故障，断相故障属于纵向故障。

在这些故障中，三相短路故障虽然很少发生，但情况比较严重，且三相短路时电力系统仍是三相对称的，称为对称故障，分析比较容易，因此对三相短路的研究有十分重要的意义。本章先分析三相短路故障，为其他类型（均为不对称的）故障的分析打下基础。

6.1.2　短路计算的简化

电力系统出现短路故障时，其主要特征是短路电流非常大，为了能在工程实用要求的准确度范围内迅速计算短路电流，在计算短路电流时可以采用如下简化：

1）不计入发电机间的摇摆现象和磁路饱和。

2）假设发电机是对称的，不对发电机作过细的讨论，只用次暂态电动势 E''_G 和次暂态电抗 X'' 来表示发电机。

3）因为短路电流很大，远大于稳态时的正常电流，相比之下可以忽略变压器的对地导纳（即忽略其励磁支路）。

4）忽略电力线路的对地电容，在高压电网（110kV 及 110kV 以上）忽略电力线路的电阻。

这样简化后可以大大减小短路分析的工作量，尤其是手工计算时更有必要。

6.2　无限大容量电源供电的电力系统三相短路

6.2.1　无限大容量电源的概念

电力系统发生三相短路时，短路电流由系统中的发电机提供，通常电力系统比较复杂，其中含有很多发电机和各条支路，这时要准确地求出短路时各支路电流的大小和变化规律是相当困难的，因此先考虑这样一种情况，当短路点距电力系统的各电源的电气距离都很远时，由于短路引起的电源送出的功率变化 $\Delta \tilde{S}$（$\Delta \tilde{S} = \Delta P + j\Delta Q$）远小于电源的总容量 $\tilde{S}$（$\tilde{S} = P + jQ$）时，可以近似认为此时无论短路电流多大，电力系统的电源都能输出且电源的端电压和频率仍保持不变，我们把这样的电源称为无限大容量电源，用 S_∞ 表示。

无限大容量电源是一个理想概念。实际上，是以供电电源（系统）的内阻抗与短路回路的总阻抗的大小来判断无限大容量电源的。当供电电源的内阻抗远小于短路回路总阻抗时，则可认为供电电源是无限大容量电源，可以用理想电压源表示。

根据无限大容量电源供电的电力系统特点——电源的端电压和频率在短路后的暂态过程中保持不变，所以，在分析这种电力系统的短路暂态过程中，就可以不考虑电源内部的变化，这样问题的分析就简单多了。

6.2.2 无限大容量电源供电的三相短路电流分析

图6-1为一由无限大容量电源供电的简单三相电路，其负荷为恒定负荷，在 K 点出现三相短路故障。

设在短路发生前，电路处于稳定状态，因为电路是三相对称的，所以可以只求出其中一相（这里选 a 相，为简洁不加下标）的电压、电流表达式，即

$$u = U_m \sin(\omega t + \theta) \tag{6-1}$$

式中 ω 为交流电源的角频率，θ 为初相位角。

$$i = I_m \sin(\omega t + \theta - \varphi) \tag{6-2}$$

其中

$$I_m = \frac{U_m}{\sqrt{(R_1 + R_2)^2 + \omega^2 (L_1 + L_2)^2}} \tag{6-3}$$

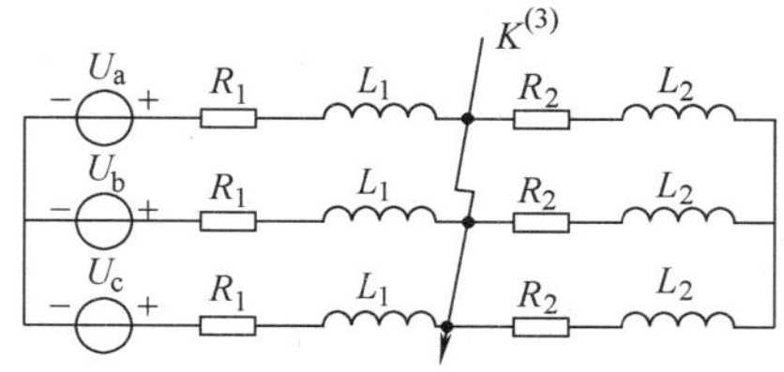

图 6-1　无限大容量电源供电的三相短路电路

$$\varphi = \arctan\left(\frac{\omega(L_1 + L_2)}{R_1 + R_2}\right) \tag{6-4}$$

式中，φ 为短路前电路的阻抗角，$R_1 + R_2$、$L_1 + L_2$ 分别为短路前每相电路的电阻和电感。

为简单起见，设 $t = 0$ 时短路，则有合闸相角 α 恰为短路瞬间 a 相电压的初相位角 θ。（可以思考一下，若取 $t = t_1$ 时短路，则合闸相角 $\alpha = \omega t_1 + \theta$，则后面讨论时所有的时间轴都平移，表示比较麻烦。）

当 $t = 0$ 时 K 点出现三相短路后，图6-1的电路被分成两个独立的回路，左边的电路仍与电源相连接，而右边的电路则变成不含电源的短路回路。

在短接的右边回路中，根据电路的换路定则，流过电感的电流不能突变，因此电流将从短路发生瞬间的初始值按指数规律衰减到零。在这个衰减过程中，电感中所储存的磁场能量全部转化为热能。

在与电源相连接的左边回路中，每相电路的阻抗从原来的 $R_1 + R_2 + j\omega(L_1 + L_2)$ 变成短路后的 $R_1 + j\omega L_1$，因为是无限大容量供电系统，所以电路最后趋于新的稳态。

由图6-1可以看出三相短路后电路仍然是三相对称的，所以只研究其中一相（这里仍选 a 相），根据基尔霍夫电压定律（KVL），对左边回路，在 $t \geq 0$ 时有

$$R_1 i + L_1 \frac{di}{dt} = U_m \sin(\omega t + \alpha) \tag{6-5}$$

式（6-5）的解就是短路电流，它由两部分组成，$i = i_\omega + i_\alpha$。

第一部分是式（6-5）的特解，它与外加的电源电压有相同的变化规律，也是恒幅值的正弦交流电流，代表短路电流的强制分量，实质上是新的稳态电流，记为 i_ω，可以从左边的电路中直接求出：

$$i_\omega = I_{\omega m} \sin(\omega t + \alpha - \varphi_\omega) \tag{6-6}$$

其中

$$I_{\omega m} = \frac{U_m}{\sqrt{R_1^2 + \omega^2 L_1^2}} \tag{6-7}$$

$$\varphi_\omega = \arctan\left(\frac{\omega L_1}{R_1}\right) \tag{6-8}$$

第二部分是式（6-5）所对应的齐次方程的一般解：

$$R_1 i + L_1 \frac{di}{dt} = 0 \tag{6-9}$$

这个齐次解代表短路电流的自由分量。它与外加的电源电压无关，它是按指数规律衰减的直流，称为非周期分量，用 i_α 表示。

$$i_\alpha = C e^{-t/\tau} \tag{6-10}$$

其中 C 为积分常数，要由电路的初始值确定，$\tau = \dfrac{L_1}{R_1}$，为暂态过程的时间常数。

这样式（6-5）的解即短路电流可以表示为

$$i = i_\omega + i_\alpha = I_{\omega m}\sin(\omega t + \alpha - \varphi_\omega) + C e^{-\frac{t}{\tau}} \tag{6-11}$$

现在由电路的初始条件来确定积分常数 C，由换路定则知，电感中的电流不能突变，即在 $t = 0$ 时，有 $i(0_+) = i(0_-)$，所以分别用 $t = 0$ 代入式（6-2）和式（6-11）有

$$I_m \sin(\alpha - \varphi) = I_{\omega m}\sin(\alpha - \varphi_\omega) + C \tag{6-12}$$

求得

$$C = I_m \sin(\alpha - \varphi) - I_{\omega m}\sin(\alpha - \varphi_\omega)$$

最终求出了短路后 a 相电流的完整表达式

$$i = I_{\omega m}\sin(\omega t + \alpha - \varphi_\omega) + [I_m\sin(\alpha - \varphi) - I_{\omega m}\sin(\alpha - \varphi_\omega)]e^{-\frac{t}{\tau}} \tag{6-13}$$

式（6-13）表示，非周期分量电流 i_α 的最大值由多个因数决定，其中的电流幅度 I_m、$I_{\omega m}$，阻抗角 φ、φ_ω 都由电路中的元件参数决定，对一个具体的电路，是一个确定的值，但式中的合闸相角 α 与短路的时刻有关，在不同的时刻短路，α 的值是不同的。从而导致非周期分量电流 i_α 的最大值也不相同。为进行短路前后的对比，图6-2所示为 $t' = 0.02\text{s}$ 短路时电路短路前后的电流波形。取 $t = t' - 0.02$，作时间轴的平移，得到式（6-2）表示的短路前的电流波形和式（6-11）表示的短路后的电流波形，可以看到在短路瞬间（$t = 0$ 即 $t' = 0.02\text{s}$）电路中的电流没有突变。

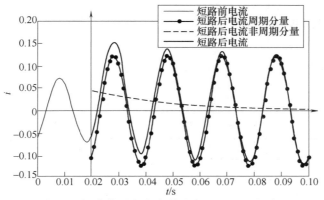

图6-2 短路前后电流波形（在 $t' = 0.02\text{s}$ 短路）

短路电流各分量之间的关系可以用相量图来表示（如图6-3所示），根据正弦量用旋转相量表示的定义方法，图中旋转相量 $\dot{U}_m$、$\dot{I}_m$、$\dot{I}_{\omega m}$ 在纵轴上的投影分别表示电源电压，短

路前 a 相电流和短路后 a 相电流的瞬时值。

图 6-3 所示为 $t = 0$ 时刻各相量的位置，这时，短路前电流 $\dot{I}_{\mathrm{m}}$ 在纵轴上的投影为 $i(0_-)$，而短路后电流周期相量 $\dot{I}_{\omega\mathrm{m}}$ 在纵轴上的投影为 $i_\omega(0_+)$，一般情况下，$i(0_-) \neq i_\omega (0_+)$，因为流过电感的电流不能突变，电路中必然产生一个非周期电流分量，其初值应等于 $i(0_-)$ 与 $i_\omega(0_+)$ 的差值。从相量图上可以看到，在短路发生的瞬间，相量差 $\dot{I}_{\mathrm{m}} - \dot{I}_{\omega\mathrm{m}}$ 在时间轴上的投影就等于非周期电流分量的初值 $i_\alpha(0_+)$。因此，在电路的结构参数确定后（即 φ 和 φ_ω 确定），短路电流非周期分量初值的大小与短路发生的时刻有关，也就是说与合闸相角 α 有关，当相量差 $\dot{I}_{\mathrm{m}} - \dot{I}_{\omega\mathrm{m}}$ 与纵轴平行时，$i_\alpha(0_+)$

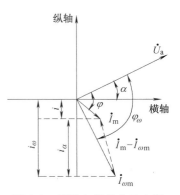

图 6-3　短路电流各分量之间的关系（$t = 0$ 时刻）

最大，而当相量差 $\dot{I}_{\mathrm{m}} - \dot{I}_{\omega\mathrm{m}}$ 与纵轴垂直时，$i_\alpha(0_+) = 0$，这时，短路电流中不含非周期分量，即在短路发生的瞬时，短路前电流正好等于短路后电流周期分量 $i(0_-) = i_\omega(0_+)$，电路直接从一种稳态进入另一种稳态，没有暂态过程。

上面讨论的是一相（a 相）的情况，根据三相对称电路的特点，还可以写出短路后 b、c 两相电流的表达式

$$i_b = I_{\omega m} \sin(\omega t - 120° + \alpha - \varphi_\omega) + [I_m \sin(\alpha - 120° - \varphi) - I_{\omega m} \sin(\alpha - 120° - \varphi_\omega)] e^{-\frac{t}{\tau}}$$

$$i_c = I_{\omega m} \sin(\omega t + 120° + \alpha - \varphi_\omega) + [I_m \sin(\alpha + 120° - \varphi) - I_{\omega m} \sin(\alpha + 120° - \varphi_\omega)] e^{-\frac{t}{\tau}}$$

可以看到，三相短路时，只有短路电流的周期分量是三相对称的，而各相短路电流的非周期分量是不对称的，虽然它们的电路参数是相同的，但它们的合闸相角分别为 $\alpha - 120°$ 和 $\alpha + 120°$，可见非周期分量为最大值或零值的情况只可能在一相出现。

例 6-1　已知图 6-1 所示电路中，已知三相对称电源的 $u_a = 10\sqrt{2} \sin(2\pi50t)$ kV，$R_1 = R_2 = 10\Omega$，$L_1 = L_2 = 10$mH，则

1）设 $t = 0$ 时短路（即在 a 相电压瞬时值为零时短路）。

2）设 $t = 0.005$s 时短路。

3）设 $t = 0.01$s 时短路。

求各相的合闸相角，短路后电流的周期分量有效值，各相的非周期分量初值，时间常数。

解：由前面讨论所得的公式，列表给出计算结果，见表 6-2。

表 6-2　例 6-1 计算结果列表

	合闸相角/度			I_ω/kA	$i_\alpha(t_+)$/kA			τ/s
	A	B	C		A	B	C	
$t = 0$ 时短路	0	-120	120	0.9995	0.0157	-0.4404	0.4247	0.05
$t = 0.005$s 短路	45	-75	165	0.9995	-0.3421	-0.1444	0.4865	0.05
$t = 0.01$s 短路	90	-30	-150	0.9995	-0.4995	0.2362	0.2633	0.05

因此在不同时刻短路时，合闸相角不同，且各相电流的非周期分量初值不同。

6.2.3 短路冲击电流

由图 6-2 可见，短路电流包括周期分量和非周期分量两部分，电流的波形不再对称于时间轴了，而且短路电流的最大瞬时值与电路结构参数、合闸相角都有关系。因为短路电流在电气设备中产生的最大机械应力与该短路电流的最大瞬时值的二次方成正比，为了选择适当的电气设备，必须知道可能出现的最大短路电流的瞬时值。

短路电流可能出现的最大瞬时值称为冲击电流，用 i_{imp} 表示。下面分析在什么情况下，什么时刻（合闸相角）短路可能出现最大的短路电流瞬时值。

当电路参数一定时，短路电流周期分量的幅值是一定的，因此，非周期分量电流的初值越大。暂态过程中短路电流的最大瞬时值也越大。由前面讨论知，出现短路电流的非周期分量最大初值的条件是：

1) 相量差 $\dot{I}_m - \dot{I}_{\omega m}$ 有最大可能值。

2) 相量差 $\dot{I}_m - \dot{I}_{\omega m}$ 在 $t=0$ 时与纵轴平行。

在电感性电路中，符合上述条件的情况是：电路原处于空载，即 $i(0_-)=0$ 则 $\dot{I}_m=0$，并假设短路后回路的感抗远大于电阻，则有阻抗角 $\varphi_\omega = 90°$，且短路时合闸相角 $\alpha=0$。

用 $\dot{I}_m=0$，$\varphi_\omega = 90°$，合闸相角 $\alpha=0$ 代入式（6-13），得出现短路电流的非周期分量最大初值的短路后电流波形表达式：

$$i = I_{\omega m} \sin(\omega t - 90°) + I_{\omega m} e^{-\frac{t}{\tau}} \tag{6-14}$$

这时短路电流的波形图如图 6-4 所示，从图中可见，短路电流的最大瞬时值在短路发生后约半个周期时出现，我国的工频是 50Hz，也就是约在短路发生后的 0.01s 时，将 $t = t' -0.02 = 0.01s$ 代入式（6-14），由此可求出冲击电流的大小为

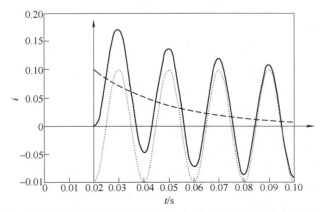

图 6-4 非周期分量有最大可能值时的短路电流波形（$t'=0.02s$ 短路）

$$i_{imp} = I_{\omega m} \sin(\omega(0.01) - 90°) + I_{\omega m} e^{-\frac{0.01}{\tau}} = (1 + e^{-\frac{0.01}{\tau}}) I_{\omega m} = K_{imp} I_{\omega m} \tag{6-15}$$

式中 $K_{imp} = 1 + e^{-\frac{0.01}{\tau}}$ 称为冲击系数，它与暂态过程的时间常数有关，即与短路后电路中的电抗与电阻的比值有关，当时间常数 τ 从 0 变化到 ∞ 时，冲击系统 K_{imp} 的变化范围为 $1 \leq K_{imp} \leq 2$，在实用计算中，当短路发生在发电机端低压母线侧时，取 $K_{imp} = 1.9$；当短路发生在发电

机高压母线侧时，取 $K_{imp} = 1.85$；一般情况下，短路发生在其他地点时，取 $K_{imp} = 1.8$。此时冲击电流为

$$i_{imp} = 1.8 I_{\omega m} = 2.55 I_{\omega} \tag{6-16}$$

6.2.4　短路电流的最大有效值和短路功率

1. 最大有效值的估算

在检验电气设备的断流能力和耐力强度时，还要计算短路电流的最大有效值。从有效值的定义可知，在短路过程中，任一时刻的短路电流有效值 I_t 是指以时刻 t_0 为中心的一个周期内瞬时电流的均方根值。

$$I_t = \sqrt{\frac{1}{T}\int_{t_0-\frac{T}{2}}^{t_0+\frac{T}{2}} i^2 \mathrm{d}t} = \sqrt{\frac{1}{T}\int_{t_0-\frac{T}{2}}^{t_0+\frac{T}{2}} (i_{\omega}^2 + i_{\alpha}^2) \mathrm{d}t} \tag{6-17}$$

在无穷大容量电源供电的电力系统中，短路电流周期分量的幅值是恒定的，而短路电流非周期分量是随时间衰减的。在近似计算中，假设短路电流的非周期分量在一个周期内恒定不变，近似等于其中心点 t 时刻的瞬时值即 $I_{\alpha} = i_{\alpha}(t = t_0)$，于是式（6-17）就简化成

$$I_t = \sqrt{I_{\omega}^2 + I_{\alpha}^2} \tag{6-18}$$

从图 6-4 可见，短路电流可能出现的最大有效值出现在以冲击电流 i_{imp} 为中心（即 $t = 0.01s$ 的瞬时值为中心）的一个周期内，这个周期内 $I_{\alpha} = i_{\alpha}(t = 0.01) = i_{imp} - I_{\omega m}$，所以短路电流的最大有效值用 I_{imp} 表示，代入式（6-18）得

$$I_{imp} = \sqrt{I_{\omega}^2 + I_{\alpha}^2} = \sqrt{I_{\omega}^2 + [(K_{imp} - 1)\sqrt{2} I_{\omega}]^2} \tag{6-19}$$

当冲击系统 K_{imp} 在 $1 \leq K_{imp} \leq 2$ 的范围内变化时，短路电流的最大有效值在 $I_{\omega} \leq I_{imp} \leq \sqrt{3} I_{\omega}$ 范围内变化，一般情况下取 $K_{imp} = 1.8$，有

$$I_{imp} = 1.52 I_{\omega} \tag{6-20}$$

2. 短路功率的估算

在选择电气设备时，有时要估算短路功率（也叫短路容量），严格说，某一相（例如 a 相）的短路功率定义为在短路瞬间（$t = 0_-$）短路点的工作电压有效值 $U_k(0_-)$ 与短路后短路电流有效值 I_t 的乘积，即

$$S_{kta} = U_k(0_-) I_t \tag{6-21}$$

在三相短路时，因为各相的合闸相角并不相同，所以各相的非周期分量的初始值并不相同，即同一时刻各相的非周期分量的有效值也不相同，具体计算比较麻烦。

因为三相短路功率主要用来校验断路器的切断能力，要求短路时，断路器一方面能切断这么大的短路电流，另一方面断路器断开时其触头还要能经受工作电压的作用，所以在实际中，可以取三相中最大的非周期分量的有效值代入，求出短路电流的有效值 I_t 和短路点的额定电压（有时也可以用平均额定电压）来估算三相短路功率

$$S_{kt} = \sqrt{3} U_N I_t \tag{6-22}$$

作为估算，在采用标幺值表示时，若取电压基准量 $U_B = U_N$，则

$$S_{kt*} = \frac{\sqrt{3} U_N I_t}{\sqrt{3} U_B I_B} = I_{t*} \tag{6-23}$$

短路功率的标幺值就等于短路电流有效值的标幺值。

因为短路电流的有效值随时间衰减，由式（6-23）可以看到，短路功率也随时间衰减，在实用计算中再作近似，求短路功率的有效值 I_t 时，一般只计短路电流中周期分量的有效值，即 $I_t \approx I_\omega$，则三相短路功率为

$$S_{kt} = \sqrt{3U_N}I_\omega = I_{\omega *} S_B \tag{6-24}$$

式（6-24）为实际计算中采用的求三相短路功率的公式，其中短路点的额定电压也可以用平均额定电压代替进行近似估算。

从前面的分析可以看到，只要求出短路电流的周期分量，就可以直接估算出电路短路时的冲击电流，短路电流的最大有效值和短路功率。

例 6-2 设由无限大容量电源供电的电力系统（部分），如图 6-5 所示。当空载运行时变压器的低压母线侧发生三相短路。试求：短路电流的周期分量 I_ω、冲击电流 i_{imp}，短路电流的最大有效值和短路功率。

解：设 $S_B = 100\text{MV} \cdot \text{A}$，电压基准值取 110kV 级额定电压即 $U_B = U_N$

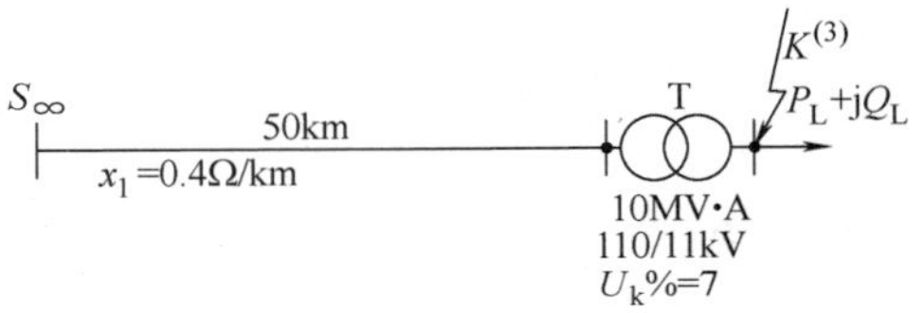

（1）求各元件参数标幺值（近似计算时，线路电阻和变压器的电阻导纳均不计）

图 6-5 无限大容量电源供电的电力系统
三相短路示意图

线路电抗：$X_{1*} = 50 \times 0.4 \times \dfrac{S_B}{U_B^2} = 50 \times 0.4 \times \dfrac{100}{110^2} = 0.165$

变压器电抗：$X_{2*} = \dfrac{U_k\%}{100} \times \dfrac{U_N^2}{S_N} \times \dfrac{S_B}{U_B^2} = \dfrac{7}{100} \times \dfrac{S_B}{S_N} = \dfrac{7}{100} \times \dfrac{100}{10} = 0.7$

电源电压：$U_* = \dfrac{U_N}{U_B} = 1$

于是可以画出图 6-5 所示电力系统归算到 110kV 级的等效电路图，如图 6-6 所示。

（2）在变压器高压侧短路电流周期分量标幺值：

$$I_{\omega *} = \frac{U_*}{X_{1*} + X_{2*}} = \frac{1}{0.165 + 0.7} = 1.156$$

图 6-6 等效电路图

归算到变压器低压侧短路电流周期分量为

$$I_\omega = I_{\omega *} \times I_B \times \frac{1}{K} = 1.156 \times \frac{S_B}{\sqrt{3}U_B} \times \frac{1}{11/110}\text{kA} = 1.156 \times \frac{100}{\sqrt{3} \times 110} \times \frac{110}{11}\text{kA} = 6.067\text{kA}$$

更近似，取 $U_n \approx U_{nav}$，变压器的电压比近似成两端平均额定电压之比，则可以直接用低压侧的平均额定电压作为基准量求出变压器低压侧的短路电流周期分量为

$$I_\omega = I_{\omega *} \times I_B = 1.156 \times \frac{100}{\sqrt{3} \times 10.5}\text{kA} = 6.356\text{kA}$$

（3）取 $K_{imp} = 1.8$，得冲击电流

$$i_{imp} = 1.8 I_{\omega m} = 2.55 \times 6.356\text{kA} = 16.208\text{kA}$$

短路电流的最大有效值

$$I_{imp} = 1.52 I_\omega = 1.52 \times 6.356 \text{kA} = 9.661 \text{kA}$$

短路功率

$$S_{kt} = I_{\omega *} S_B = 1.156 \times 100 \text{MV} \cdot \text{A} = 115.6 \text{MV} \cdot \text{A}$$

例 6-3 在图 6-7 所示的电力系统接线图中,当降压变压器 10.5kV 母线上发生了三相短路时,可将供电系统视为无限大容量电源,求短路点的冲击电流,短路电流最大有效值和短路功率。

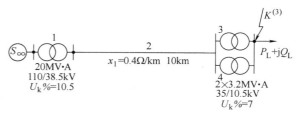

图 6-7 三相短路计算用电力系统图

解: 取 $S_B = 100 \text{MV} \cdot \text{A}$,各级电压的基准值为各电压级的平均额定电压。

(1) 求各元件参数标幺值(近似计算时,线路电阻和变压器的电阻导纳均不计)

变压器 T_1 电抗:
$$X_{1*} = \frac{U_k \%}{100} \times \frac{S_B}{S_N} = \frac{10.5}{100} \times \frac{100}{20} = 0.525$$

线路电抗:
$$X_{2*} = 0.4 \times 10 \times \frac{S_B}{U_B^2} = 0.4 \times 10 \times \frac{100}{37^2} = 0.292$$

变压器 T_2、T_3 的电抗: $X_{3*} = X_{4*} = \frac{U_k \%}{100} \times \frac{S_B}{S_N} = \frac{7}{100} \times \frac{100}{3.2} = 2.19$

电源电压: $U_* = \frac{U_N}{U_B} = 1$

作出等效电路图,如图 6-8 所示,并求出短路回路的等效电抗为

$$X_{\Sigma *} = 0.525 + 0.292 + \frac{1}{2} \times 2.19 = 1.912$$

(2) 短路电流周期分量的有效值为

$$I_{\omega *} = \frac{U_*}{X_{\Sigma *}} = \frac{1}{1.912} = 0.523$$

$$I_\omega = I_{\omega *} \times I_B = 0.523 \times \frac{100}{\sqrt{3} \times 10.5} \text{kA} = 2.88 \text{kA}$$

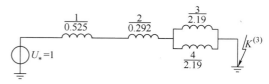

图 6-8 用标幺值表示的等效电路图

(3) 取 $K_{imp} = 1.8$,得冲击电流

$$i_{imp} = 1.8 I_{\omega m} = 2.55 \times 2.88 \text{kA} = 7.34 \text{kA}$$

短路电流的最大有效值

$$I_{imp} = 1.52 I_\omega = 1.52 \times 2.88 \text{kA} = 4.38 \text{kA}$$

短路功率

$$S_{kt} = I_{\omega *} S_B = 0.523 \times 100 \text{MV} \cdot \text{A} = 52.3 \text{MV} \cdot \text{A}$$

从上面的例题可以总结出无限大电源供电的电力系统三相短路解题的步骤如下:

1) 取 $S_B = 100 \text{MV} \cdot \text{A}$,各级电压的基准值为各电压级的平均额定电压。

2) 求各元件参数标幺值,画出等效电路图并化简,求出 $X_{\Sigma *}$。

3) 求出短路电流周期分量的有效值。

$$I_{\omega*} = \frac{1}{X_{\Sigma*}}, \quad I_\omega = I_{\omega*} \frac{S_B}{\sqrt{3}\, U_B}$$ （注意这里要选短路点所在电压级的电压基准值）

三相短路时电力系统各点的电压仍是三相对称的，短路电流的周期分量也是三相对称的。

4）取 $K_{imp} = 1.8$，求出冲击电流、短路电流的最大有效值、短路功率。

$$i_{imp} = 1.8 I_{\omega m} = 2.55 I_\omega$$

$$I_{imp} = 1.52 I_\omega$$

$$S_{kt} = I_{\omega*} S_B$$

这里介绍的是短路电流的简易求法，它不计线路和变压器的电阻和导纳，是纯电抗电路，在短路电流的实用计算中，普遍使用这种简化，求出的短路电流误差不大。但必须指出，在电力系统的稳态分析和稳定性分性中，不允许使用这些简化，各变压器必须用实际的电压比，各元件必须用它本身的额定电压进行计算。

6.3　电力系统三相短路的实用计算

电力系统实际供电的电源容量总是有限的，对这种由有限容量电源（主要是发电机）供电的电力系统，出现三相短路时其短路电流的周期分量的有效值也是衰减的，因此要准确求解比较困难。目前采用的是一种实用的计算方法，把计算分成两个部分：第一部分是先计算在短路的瞬间（$t = 0_+$）短路电流的周期分量有效值。严格意义上说，这部分电流不能称为周期分量，因为其幅值在衰减，所以通常称为起始次暂态电流，其有效值一般用 I'' 表示。主要用于校验断路器的断开容量和继电保护的整定计算。第二部分则考虑周期分量有效值随时间的衰减，即 $t>0$ 以后不同时刻短路电流周期分量有效值的计算，这一部分采用的是查运算曲线图进行估算，主要用于电气设备的热稳定性校验和继电保护整定计算，将在6.4节讨论。

起始次暂态电流 I'' 的含义是假设在电力系统三相短路后第一个周期内短路电流的周期分量的衰减可以忽略不计，因此求得的第一个周期的短路电流周期分量的有效值即为起始次暂态电流 I''，也称（$t = 0_+$）短路电流周期分量有效值。

6.3.1　确定系统各元件的次暂态参数

计算起始次暂态电流 I'' 时，电力系统中所有静止元件（如电力线路和变压器）的参数都与其稳态参数相同，但旋转电机（如发电机、电动机和同步调相机）的次暂态参数不同于其稳态参数，这里进行讨论。

起始次暂态电流的计算假设条件如下：

（1）对所计算的各同步发电机（包括同步调相机）均认为是理想同步发电机，其等效电路如图6-9所示，其中次暂态电抗 X'' 作为其等效电抗，由电机学的知识可知，这里作了很多简化，这个假设对隐极式发电机和有阻尼绕组凸极发电机是接近实际的，对于无阻尼绕组凸极发电机则有一些误差，但所引起的误差在允许的范围内。

（2）电路中的等效电动势为次暂态电动势 $\dot{E}''$，并认为在短路的瞬间，次暂态电动势不会突变，即 $\dot{E}''(0_+) = \dot{E}''(0_-)$，因此如果已知短路前（稳态时）发电机的机端电压 $\dot{U}$，发电机的输出电流 $\dot{I}$，就可以求出

$$\dot{E}''(0_+) = \dot{U}(0_-) + j\dot{I}(0_-)X'' \tag{6-25}$$

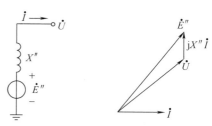

图6-9　发电机等效电路及其相量关系

如果不知同步发电机短路前的运行参数，则认为其标幺值 $E''_*(0_+)$ 在 $1.05 \sim 1.1$ 范围内，在电力系统估算中，可近似取其标幺值 $E''_*(0_+) = 1$。

（3）一般的负荷可假设为恒定阻抗，一般电力系统中用 $P_L + jQ_L$ 表示输出功率，则有

$$R_L = \frac{U^2_{(0_-)}}{P_L}, X_L = \frac{U^2_{(0_-)}}{Q_L}$$

当负荷电流比短路电流小得多时，短路点以外的负荷电流可忽略不计，即视作开路。

（4）电力系统的负荷中包含了很多异步电动机，当短路点附近有大量电动机时，则要计及电动机反馈电流的影响。在正常运行情况下，异步电动机转差率很小（$s = 0.02 \sim 0.05$），可以近似把异步电动机当作同步运行，正常运行时异步电动机也可以用次暂态电动势 $\dot{E}''_M$ 和相应的次暂态电抗 X''_M 来表示，异步电动机的等效电路如图6-10所示，其次暂态电抗 X''_M 的额定标幺值可以由异步电动机的起动电流标幺值确定，即

$$X''_{M*} = \frac{1}{I_{st*}} \tag{6-26}$$

一般情况下异步电动机的起动电流是其额定电流的 $5 \sim 7$ 倍，因此用异步电动机的额定电流作为电流的基准量，则可近似取异步电动机的次暂态阻抗标幺值 $X''_{M*} = 0.2$。此外，很多电动机要通过配电变压器和馈线接入电网，配电变压器和馈线的电抗标幺值可取经验数据（归算到异步电动机为0.15），这时异步电动机的电抗为 $X''_* = 0.35$。

电路中的等效电动势为次暂态电动势 $\dot{E}''_M$，并认为在短路的瞬间，次暂态电动势不会突变，即 $\dot{E}''_M(0_+) = \dot{E}''_M(0_-)$，因此如果已知短路前（稳态时）的电动机的机端电压 $\dot{U}(0_-)$，电动机的输出电流 $\dot{I}(0_-)$，就可以求出异步电动机的次暂态电动势

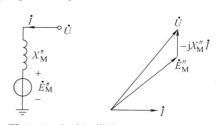

图6-10　电动机等效电路及其相量关系

$$\dot{E}''_M(0_+) = \dot{E}''_M(0_-) = \dot{U}(0_-) - j\dot{I}(0_-)X''_M \tag{6-27}$$

如果不能准确知道异步电动机短路前的运行参数，则可以取 $\dot{E}''_M = 0.9$。异步电动机的次暂态电动势比其机端电压小，在系统发生短路后，如果电动机的机端残余电压大于 $\dot{E}''_M$，则此时异步电动机仍可看成是负荷，即消耗电能；如果电动机的机端残余电压小于 $\dot{E}''_M$，则此时异步电动机可看成是临时电源，它向短路点提供短路电流。

由于配电网中电动机的数目很多，要查明它们在短路前的运行状态是困难的，又因为电动机向短路点提供的短路电流数值不大，所以在实用计算中，只有对短路点附近能显著地供给短路电流的大型异步电动机才按式（6-26）、式（6-27）计算次暂态电抗和次暂态电动

势。短路点附近的其他电动机则可以看作是一个（电动机）综合负荷，这个综合负荷的次暂态电动势标幺值近似取 $E''_* = 0.8$，次暂态阻抗的标幺值近似取 $X''_* = 0.35$。

（5）因为三相短路是三相对称故障，对变压器、电抗器、电力线路等静止元件，它们的次暂态电抗就等于其稳态电抗。在网络方面，因为短路时网络中的电压较低，短路电流较大，相应地从线路对地电容和变压器的励磁支路中流过的电流可以忽略不计，所以画等效图时可以不计对地的导纳支路，在计算 110kV 及以上的高压电网时可以忽略线路中的电阻，只计电抗，而对于电缆线路或低压网络时，可以用阻抗的模或阻抗计算。

表 6-3 列出在计算电力系统三相短路时起始次暂态电流 I'' 的元件近似模型及相应参数。

表 6-3 短路分析时元件的近似模型

元件	发电机（调相机）	负荷	负荷 （大型电动机）	变压器, 线路等
模型	X'' $\dot{E}''$	R_L X_L	X''_M $\dot{E}''_M$	与稳态模型相同，近似计算时可以忽略电阻和导纳。
计算公式	$\dot{E}''(0_+) = \dot{U}(0_-) + j\dot{I}(0_-)X''$	$R_L = \dfrac{U^2_{(0_-)}}{P_L}, \ X_L = \dfrac{U^2_{(0_-)}}{Q_L}$	$\dot{E}''_M(0_+) = \dot{U}(0_-) - j\dot{I}(0_-)X''_M$	

例 6-4 电力系统接线图如图 6-11 所示，其中 G 为发电机，M 为电动机，负载 6 为由各种电动机组合而成的综合负荷。设在电动机附近发生三相短路故障，试画出下列电力系统三相短路故障分析时的等效网络图。

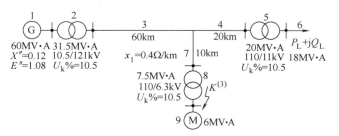

图 6-11 例 6-4 电力系统接线图

解： 按前面的讨论则可以画出电力系统三相短路故障分析的等效网络如图 6-12 所示。取 $S_B = 100\text{MV} \cdot \text{A}$，取各级电压的基准值为各级的额定电压平均值，并认为各变压器的电压比就等于其两侧的额定电压平均值之比，所以归算时电压标幺值不变，并将元件统一编号，计算各元件的等效参数标幺值如下：

发电机电抗：$X_{1*} = X''_* \dfrac{S_B}{S_N} = 0.12 \dfrac{100}{60} = 0.2$

变压器 2 电抗：$X_{2*} = \dfrac{U_k\%}{100} \times \dfrac{S_B}{S_N} = \dfrac{10.5}{100} \times \dfrac{100}{31.5} = 0.333$

线路 3 电抗：$X_{3*} = 0.4 \times 60 \times \dfrac{S_B}{U_B^2} = 0.4 \times 60 \times \dfrac{100}{115^2} = 0.182$

线路 4 电抗：$X_{4*} = 0.4 \times 20 \times \dfrac{S_B}{U_B^2} = 0.4 \times 20 \times \dfrac{100}{115^2} = 0.061$

变压器 5 电抗：$X_{5*} = \dfrac{U_k\%}{100} \times \dfrac{S_B}{S_N} = \dfrac{10.5}{100} \times \dfrac{100}{20} = 0.525$

综合负荷 6 的模型为电压源，$E'' = 0.8$，$X'' = 0.35$（要归算到统一的基准值下）有

$$X_{6*} = X'' \times \dfrac{S_B}{S_N} = 0.35 \times \dfrac{100}{18} = 1.944$$

线路 7 电抗：$X_{7*} = 0.4 \times 10 \times \dfrac{S_B}{U_B^2} = 0.4 \times 10 \times \dfrac{100}{115^2} = 0.03$

变压器 8 电抗：$X_{8*} = \dfrac{U_k\%}{100} \times \dfrac{S_B}{S_N} = \dfrac{10.5}{100} \times \dfrac{100}{7.5} = 1.4$

大容量电动机 9 的模型为电压源，$E'' = 0.9$，$X'' = 0.2$（要归算到统一的基准值下）有

$$X_{9*} = X'' \times \dfrac{S_B}{S_N} = 0.2 \times \dfrac{100}{6} = 3.333$$

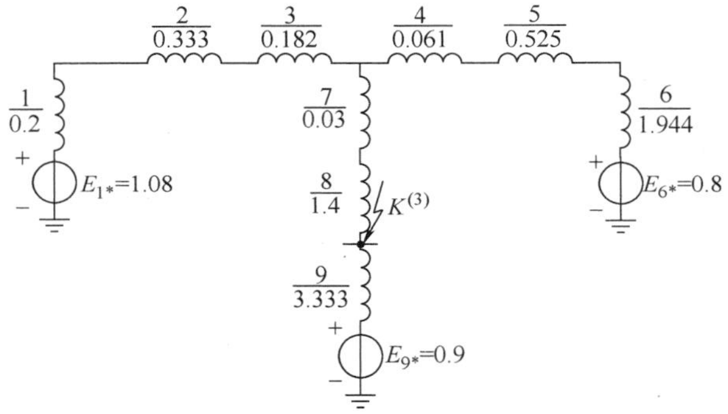

图 6-12　电力系统等效电路

图中分子为元件电抗的编号，分母为电抗的标幺值，电动势也以标幺值表示，并忽略其间的相位差，相应的计算均以实数计算，这种简化在短路电流实用计算中最为常用。

6.3.2　起始次暂态电流 I'' 的计算

由例题 6-4 可见，对于非无限大容量电源供电的电力系统三相短路，只要把系统所有元件都用次暂态参数表示，就可以得到其等效电路，这时，起始次暂态电流的计算就和无限大电源供电的电力系统三相短路时短路电流的周期分量 I_ω 的计算完全相同了，就变成了一个给定电路求电流的问题。求解图 6-12 电路的方法有很多，如果只求接地点的短路电流，最简单的方法是用戴维南定理化简电路。

例 6-5　化简图 6-12 所示的电力系统等效电路，并求出起始次暂态电流 I''。

解：化简电路如图 6-13 所示。

先合并串联电抗，得图 6-13a，其中

$X_{10*} = 0.2 + 0.333 + 0.182 = 0.715$

$X_{11*} = 0.061 + 0.525 + 1.944 = 2.53$

$$X_{12*} = 0.03 + 1.4 = 1.43$$

因为电路含有多个电源，先在 A 点断开电路，用戴维南定理，将断开处的二端口网络等效成一个电压源，其电动势等于 A 点处的开路端电压

$$E_* = \frac{E_{1*} - E_{6*}}{X_{10*} + X_{11*}} X_{11*} + E_{6*} = \frac{1.08 - 0.8}{0.715 + 2.53} \times 2.53 + 0.8 = 1.018$$

其内阻为除源后的 A 端等效电阻

$$X_{13*} = X_{10*} // X_{11*} = 0.557$$

再接入电路，得图 6-13b。

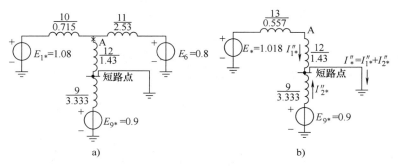

图 6-13　图 6-12 等效电路化简

a）串联电抗合并　b）用戴维南定理简化后的电路

求出起始次暂态电流的标幺值为

$$I''_{1*} = \frac{E_*}{X_{13*} + X_{12*}} = \frac{1.018}{0.557 + 1.43} = 0.512$$

$$I''_{2*} = \frac{E_{9*}}{X_{9*}} = \frac{0.9}{3.333} = 0.27$$

$$I''_* = I''_{1*} + I''_{2*} = 0.512 + 0.27 = 0.782$$

起始次暂态电流为 $\quad I'' = I''_* \dfrac{S_B}{\sqrt{3}\,U_B} = 0.782 \times \dfrac{100}{\sqrt{3} \times 6.3}\,\text{kA} = 7.167\,\text{kA}$

6.3.3　非无限大电源供电的电力系统三相短路时的冲击电流

对于非无限大电源供电的电力系统三相短路时，仍可以认为其短路电流分成两部分：

$$i = i'' + i_\alpha$$

其中第一部分是振荡的，尽管其振荡幅度随时间衰减，如前所说，假设其第一个周期的振幅没有衰减，因此可以求出其有效值——起始次暂态电流。其第二部分也是随时间衰减的，一般只求出这个短路电流的最大瞬时值和最大有效值。其讨论与无限大容量电源供电的电力系统三相短路的讨论相同，也只要用冲击系数进行估算就可以了。

发电机向短路电流提供的短路冲击电流为

$$i_{\text{imp}} = K_{\text{imp}} \sqrt{2}\, I'' \tag{6-28}$$

当短路点发生在发电机的机端，取 $K_{\text{imp}} = 1.9$，当短路点发生在发电厂的高压母线端，$K_{\text{imp}} = 1.85$；当短路点离发电机较远时，取 $K_{\text{imp}} = 1.8$。同步电动机和同步调相机的冲击系数

也与同容量的发电机相当。

异步电动机和综合负荷也向短路点提供反馈电流，它所提供的短路冲击电流

$$i_{imp} = K_{imp}\sqrt{2}\,I'' \tag{6-29}$$

其冲击系数根据容量的不同可选用表 6-4 中的值，一般情况也取 $K_{imp} = 1.8$。

表 6-4 异步电动机的冲击系数

容量/kW	200 以下	200~500	500~1000	1000 以上
K_{imp}	1	1.3~1.5	1.5~1.7	1.7~1.8

同步发电机向短路点提供的短路电流最大有效值为：$I_{imp} = 1.52I''$

在求短路电流的最大有效值时，要考虑异步电动机只是在短路的瞬间有起始次暂态电流，但短路后其周期分量和非周期分量都按其定子回路的时间常数迅速衰减，所以异步电动机提供的短路电流的最大有效值按下式计算（推导略）

$$I_{imp} = \frac{\sqrt{3}}{2}K_{imp}I'' \tag{6-30}$$

当取 $K_{imp} = 1.8$ 时，$I_{imp} = 1.52I''$

短路容量的计算与无限大容量电源供电的电力系统相似，即

$$S_{kt} = I''_* S_B \tag{6-31}$$

例 6-6 求图 6-11 所示的非无限大容量电源供电的电力系统三相短路时短路点的冲击电流、短路电流的最大有效值和短路容量。

解： 在例 6-5 中已求出两个起始次暂态电流标幺值，一个是由发电机和距短路点较远的综合负荷共同产生的，距短路点较远的综合负荷产生的反馈电流一般可忽略不计，所以只考虑发电机，取 $K_{imp} = 1.8$。

另一个是短路点附近电动机产生的冲击电流，若也取 $K_{imp} = 1.8$，则得总的冲击电流

$$i_{imp} = (1.8\sqrt{2}\,I''_{1*} + 1.8\sqrt{2}\,I''_{2*})I_B = 2.55 \times 7.167\text{kA} = 18.26\ \text{kA}$$

短路电流的最大有效值

$$I_{imp} = 1.52 \times I''_1 + 1.57 \times I''_2 = (1.52 \times 0.512 + 1.57 \times 0.27)\frac{100}{\sqrt{3} \times 6.3}\text{kA} = 11.02\ \text{kA}$$

$$S_{kt} = I''_* S_B = 0.782 \times 100\text{MV} \cdot \text{A} = 78.2\text{MV} \cdot \text{A}$$

6.3.4 电力系统三相短路分析举例

本小节通过举例介绍几种求解电力系统三相短路时短路电流的周期分量 I_ω 或起始次暂态电流 I'' 的方法，可以根据各种已知条件选择最简单的求解方法。

例 6-7 图 6-14 所示的简单电力系统接线图中，等效发电机 G 经电力线路向等效电动机供电。设电动机在短路前消耗的有功功率 $P = 20\text{MW}$，功率因数为 0.8（感性负荷），即 $\varphi = 36.9°$，线路的电抗以电动机的额定值为基准的标幺值为 0.1，电动机的机端电压为 10.2kV，设在电动机端发生直接接地的三相短路。试求故障点的起始暂态电流。

分析： 这个题目只告诉电动机的机端电压和短路前电动机的工作状态，通过这些数据来确定发电机和电动机在短路瞬间的次暂态电动势，这属于计算要求比较精确的场合。

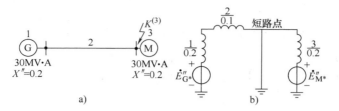

图 6-14 例 6-7 简单电力系统

a) 电力线路图 b) 短路后等效电路

解 1:

1) 用标幺值进行计算，先取基准量 $S_B = 30MV \cdot A$，$U_B = 10.5kV$

设短路点电压 $\dot{U}_k$ 的相位角为 0°，则其标幺值相量为

$$\dot{U}_{k*} = \frac{\dot{U}_k}{U_B} = \frac{10.2}{10.5} e^{j0°} = 0.97 e^{j0°}$$

在短路前电力线路中的工作电流为

$$I = \frac{P}{\sqrt{3}\, U_k \cos\varphi} = \frac{20}{\sqrt{3} \times 10.2 \times 0.8} kA = 1.415kA$$

电流基准量：

$$I_B = \frac{30}{\sqrt{3} \times 10.5} kA = 1.65kA$$

电流标幺值相量为

$$\dot{I}_* = \dot{I}/I_B = 1.415 e^{-j36.9°}/1.65 = 0.86 e^{-j36.9°}$$

由式（6-25），并考虑到线路电抗，求出发电机的次暂态电动势

$$\dot{E}''_G(0_+) = \dot{U}(0_-) + j\dot{I}(0_-)(X_1 + X_2) = 0.97 e^{j0°} + j(0.2 + 0.1) \times 0.86 e^{-j36.9°}$$
$$= 0.97 + j0.3 \times (0.688 - j0.516) = 1.125 + j0.206$$

因在电动机机端短路，由式（6-27），求出电动机的次暂态电动势

$$\dot{E}''_M(0_+) = \dot{U}(0_-) - j\dot{I}(0_-)X_3 = 0.97 e^{j0°} - j0.86 e^{-j36.9°} \times 0.2$$
$$= 0.97 - j(0.688 - j0.516) \times 0.2 = 0.867 - j0.138$$

2) 求短路后电路的起始次暂态电流

由图 6-14b：$\dot{I}''_{G*} = \dfrac{\dot{E}''_G(0_+)}{j(X_1 + X_2)} = \dfrac{1.125 + j0.206}{j0.3} = 0.69 - j3.75$

$$\dot{I}''_{M*} = \frac{\dot{E}''_M(0_+)}{jX_3} = \frac{0.867 - j0.138}{j0.2} = -0.69 - j4.33$$

流过发电机支路的起始次暂态电流为

$$\dot{I}''_G = \dot{I}''_{G*} I_B = (0.69 - j3.75) \times 1.65kA = (1.138 - j6.188)kA$$

流过电动机支路的起始次暂态电流为

$$\dot{I}''_M = \dot{I}''_{M*} I_B = (-0.69 - j4.33) \times 1.65kA = (-1.138 - j7.145)kA$$

故障点的总起始次暂态电流为

标幺值：$\dot{I}''_* = \dot{I}''_{G*} + \dot{I}''_{M*} = 0.69-j3.75-0.69-j4.33 = -j8.08$

有名值：$\dot{I}'' = \dot{I}''_* I_B = -j8.08 * 1.65\text{kA} = -j13.33\text{kA}$

解2：这种已知短路点短路前电压，求短路电流，还可以用叠加原理求解，会方便很多。

叠加原理求解方法如图 6-15 所示，可以在短路后的等效电路的短路支路（即短路点与地之间）串接两个大小相等、相位相反的理想电压源，用 $\dot{U}_k(0)$ 表示，因为相位相反，所以短路点与地之间的电压等于 0，符合短路的要求，且这条支路中流过的电流即为短路电流。

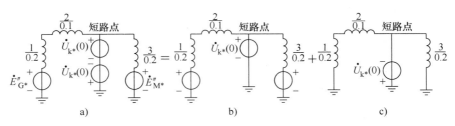

图 6-15　用叠加原理求解
a）短路后等效电路　b）短路前等效电路　c）故障分量的等效电路

这个短路后的等效电路（图 6-15a）可看成是两部分的叠加，一部分是短路前稳态运行时的等效电路（图 6-15b），$\dot{U}_k(0)$ 就是已知的短路点短路前电压，另一部分则称为故障分量的等效电路（图 6-15c）。而且在短路前这条短路支路中流过的稳态电流为 0，所以只求解故障分量的等效电路（图 6-15c），就可以求出短路电流。

1）用标幺值进行计算，先取基准量 $S_B = 30\text{MV} \cdot \text{A}$，$U_B = 10.5\text{kV}$

2）设短路点电压 $\dot{U}_k$ 的相位角为 0，则其标幺值相量为

$$\dot{U}_{k*} = \frac{\dot{U}_k}{U_B} = \frac{10.2}{10.5}e^{j0°} = 0.97e^{j0°}$$

3）从故障分量的等效电路（图 6-15c）可以求出

等效电路的总阻抗：$Z_{\Sigma*} = (j0.2+j0.1)//(j0.2) = \dfrac{j0.3 \times j0.2}{j0.3+j0.2} = j0.12$

则短路支路中的起始次暂态电流：$\dot{I}'' = \dfrac{\dot{U}_{k*}}{Z_{\Sigma*}} = \dfrac{0.97}{j0.12} = -j8.08$

有名值：$\dot{I}'' = \dot{I}''_* I_B = -j8.08 * 1.65\text{kA} = -j13.33\text{kA}$

求解结果完全相同，且非常方便。如果题目没有给出短路瞬间短路点的电压值，也可以近似假设该点电压为额定电压，然后用叠加原理，直接求解其故障分量的等效电路。见例 6-8。

例 6-8　图 6-16a 所示的网络中，设电力系统母线 3 发生三相短路，参数如图中所示，其中负荷 L_1 为 50MW，$\cos\varphi = 0.9$，负荷 L_2 为电阻性负荷，为确定断路器的断开容量和继电保护的整定数据，试求母线 3（短路点）的冲击电流和三相短路容量。

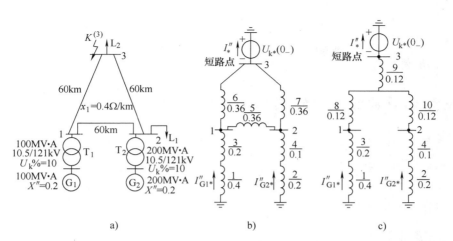

图 6-16 例 6-8 题图

a）电力系统接线图 b）故障分量的等效电路图 c）Y-Δ 变换后

解： 这个题目没有告诉发电机的次暂态电动势和短路前故障点的实际电压值，所以只能取各点电压值近似等于该点的平均额定电压进行近似计算。

取 $S_B = 200\text{MV} \cdot \text{A}$，取电压的基准值 $U_B = U_{avN}$（平均额定电压），

1）求各元件的电抗标幺值

发电机 G_1：$X_{1*} = X'' \dfrac{S_B}{S_N} = 0.2 \times \dfrac{200}{100} = 0.4$

发电机 G_2：$X_{2*} = X'' \dfrac{S_B}{S_N} = 0.2 \times \dfrac{200}{200} = 0.2$

变压器 T_1：$X_{3*} = \dfrac{U_k\%}{100} \times \dfrac{S_B}{S_N} = \dfrac{10}{100} \times \dfrac{200}{100} = 0.2$

变压器 T_2：$X_{4*} = \dfrac{U_k\%}{100} \times \dfrac{S_B}{S_N} = \dfrac{10}{100} \times \dfrac{200}{200} = 0.1$

三条线路长度相等：$X_{4*} = 0.4 \times 60 \times \dfrac{S_B}{U_B^2} = 0.4 \times 60 \times \dfrac{200}{115^2} = 0.36$

并设三相短路前电力系统工作于额定状态，母线 3 的母线电压近似等于平均额定电压。即 $U_{K*}(0_-) = 1$，负荷 L_1 因距短路点较远，忽略不计，负荷 L_2 为电阻性负荷，也忽略不计，因此画出电力系统三相短路后故障分量的等效电路如图 6-16b 所示。

2）利用 Y-Δ 变换化简网络，得电路如图 6-16c 所示，可以求出

$$X_{\Sigma*} = (0.4 + 0.2 + 0.12) // (0.2 + 0.1 + 0.12) + 0.12 = \dfrac{0.72 \times 0.42}{0.72 + 0.42} + 0.12 = 0.385$$

短路支路中的起始次暂态电流标幺值为

$$I''_* = \dfrac{U_{K*}(0_-)}{X_{\Sigma*}} = \dfrac{1}{0.385} = 2.6$$

3）短路点的冲击电流为

$$i_{imp} = 1.8\sqrt{2} \times I''_* \times I_B = 1.8\sqrt{2} \times 2.6 \times \frac{200}{\sqrt{3} \times 115} kA = 6.63kA$$

4）短路容量：$S_{kt} = I''_* S_B = 2.6 \times 200 = 520MV \cdot A$

6.4 应用运算曲线求任意时刻的短路电流

电力系统三相短路后任意时刻的短路电流周期分量的准确计算是非常复杂的，以前工程上一般采用近似的查运算曲线的方法，即应用事先测出绘制的三相短路电流周期分量的曲线，对 $t>0$ 以后不同时刻短路电流周期分量有效值进行估算，主要用于电气设备的热稳定性校验和继电保护整定计算。

6.4.1 运算曲线的制订

制作运算曲线首先考虑不同发电机的类型，因为各种水轮发电机和汽轮发电机参数差异很大，它们向短路点提供的短路电流的变化规律差异也很大，因此实际的运算曲线是按我国电力系统中统计得到的汽轮发电机或水轮发电机的参数，逐台计算绘制的。

图 6-17 是制作运算曲线的典型接线图。设发电机在三相短路前处于正常运行状态，即处于其额定电压、额定负荷工作条件下。考虑到我国的发电厂大部分功率是从高压母线送出，将 50% 的负荷接于发电厂高压母线，另 50% 的负荷经输电线送到短路点以外。

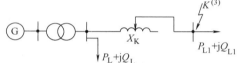

图 6-17 绘制运算曲线的电气接线图

发生三相短路后，接于发电厂高压母线的负荷将成为短路回路的并联支路，分流了发电机供给的部分电流。该负荷在暂态过程中近似用恒定阻抗来表示，其值为

$$Z_L = \frac{U^2}{S_L}(\cos\varphi + j\sin\varphi)$$

式中，U 为负荷节点（即高压母线）额定电压，其标幺值为 1，S_L 为负荷总容量，取发电机额定容量为基准量，有 $S_{L*} = 0.5$，功率因数 $\cos\varphi = 0.9$。图中的 X_K 可调，通过改变 X_K 的大小可以表示短路点距发电机的远近。

图 6-18 为绘制运算曲线的等效电路图，用标幺制表示，根据电路图可以求出发电机外部电路的等效阻抗标幺值为 $jX_{T*} + jX_{K*} // Z_{L*}$。将该外部等效阻抗加到发电机相应的参数上，就可以用发电机短路电流周期分量随时间变化的计算式，计算任意时刻发电机送出的周期分量电流的有效值，再根据并联分流，求出从 X_K 支路流出的短路电流周期分量的有效值 I_t（这里一般用下标 t 表示周期分量的有效值是随时间变化的）。

对一个特定的时刻，改变 X_K 的值可以得到不同的 I_t 值。实用中，将负荷全部略去，只计入电抗（如图 6-18 中只计入发电机电抗、变压器电抗和线路电抗）得到计算电抗标幺值 $X_{js*} = X''_* + X_{T*} + X_{K*}$。对于不同的时刻 t，以计算电抗标幺值作为横坐标，该时刻的 I_{t*} 为纵坐标作成曲线，就得到运算曲线 。

由于我国制造和使用的发电机型号较多，为使运算曲线具有通用性，选取了不同容量的汽轮发电机、水轮发电机作为样机，最后分别给出两套运算曲线，一套汽轮发电机的运算曲线和一套水轮发电机的运算曲线。

运算曲线只绘制到计算电抗的标幺值 $X_{js*} = 3.45$ 为止，当 X_{js*} 超过 3.45 后，近似认为短路电流周期电流的幅值已不随时间而变，可以用无限大电源供电的电力系统分析方法进行分析。

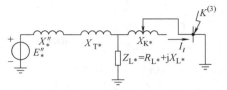

图 6-18　绘制运算曲线的等效电路

6.4.2　运算曲线的应用

用运算曲线求三相短路后任意时刻短路电流的周期分量十分方便，由于在制定运算曲线时计及了同步发电机的暂态过程和负荷对短路电流周期分量的影响，因而也是比较准确的。用运算曲线求三相短路后任意时刻短路电流的周期分量的计算步骤如下：

（1）画出等效电路图，并计算相应的元件参数　选取基准容量 S_B 和电压的基准值（一般取 $U_B = U_{avN}$），首先去掉系统中非三相短路点的负荷，在制订运算曲线时已考虑了它们的影响，并略去所有电源点之间的支路，这些支路对短路电流没有影响。

（2）合并远距离的同类型电源　上一节已提到，绘制运算曲线采用的典型电力系统接线图中只含有一台发电机，实际电力系统中往往含有多台发电机，电力系统的接线也比较复杂，如果对每一台发电机都表示一个电源，需要计算出每一台发电机到短路点的计算电抗，计算过程会变得十分复杂，计算量庞大。但注意，不同类型的发电机不能合并。无限大容量电源单独计算（不需要查运算曲线）。

（3）化简网络　采用串并联和 Y-Δ 变换等方法，把电路化简成以短路点为中心，各电源点为顶点的星形电路，各电源点到短路点的支路总电抗称为转移电抗。

（4）求出每一支路的计算电抗（这一步是查运算曲线特有的）　将前面求出来的转移电抗标幺值按各相应的等效发电机容量进行重新归算，求出各等效发电机对短路点 K 的计算电抗 X_{jsi}

$$X_{jsi} = X_{i\Sigma} \frac{S_{Ni}}{S_B}$$

式中，S_{Ni} 为第 i 台等效发电机的额定容量，即由它代表的那部分发电机容量之和。之所以要将转移电抗转化为计算电抗，是因为查计算曲线时用到的电抗是以等效发电机的额定容量为基准的计算电抗标幺值。

（5）查运算曲线　根据各等效发电机的计算电抗和指定时刻 t 以及电源性质查运算曲线或运算数据表，分别得到各等效发电机向短路点提供的短路电流周期分量的标幺值。但要记住，这些电流是以各等效发电机的额定容量作为基准量的，所以还要作一次转换，或直接求出有名值。

$$I_{ti} = I_{ti*} \frac{S_{Ni}}{\sqrt{3} U_B} \qquad (i = 1, 2 \cdots)$$

对无限大电源，根据前面讨论可知，其短路电流周期分量有效值是不随时间衰减的，可以直接求出。

$$I_\omega = I_{\omega*} I_B = \frac{1}{X_{\Sigma*}} \frac{S_B}{\sqrt{3} U_B}$$

最后把所有支路同一时刻的短路电流叠加得到该时刻的总短路电流。

例 6-9　在图 6-19a 所示的电力系统中，发电 A 和 B 都是火电厂，发电厂 A 有两台发电机 G_1 和 G_2，其中 6kV 母线上的断路器 QF 是断开的。计算在 K_1 点发生三相短路后 0.2s 时短路电流的值，并分以下两种情况讨论：1）发电机 G_1 和 G_2 以及发电厂 B 各用一台等效发电机表示。2）将发电机 G_1 与发电厂 B 合并后作为一台等效发电机。

解： 取 $S_B = 100\mathrm{MV \cdot A}$，$U_B = U_{\mathrm{avN}}$，

（1）计算各元件电抗的标幺值，形成等效电路。

发电机 G_1 和 G_2：$X_{1*} = X_{2*} = 0.13 \times \dfrac{100}{31.25} = 0.416$

变压器 T_1 和 T_2：$X_{3*} = X_{4*} = \dfrac{10.5}{100} \times \dfrac{100}{20} = 0.525$

线路（两条并联）：$X_{5*} = \dfrac{1}{2} \times 0.4 \times 100 \times \dfrac{100}{115^2} = 0.151$

发电厂 B 等效电机：$X_{6*} = 0.3 \times \dfrac{100}{300} = 0.1$

作出等效电路图如图 6-19b 所示。

（2）计算各电源对短路点的转移电抗和计算电抗。

1）发电机 G_1 和 G_2 以及发电厂 B 各用一台等效发电机表示：

发电机 G_2 对短路点的转移电抗：$X_{2*} = 0.416$

发电机 G_1 和等效发电机 B 到短路点不是一条单一通路，所以要作 Y-Δ 变换，如图 6-19c 所示。由 Y-Δ 变换公式，得变换后发电机对短路点的等效电抗

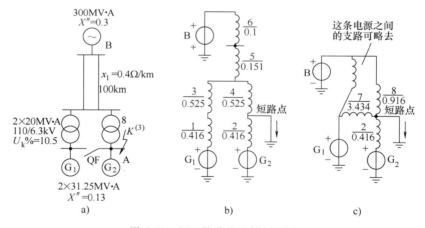

图 6-19　用运算曲线计算例题图

a）电力系统接线图　b）等效电路　c）Y-Δ 变换求阻抗

$$X_{7*} = (X_{1*} + X_{3*}) + X_{4*} + \frac{X_{4*}(X_{1*} + X_{3*})}{X_{5*} + X_{6*}}$$

$$= 0.416 + 0.525 + 0.525 + \frac{0.525 \times (0.416 + 0.525)}{0.151 + 0.1} = 3.434$$

等效发电机 B 到短路点的等效电抗

$$X_{8*} = (X_{5*} + X_{6*}) + X_{4*} + \frac{X_{4*}(X_{5*} + X_{6*})}{X_{1*} + X_{3*}}$$

$$= 0.151 + 0.1 + 0.525 + \frac{0.525 \times (0.151 + 0.1)}{0.416 + 0.525} = 0.916$$

各电源的计算电抗为

发电机 G_2 的计算电抗：$X_{js1} = X_{2*} \times \dfrac{S_N}{S_B} = 0.416 \times \dfrac{31.25}{100} = 0.13$

发电机 G_1 的计算电抗：$X_{js2} = X_{7*} \times \dfrac{S_N}{S_B} = 3.434 \times \dfrac{31.25}{100} = 1.073$

等效发电机 B 的计算电抗：$X_{js8} = X_{8*} \times \dfrac{S_N}{S_B} = 0.916 \times \dfrac{300}{100} = 2.748$

2）将发电机 G_1 与发电厂 B 合并后作为一台等效发电机时，其转移电抗通过串并联可以获得

$$X_{9*} = X_{4*} + \frac{(X_{1*} + X_{3*})(X_{5*} + X_{6*})}{(X_{5*} + X_{6*}) + (X_{1*} + X_{3*})}$$

$$= 0.525 + \frac{(0.151 + 0.1) \times (0.416 + 0.525)}{(0.416 + 0.525) + (0.151 + 0.1)} = 0.723$$

计算电抗：$X_{js9} = X_{9*} \dfrac{S_N}{S_B} = 0.723 \times \dfrac{300 + 31.25}{100} = 2.39$

（3）查汽轮发电机运算曲线

1）发电机 G_1 和 G_2 以及发电厂 B 各用一台等效发电机表示，$t = 0.2s$。

发电机 G_2：$I_{G2*(0.2)} = 4.95$

发电机 G_1：$I_{G1*(0.2)} = 0.9$

等效发电机 B：$I_{B*(0.2)} = 0.33$

最后求出 $t = 0.2s$ 流过短路点的短路电流周期分量的有效值

$$I_{0.2} = I_{G2*(0.2)} \frac{S_{G2N}}{\sqrt{3}\,U_B} + I_{G1*(0.2)} \frac{S_{G1N}}{\sqrt{3}\,U_B} + I_{B*(0.2)} \frac{S_{BN}}{\sqrt{3}\,U_B}$$

$$= \left(4.95 \frac{31.25}{\sqrt{3} \times 6.3} + 0.9 \frac{31.25}{\sqrt{3} \times 6.3} + 0.33 \frac{300}{\sqrt{3} \times 6.3} \right) \text{kA} = 25.827 \text{kA}$$

2）将发电机 G_1 与发电厂 B 合并后作为一台等效发电机。

由计算电抗 X_{js9} 查表：$I_{BG1*(0.2)} = 0.39$

$t = 0.2s$ 流过短路点的短路电流周期分量的有效值

$$I_{0.2} = I_{G2*(0.2)} \frac{S_{G2N}}{\sqrt{3}\,U_B} + I_{BG1*(0.2)} \frac{S_{BN}}{\sqrt{3}\,U_B}$$

$$= \left(4.95 \frac{31.25}{\sqrt{3} \times 6.3} + 0.39 \frac{31.25 + 300}{\sqrt{3} \times 6.3} \right) \text{kA} = 26.015 \text{kA}$$

对比两种情况下计算结果，可以看到将 G_1 与 B 合并为一台等效发电机后计算与分别计算的误差很小，所以距短路点很远的发电机是可以合并后作这样近似计算的。

6.4.3 电流分布系数和转移阻抗

在应用运算曲线分析电路时，经常要求转移阻抗（通常是忽略电阻，只计电抗），一种方法是用 Y-Δ 变换，把电路化简成以短路点为中心，各电源点为顶点的星形电路，如同例 6-9 所采用的方法。

这里介绍另一种单位电流法，假如应用叠加原理的求解方法，只考虑故障电路，即令网络中所有电源的电动势都等于零，只在短路点接入反向的电压源，使之产生单位短路电流 I_k，如图 6-20 所示。

这时网络中任一支路的电流与短路点的总电流之比称为该支路电流的分布系数，当取短路电流 $I_k = 1$ 时，任一支路的电流在数值上等于该支路的分布系数，即有

$$C_i = \frac{I_i}{I_k} = I_i \qquad (6-32)$$

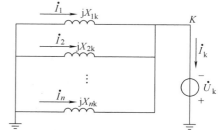

图 6-20　电流分布系数与转移阻抗

电流分布系数与电力网络的结构和参数有关，与短路点的位置有关，由定义知，电流分布系数与各电源到短路点的转移阻抗之间有确定的关系，任一电源与短路点直接相连的单一支路的转移阻抗为

$$X_{ik} = \frac{X_{k\Sigma}}{C_i} \qquad (6-33)$$

式中，$X_{k\Sigma}$ 为各支路电抗的总等效电抗。如果通过串并联可以方便地求出分布系数时，运用这个方法可以很快地求出转移阻抗。

6.5　三相短路起始暂态电流的计算机算法

复杂电力系统的三相短路起始暂态电流一般可用计算机编程进行分析计算。

三相短路起始暂态电流计算机算法的基本原理是应用叠加原理。通常在稳态分析潮流计算的基础上，得到各节点在稳态时电压值，设在 $t = 0$ 时节点 K 处短路，则短路前（$t = 0_-$）该点的电压即为其稳态值，用 $\dot{U}_{k(0)}$ 表示，短路后（$t = 0_+$）该点的电压等于 0。可以看成是 $\dot{U}_{k(0)} - \dot{U}_{k(0)} = 0$，则短路后的电路可以看成是稳态电路+故障分量等效电路。故障分量等效电路中只有故障点 K 处有一个反相的电压源（$-\dot{U}_{k(0)}$），除去其他节点处的稳态电源，通过编程求解得到各节点处电压的故障分量 $\Delta \dot{U}_i$，与其所在节点的稳态分量 $\dot{U}_{i(0)}$ 叠加后就可以得到在短路瞬间的除短路点（K 点）外其他各节点的实际电压值。

$$\dot{U}_i = \dot{U}_{i(0)} + \Delta \dot{U}_i \qquad (6-34)$$

正如前面所讨论，对故障分量等效电路，可以利用稳态分析时的等效网络并作修改如下：

1）除去各发电机节点的电压源并接上电抗为 X'' 的接地支路。

2）各负荷节点接入代替负荷的接地阻抗支路。

3）直接接于短路点的大型电动机或综合负荷所提供的起始次暂态电流可另行单独处理。

4）只有短路点 k 加上电压源 $-\dot{U}_{k(0)}$，设流入电流为 $-\dot{I}''_k$，其他节点流入电流均为 0。

对故障分量等效电路求出其节点阻抗矩阵，由定义有

$$
\begin{bmatrix} \Delta \dot{U}_1 \\ \vdots \\ \Delta \dot{U}_k \\ \vdots \\ \Delta \dot{U}_n \end{bmatrix} = \begin{bmatrix} Z_{11} & \cdots & Z_{1k} & \cdots & Z_{1n} \\ \vdots & \vdots & \vdots & \vdots & \vdots \\ Z_{k1} & \cdots & Z_{kk} & \cdots & Z_{kn} \\ \vdots & \vdots & \vdots & \vdots & \vdots \\ Z_{n1} & \cdots & Z_{nk} & \cdots & Z_{nn} \end{bmatrix} \begin{bmatrix} 0 \\ \vdots \\ -\dot{I}''_k \\ \vdots \\ 0 \end{bmatrix} \tag{6-35}
$$

对短路点有：$\Delta \dot{U}_k = -\dot{U}_{k(0)}$，代入式（6-35）对第 k 行有

$$
-\dot{U}_{k(0)} = -Z_{ii}\dot{I}''_k
$$

$$
\dot{I}''_k = \frac{\dot{U}_{k(0)}}{Z_{kk}} \tag{6-36}
$$

实际上就是由上式先求出短路点 k 的短路电流。然后可以求出其他各节点电压的故障分量：

$$
\Delta \dot{U}_i = -Z_{ik}\dot{I}''_k \ (i=1,2,\cdots n, n \neq k) \tag{6-37}
$$

求出各节点电压的故障分量后就可以求出其他任一支路，例如节点 i 与节点 j 的 i-j 支路中的起始次暂态电流为

$$
\dot{I}''_{ij} = \frac{\dot{U}_i - \dot{U}_j}{Z_{ij}} \tag{6-38}
$$

讨论：

1）若对故障等效电路已求出节点导纳矩阵 $\boldsymbol{Y}$，则先求出其逆矩阵 $\boldsymbol{Z}$

$$
\begin{bmatrix} Z_{11} & \cdots & Z_{1k} & \cdots & Z_{1n} \\ \vdots & \vdots & \vdots & \vdots & \vdots \\ Z_{k1} & \cdots & Z_{kk} & \cdots & Z_{kn} \\ \vdots & \vdots & \vdots & \vdots & \vdots \\ Z_{n1} & \cdots & Z_{nk} & \cdots & Z_{nn} \end{bmatrix} = \begin{bmatrix} Y_{11} & \cdots & Y_{1k} & \cdots & Y_{1n} \\ \vdots & \vdots & \vdots & \vdots & \vdots \\ Y_{k1} & \cdots & Y_{kk} & \cdots & Y_{kn} \\ \vdots & \vdots & \vdots & \vdots & \vdots \\ Y_{n1} & \cdots & Y_{nk} & \cdots & Y_{nn} \end{bmatrix}^{-1}
$$

2）近似计算时，可以不作稳态的潮流计算，假设故障前各节点电压等于其额定平均值。即其标幺值为：$\dot{U}_{i(0)*}=1$，则以上各式可简化为

$$
\dot{I}''_k = \frac{1}{Z_{kk}} \tag{6-39}
$$

$$
\dot{U}_i = \dot{U}_{i(0)} + \Delta \dot{U}_i = 1 - \frac{Z_{ik}}{Z_{kk}} \tag{6-40}
$$

$$
\dot{I}_{ij} = \frac{1}{Z_{ij}} \frac{Z_{jk} - Z_{ik}}{Z_{kk}} \tag{6-41}
$$

例 6-10 对例 6-4 所讨论的电力系统如图 6-11 所示, 其在节点 4 发生三相短路故障分析时的等效电路如图 6-21 所示, 现作近似计算。设短路故障前各节点电压等于其额定平均值, 求短路点的次暂态电流和三相短路瞬间各节点的电压值。

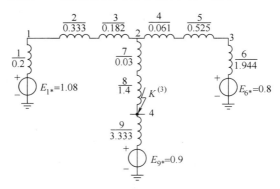

图 6-21 三相短路时的等效电路

解： 1) 按照叠加原理进行分析, 先求出其故障等效电路, 如图 6-22 所示。

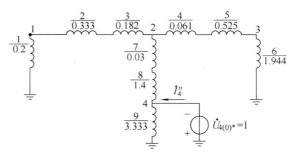

图 6-22 节点 4 三相短路时的故障等效电路

2) 列出其导纳矩阵 (为 4 阶方阵) (这里用 Matlab 软件进行计算)

$$\boldsymbol{Y}_* = \begin{bmatrix} -j6.9417 & j1.9417 & 0 & 0 \\ j1.9417 & -j4.3475 & j1.7065 & j0.6993 \\ 0 & j1.7065 & -j2.2209 & 0 \\ 0 & j0.6993 & 0 & -j0.9993 \end{bmatrix}$$

3) 求出其阻抗矩阵 (这里用 Matlab 软件进行计算)

$$\boldsymbol{Z}_* = \begin{bmatrix} j0.1831 & j0.1396 & j0.1073 & j0.0977 \\ j0.1396 & j0.4990 & j0.3835 & j0.3492 \\ j0.1073 & j0.3835 & j0.7449 & j0.2683 \\ j0.0977 & j0.3492 & j0.2683 & j1.2450 \end{bmatrix}$$

则由式 (6-36), 在节点 4 短路时次暂态电流标幺值为

$$\dot{I}''_{4*} = \frac{1}{Z_{44*}} = \frac{1}{j1.2450} = -j0.80$$

由式 (6-40), 在三相短路瞬间各节点的电压为

$$\dot{U}_{1*} = 1 - \frac{Z_{14}}{Z_{44}} = 0.9215$$

$$\dot{U}_{2*} = 1 - \frac{Z_{24}}{Z_{44}} = 0.7195$$

$$\dot{U}_{3*} = 1 - \frac{Z_{34}}{Z_{44}} = 0.7845$$

讨论：

1）这里用了近似求法，如果在稳态分析的基础上叠加故障分量，就可以得出精确解。

2）因为采用计算机分析，所以即使三相短路故障分析计入电阻等，也可以很方便地求解，且结果更加精确。

3）采用计算机算法后，利用所求得的阻抗矩阵，可以同时对各节点（如果）发生三相短路故障的情况进行分析，这也是它的优势。

小　　结

电力系统可能发生的故障主要可分为短路故障（横向故障）和断相故障（纵向故障）两大类。其中发生概率最大的是单相短路故障。

本章讨论三相短路故障，它属于对称故障，分析相对比较容易。

当供电电源的内阻抗远小于短路回路总阻抗时，则可认为供电电源是无限大容量电源，可以用理想电压源表示。无限大容量电源供电的电力系统出现三相短路时，短路电流由周期分量和非周期分量两部分组成，其中非周期分量初值与合闸相角有关。

短路电流可能出现的最大瞬时值称为冲击电流，$i_{imp} = 1.8I_{\omega m} = 2.55I_{\omega}$。

短路电流可能出现的最大有效值出现在以冲击电流 i_{imp} 为中心（即 $t=0$ 发生故障时取 $t=0.01\mathrm{s}$ 的瞬时值为中心）的一个周期内，一般可取 $I_{imp} = 1.52I_{\omega}$。

短路功率主要是用来校验断路器的切断能力，短路时三相功率为 $S_{kt} = \sqrt{3}\,U_{N}I_{t}$，估算时短路功率的标幺值就等于短路电流有效值的标幺值。

在实用计算中，先求起始次暂态电流 I''。在手工短路分析时元件可以采用近似模型。只要把系统所有元件都用次暂态参数表示，I'' 的计算与 I_{ω} 的计算完全相同，并可根据 I'' 求出冲击电流，短路电流最大有效值和三相短路功率。

$t>0$ 以后再通过查运算曲线图估算短路电流。查运算曲线时要先求转移阻抗，再求计算电抗；要把电路化简成以短路点为中心，各电源点为顶点的星形电路，其中各电源点到短路点的支路总电抗称为转移电抗。转移电抗标幺值按各相应的等效发电机容量进行重新归算，求出各等效发电机对短路点 K 的计算电抗，根据计算电抗查表（图）求出某一瞬时的短路电流。

网络中任一支路的电流与短路点的总电流之比称为该支路电流的分布系数，分布系数与转移阻抗有确定的关系。

复杂电力系统的三相短路起始暂态电流一般可用计算机编程进行分析计算。

习 题

6-1 选择题

1. 无限大功率电源供电的三相对称系统，发生三相短路，短路电流的非周期分量的衰减速度（　　）。

A. A、B、C 三相不同　　　　　　　B. A、C 两相相同

C. A、B 两相相同　　　　　　　　D. A、B、C 三相都相同

2. 无限大功率电源供电的三相对称系统，发生三相短路，短路电流的非周期分量起始值（　　）。

A. A、B、C 三相不同　　　　　　　B. A、C 两相相同

C. A、B 两相相同　　　　　　　　D. A、B、C 三相都相同

3. 系统发生三相短路故障后，越靠近短路点，电压（　　）。

A. 越低　　　　　B. 越高　　　　　C. 不变　　　　　D. 无穷大

4. 以下说法中不正确的是（　　）。

A. 短路电流可能出现的最大瞬时值称为冲击电流。

B. 各种短路故障中，三相短路故障发生的概率最小。

C. 短路电流的非周期分量是对称的。

D. 在无穷大容量电源供电的电力系统中，短路电流周期分量的幅值是恒定的。

5. 在电力系统的各种故障中，出现概率最大的是（　　）。

A. 三相短路故障　　　　　　　　B. 单相接地短路故障

C. 两相短接故障　　　　　　　　D. 断相故障

6. 以下说法正确的是（　　）。

A. 三相短路时短路电流的周期分量是三相对称的

B. 起始次暂态电流的幅值是始终不变的

C. 短路电流的大小与短路的时间无关

D. 合闸相角就是电压的初相位角

7. 下列各种故障类型中，属于纵向故障的是（　　）。

A. 两相短路

B. 两相短路接地

C. 单相接地短路

D. 两相断线

8. 无限大功率电源的内阻抗为（　　）。

A. ∞　　　　　　　　　　　　B. 0

C. $0.3 \sim 1.0$　　　　　　　　　D. $1.0 \sim 10$

9. 节点导纳矩阵为方阵，其阶数等于（　　）。

A. 网络中所有节点数　　　　　　B. 网络中除参考节点以外的节点数

C. 网络中所有节点数加 1　　　　D. 网络中所有节点数加 2

10. 计算三相短路功率时，下列公式中不正确的是（　　）。

A. $S_{kt*} = I_{t*}$ B. $S_{kt} = \sqrt{3} U_N I_t$

C. $S_{kt} = U_N I_t$ D. $S_{kt} = I_{\omega*} S_B$

6-2 填空题

1. 无限大功率电源指的是在电源外部有扰动发生时，仍能保持（　　　　　　　　）和频率恒定的电源。

2. 短路时冲击电流是指（　　　　　　　　　　　　　　　　　　　　）。

3. 短路电流最大有效值约为（　　　　　）I_ω。

4. 无限大功率电源供电的电力系统三相短路时短路电流包括（　　　　）和（　　　　）两部分。

5. 冲击系数 K_{imp} 一般与（　　　　　　　　　　　　　　）有关。

6. 一般情况下，短路发生在其他地点时，取 $K_{imp} = $（　　　　）。

7. 只要求出（　　　　　　　　　），就可以直接估算出电路短路时的冲击电流，短路电流的最大有效值和短路功率。

8. 查运算曲线图进行估算 $t > 0$ 以后不同时刻短路电流周期分量有效值，主要用于（　　　　　　　　）。

9. 计算起始次暂态电流 I'' 时，电力系统中所有静止元件（如电力线路和变压器）的参数都与其（　　　　　　　）相同。

10. 用叠加原理求解短路等效电路时，把电路看成是短路前的稳态运行时的等效电路与（　　　　　　　）等效电路的叠加。

6-3 简答题

1. 电力系统的故障可以分成哪两大类？其中什么故障发生的概率最大？什么故障是属于三相对称故障？

2. 什么情况下电力系统可看成由无限大容量电源供电的系统，它有什么特点？

3. 什么叫短路的冲击电流？冲击系数与什么有关？

4. 什么是短路功率（或短路容量）？它的有名值等于什么？它的标幺值与短路电流的标幺值有什么关系？

5. 什么是短路电流的运算曲线？如何求转移电抗？

6-4 计算题

1. 供电系统如图 6-23 所示，假设无限大容量供电电源的电压为 106.5kV，保持恒定，当空载运行时变压器低压母线侧发生三相短路。试计算：

1）短路电流周期分量，冲击电流，短路电流最大有效值及短路功率的有名值。

2）当 A 相非周期分量电流有最大初始值时，相应的 B 相和 C 相非周期电流的初始值。

$x_1 = 0.4\Omega/\text{km}$　50km

10MV·A
110/11kV
$U_k\% = 10.5$

图 6-23 习题 6-4.1 图

2. 上题系统若短路前变压器低压侧运行电压为 11kV，满载运行即负荷 $S_L = 10MVA$，功率因数 0.9（感性），试求短路电流周期分量，冲击电流，短路电流最大有效值及短路功率的有名值。

3. 电力系统如图 6-24 所示，设 $S_B = 100MV \cdot A$，$U_B = U_{avN}$，各元件参数的标幺值在图中标出，电动势 $\dot{E}_{G*} = 1$ 和综合负荷 S_L 的次暂态值近似为 $\dot{E}_{L*} = 0.8$，$X''_{L*} = 0.35$，试求：

1）A 点发生三相短路时短路点的起始次暂态电流，冲击电流的有名值。

2）求短路电流最大有效值及短路功率的有名值。

3）当 A 点发生三相短路时，求流过 220kV 线路的冲击电流有名值。

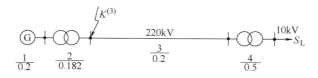

图 6-24 习题 6-4.3 图

4. 假设在图 6-25 中三相短路电流的周期分量的标幺值为 1，求出图中各条支路中的电流标幺值，（即应用单位电流法求出各支路的电流分布系数）。并求出图中 A、B、C 三点对短路点的转移电抗。

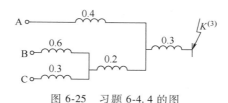

图 6-25 习题 6-4.4 的图

5. 电力系统接线如图 6-26 所示，已知 A 点在短路前的电压为线路的平均额定电压 115kV，在 A 点（A 点就是短路点 K 发生三相短路时，若取 $S_B = 250MV \cdot A$，U_B 为各级额定电压平均值。求

1）短路点总短路电流和各发电机支路电流的标幺值。

2）求出两汽轮发电机分别到短路点的转移阻抗。

3）求两发电机分别到短路点的计算阻抗。

4）求出 $t = 0.6s$ 时的短路电流。

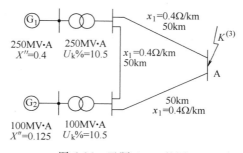

图 6-26 习题 6-4.5 的图

第7章

电力系统不对称运行分析方法—对称分量法

第 6 章讨论了三相短路，三相短路是对称短路，即在短路发生后电力系统仍然是三相对称的，因此在分析三相短路时只要分析和计算其中任一相，另两相就可以按相序关系求得。

但是在电力系统出现的故障中，单相接地短路、两相短接和两相接地短路等不对称故障却占了绝大多数。当这些故障发生时，三相电压、三相电流不再对称，而且波形也发生不同程度的畸变，即除基波（即工频 50Hz 的正弦波）以外，还含有一系列谐波分量（谐波是指其频率是基波频率整数倍的正弦波）。为简单起见，这里只分析和计算不对称故障出现后电力系统中电压和电流的主要分量——基波分量。

对基波分量而言，由于只有故障点发生不对称故障导致三相阻抗不相等，电力系统其他各元件的三相阻抗仍保持相等，针对此特点，可以采用一种比较简单的对称分量法进行分析。

7.1 对称分量法及其应用

7.1.1 对称分量法

对称分量法是分析不对称故障的常用方法，根据对称分量法，任何一组不对称的三个相量（电压或电流）总可以分解成为正序、负序和零序三组（每组三个）相量（如图 7-1 所示）。正序分量是指三个相量模相同，但相位角按 a-p-c 顺序互差 120°，正序分量一般加下标 1 表示。电力系统稳态运行时只有正序分量。负序分量是指三个相量模相同，但相位角按 c-b-a 顺序互差 120°，负序分量一般加下标 2 表示。零序分量是指三个相量模相同，且相位角也相等，零序分量一般加下标 0 表示。

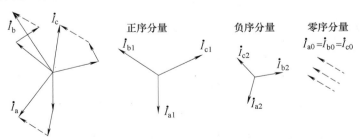

图 7-1 对称分量法图解

任选一相（这里选 a 相）电流作为基准相量，就可以得到这三个不对称的电流相量与所分解成的三组相量之间的关系为

$$\dot{I}_a = \dot{I}_{a1} + \dot{I}_{a2} + \dot{I}_{a0}$$

$$\dot{I}_b = \dot{I}_{b1} + \dot{I}_{b2} + \dot{I}_{b0} = a^2 \dot{I}_{a1} + a \dot{I}_{a2} + \dot{I}_{a0}$$

$$\dot{I}_c = \dot{I}_{a1} + \dot{I}_{a2} + \dot{I}_{a0} = a \dot{I}_{a1} + a^2 \dot{I}_{a2} + \dot{I}_{a0} \tag{7-1}$$

式中为书写简洁，用 $a = e^{j120°}$ 表示相量之间的相位关系。式（7-1）也可以写成矩阵形式

$$\begin{bmatrix} \dot{I}_a \\ \dot{I}_b \\ \dot{I}_c \end{bmatrix} = \begin{bmatrix} 1 & 1 & 1 \\ a^2 & a & 1 \\ a & a^2 & 1 \end{bmatrix} \begin{bmatrix} \dot{I}_{a1} \\ \dot{I}_{a2} \\ \dot{I}_{a0} \end{bmatrix} = T \begin{bmatrix} \dot{I}_{a1} \\ \dot{I}_{a2} \\ \dot{I}_{a0} \end{bmatrix} \tag{7-2}$$

式中矩阵称为对称分量变换矩阵，用 $\boldsymbol{T}$ 表示。上式还可以简写成

$$\boldsymbol{I}_{abc} = \boldsymbol{T} \boldsymbol{I}_{120}$$

如果已知了三个序相量，就可以通过 T 的逆变换求出三个不对称的电流相量，即

$$\begin{bmatrix} \dot{I}_{a1} \\ \dot{I}_{a2} \\ \dot{I}_{a0} \end{bmatrix} = \frac{1}{3} \begin{bmatrix} 1 & a & a^2 \\ 1 & a^2 & a \\ 1 & 1 & 1 \end{bmatrix} \begin{bmatrix} \dot{I}_a \\ \dot{I}_b \\ \dot{I}_c \end{bmatrix} = \boldsymbol{T}^{-1} \begin{bmatrix} \dot{I}_a \\ \dot{I}_b \\ \dot{I}_c \end{bmatrix} \tag{7-3}$$

式中 $\boldsymbol{T}^{-1}$ 是 $\boldsymbol{T}$ 的逆矩阵。对称分量法本质上是叠加原理的应用，所以只有当系统为线性时才能应用。一般情况下电力系统可以看成是线性系统，当电力系统出现不对称短路时，采用对称分量法可以简化分析过程，减小计算工作量。

同样对不对称的三相电压，也可以用对称分量法进行分解，任选一相（这里选 a 相）电压作为基准相量，则有

$$\begin{bmatrix} \dot{U}_a \\ \dot{U}_b \\ \dot{U}_c \end{bmatrix} = \begin{bmatrix} 1 & 1 & 1 \\ a^2 & a & 1 \\ a & a^2 & 1 \end{bmatrix} \begin{bmatrix} \dot{U}_{a1} \\ \dot{U}_{a2} \\ \dot{U}_{a0} \end{bmatrix} = \boldsymbol{T} \begin{bmatrix} \dot{U}_{a1} \\ \dot{U}_{a2} \\ \dot{U}_{a0} \end{bmatrix}, 简写: \boldsymbol{U}_{abc} = \boldsymbol{T} \boldsymbol{U}_{120} \tag{7-4}$$

$$\begin{bmatrix} \dot{U}_{a1} \\ \dot{U}_{a2} \\ \dot{U}_{a0} \end{bmatrix} = \frac{1}{3} \begin{bmatrix} 1 & a & a^2 \\ 1 & a^2 & a \\ 1 & 1 & 1 \end{bmatrix} \begin{bmatrix} \dot{U}_a \\ \dot{U}_b \\ \dot{U}_c \end{bmatrix} = \boldsymbol{T}^{-1} \begin{bmatrix} \dot{U}_a \\ \dot{U}_b \\ \dot{U}_c \end{bmatrix}, 简写: \boldsymbol{U}_{120} = \boldsymbol{T}^{-1} \boldsymbol{U}_{abc} \tag{7-5}$$

例 7-1 设电力系统某点发生 a 相单相接地故障，现测得短路点的三相线电压分别为：
$\dot{U}_a = 0$，$\dot{U}_b = 233.1 \angle -20° V$，$\dot{U}_c = 233.1 \angle -220° V$。试求其三组序电压分量。

解： 取 a 相为基准相，应用式（7-5）得

$$\begin{bmatrix} \dot{U}_{a1} \\ \dot{U}_{a2} \\ \dot{U}_{a0} \end{bmatrix} = \frac{1}{3} \begin{bmatrix} 1 & a & a^2 \\ 1 & a^2 & a \\ 1 & 1 & 1 \end{bmatrix} \begin{bmatrix} 0 \\ 223.1\angle -20° \\ 223.1\angle -220° \end{bmatrix}$$

$$= \frac{1}{3} \begin{bmatrix} 1\angle 120°\times 223.1\angle -20° + 1\angle 240°\times 223.1\angle -220° \\ 1\angle 240°\times 223.1\angle -20° + 1\angle 120°\times 223.1\angle -220° \\ 223.1\angle -20° + 223.15\angle -220° \end{bmatrix} = \begin{bmatrix} 113.9\angle 60° \\ 139.8\angle -120° \\ 25.8\angle 60° \end{bmatrix}$$

由式（7-1），可求出另两相的各序电压分量

正序分量：$\dot{U}_{b1} = a^2 \dot{U}_{a1} = 113.9\angle 300°\text{V} = 113.9\angle -60°\text{V}$

$\qquad\qquad \dot{U}_{c1} = a\dot{U}_{a1} = 113.9\angle 180°\text{V} = -113.9\text{V}$

负序分量：$\dot{U}_{b2} = a\dot{U}_{a2} = 139.8\angle 0°\text{V} = 139.8\text{V}$

$\qquad\qquad \dot{U}_{c2} = a^2\dot{U}_{a2} = 139.8\angle 120°\text{V}$

零序分量：$\dot{U}_{b0} = \dot{U}_{c0} = \dot{U}_{a0} = 25.8\angle 60°\text{V}$

7.1.2　对称分量法在不对称短路计算中的应用

当电力系统发生不对称故障例如短路时，在短路点其三相电压和三相电流都不再对称，现以图 7-2 所示的简单电力系统为例说明如何应用对称分量法来计算不对称短路的一般方法。

在图 7-2 中，一台发电机和三相输电线路相连，发电机的中性点经阻抗 Z_n 接地。在线路的 K 点发生了单相（例如 a 相）直接接地短路，使电力系统在故障出现了不对称情况，于是在短路点有 $\dot{U}_a = 0$，而 a 相与地之间出现了短路电流即 $\dot{I}_a \neq 0$，而短路点以外的系统的其他元件线路仍然是三相对称的，因此为了简化分析，若能设法将短路点的不对称转化为对称，就可以使用比较熟悉的单相等效电路进行计算。

假设在短路点接入一组不对称的电压源，其各相的电压恰好等于短路点的各相电压，则这个电力系统（图 7-2b）和发生不对称故障的电力系统（图 7-2a）是等效的。

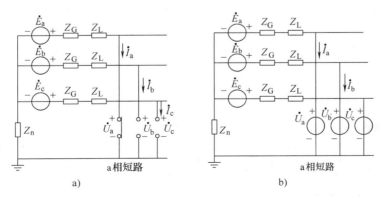

图 7-2　用一组不对称电源替代短路

a）单相接地短路　b）等效电路

根据对称分量法，这一组不对称的电压源可以分解成正序、负序和零序三组对称电压源。根据叠加原理，可以把电力系统看成三部分的叠加（见图 7-3）。

虽然是对同一个三相电力系统讨论，但正序、负序和零序三组对称电压源却各有其特点，所以同一个电力系统的正序、负序和零序等效电路要分开来讨论。

（1）正序等效电路　当考虑电力系统中只有正序分量时，在前面稳态分析时已详尽讨论了电力系统的等效电路，在第 6 章三相短路故障分析中，考虑到出现短路故障时电力系统的特点，作了相应的简化运算，已给出电力系统故障分析时各元件的正序等效电路。

（2）负序等效电路　当考虑电力系统中只有负序分量时，电力系统各元件则要重新讨论，例如发电机中是不存在负序电动势的，也即发电机两端的三相负序电压等于 0。

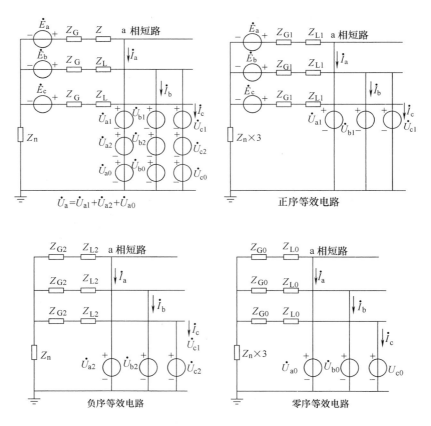

图 7-3　对称分量法的应用

（3）零序等效电路　同理，当考虑电力系统中只有零序分量时，电力系统各元件也要重新讨论。例如发电机中是不存在零序电动势的，也即发电机两端的三相零序电压等于 0。再如三相零序电压是同大小同相位的，所以流过发电机中性点接地阻抗的各相电流也是同大小同相位的，总电流是单相电流的 3 倍。因此在用一相表示的零序等效电路中，中性点接地阻抗要增大为原值的 3 倍，即等于 $3Z_n$。

下面对电力系统各元件的负序、零序等效参数进行讨论。

7.2 同步发电机的各序参数

（1）同步发电机的正序电抗 同步发电机在三相对称运行时，只有正序电动势和正序电流，这时电机参数就是正序参数。

（2）同步发电机的负序电抗 当发电机定子绕组中通过负序基频电流时，它产生的负序旋转磁场与转子之间有两倍转速的相对运动，因此，同步发电机的负序电抗是不等于其正序电抗的。实质上当系统出现不对称短路时，包括同步发电机在内的电力系统出现的电磁现象是相当复杂的，但这里只讨论负序基频分量。

同步发电机的负序等效电路近似看作是一个负序电抗 X_{G2}，定义为施加在发电机端点的负序电压基频分量与流入定子绕组的负序电流基频分量的比值。

根据比较精确的数学分析，对于同一台发电机，在不同类型的不对称短路时，负序电抗也不相同。在近似计算中，对于汽轮发电机和有阻尼绕组的水轮发电机，也可采用 $X_{G2} = 1.22X_d''$，对于没有阻尼绕组的水轮发电机，可采用 $X_{G2} = 1.45X_d''$。如果不知道同步发电机的参数，其负序电抗标幺值也可按表7-1取值。

（3）同步发电机的零序电抗 同步发电机的零序等效电路同样近似看作是一个零序电抗 X_{G0}，定义为施加在发电机端点的零序电压基频分量与流入定子绕组的零序电流基频分量的比值。当三相定子绕组通以同频率的零序电流时，在定子绕组中产生一个同频率的磁通势，因为零序电流是大小相位都相同的三相正弦电流，所以各相磁通势大小相等，相位相同，且在空间上互差120°，它们的合成磁势为0，所以发电机的零序电抗只由定子线圈的等效漏磁通决定，与发电机内部绕组的结构有关。一般零序电抗标幺值可参照表7-1取值。

表7-1 同步电机的负序电抗 X_{G2*} 和零序电抗 X_{G0*} （标幺值）

同步电机类型	X_{G2*}	X_{G0*}	同步电机类型	X_{G2*}	X_{G0*}
汽轮发电机	0.16	0.06	无阻尼绕组水轮发电机	0.45	0.07
有阻尼绕组的水轮发电机	0.25	0.06	调相机和大型同步电机	0.24	0.08

要说明的是，在讨论短路时往往采用近似方法，只计入电抗，如果精确求解要计入电阻时，因为电阻与频率无关，所以正、负、序等效电路中的电阻都是相等的。

同步发电机的各序等效电路如图7-4所示。

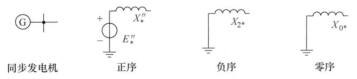

图7-4 同步发电机的各序等效电路

7.3 变压器的各序参数和等效电路

7.3.1 普通变压器的各序参数

变压器是一种静止元件，变压器的等效电路表示某一相的一、二次绕组之间的电磁关系，这种电磁关系不因变压器通入正、负或零序电流而改变，所以变压器的正序、负序和零序电路具有相同的形状且和前面给出的等效电路完全一致。在变压器中性点直接接地时，其等效电路如图 7-5 所示，注意对双绕组变压器的画法略有变化，有 $X_{\mathrm{I}}+X_{\mathrm{II}}=X_{\mathrm{T}}$。

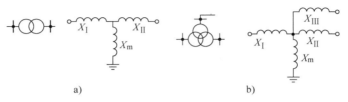

图 7-5　变压器的各序等效电路结构相同

a）双绕组变压器　b）三绕组变压器

同样在讨论短路时往往采用近似方法，只计入电抗，如果精确求解要计入电阻时，变压器各绕组的电阻也与所通过电流的序别没有关系，因此，变压器的正序、负序和零序的等效电阻相等。

变压器的漏抗，反映了一、二次绕组之间磁耦合的紧密情况，漏磁通的路径与所通电流的序别无关，因此，变压器的正序、负序和零序的等效漏抗也相等。

变压器的励磁电抗，取决于主磁通路径的磁导。当变压器通以负序电流，主磁通的路径与通以正序电流时完全相同，所以，负序的励磁电抗也等于正序励磁电抗。一般在作短路分析时认为正序、负序的励磁电抗为无穷大（$X_{\mathrm{m}} \approx \infty$），即可以略去图 7-5 中的 X_{m} 支路，但零序励磁电抗有所不同。

变压器的零序励磁电抗与变压器的铁心结构有关，图 7-6 所示为三种常用的变压器铁心结构及零序励磁磁通的路径。图中只画出一个绕组，实际每相有二（双绕组变压器）到三个绕组（三绕组变压器）。

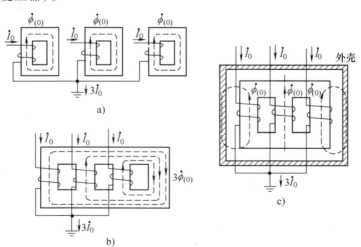

图 7-6　三种常用的变压器铁心结构及零序励磁磁通的路径

a）三个单相组合式　b）三相四柱式　c）三相三柱式

对于由三个单相变压器组成的三相变压器，每相的零序主磁通与正序主磁通一样，都由独立的铁心构成磁路，因此，零序励磁电抗与正序励磁电抗相等。对三相四柱式变压器，零序主磁通也能在铁心中形成回路，磁阻很小，所以励磁电流很小，即零序励磁电抗的数值很大，对这两类变压器，在短路计算中都可以认为 $X_m \approx \infty$ 。

对三相三柱式变压器，铁心中的磁通是由三相电流共同产生的，通以正序（或负序）电流时，一相产生的主磁通可以经过另两相的铁心形成回路。但零序电流产生的三相零序磁通大小相等、相位相同，因此不能形成回路，它们被迫经过绝缘介质和外壳形成回路，因而零序励磁电流相当大。同时零序主磁通还使变压器（铁）外壳产生涡流，使零序励磁电流更大，因此这种变压器的零序励磁电抗比较小，其值一般用实验方法测得，标幺值 X_{m*} = 0.3~1。

7.3.2 变压器等效电路与外电路的连接

变压器的正序、负序等效电路都是直接与外电路相连接的，但变压器的零序等效电路如何与外电路相连接，却与变压器三相绕组的连接方式以及变压器的中性点是否接地有关。不对称短路时，等效零序电压是加在相线和大地之间的，据此可以从以下 4 个方面来讨论变压器零序等效电路与外电路的连接情况：

（1）当外电路向变压器某侧三相绕组施加零序电压时，如果能在该侧绕组产生零序电流，则等效电路中该侧绕组与外电路接通；如果不能产生零序电流，则认为变压器该侧绕组与外电路断开。根据这个原则，只有中性点接地的星形联结（用 YN 表示）的绕组才能与外电路接通。

（2）当变压器的绕组中有零序电动势（由另一侧绕组的零序电流感生的）时，如果它能将零序电动势施加到外电路上去并能提供零序电流的通路，则等效电路中该侧绕组与外电路接通，至于能否在外电路中产生零序电流，视外电路的连接是否构成通路而定。

（3）在三角形联结的绕组中有零序电动势（由另一侧绕组的零序电流感生的）时，因三相绕组感应的零序电动势大小相等、相位相等，在三相绕组中产生的感应电流形成零序环流，如图 7-7a 所示，对外输出零序电流为 0。这种情况与变压器绕组短路是等效的，所以等效电路中该侧绕组端点与零序等效电路的中性点直接连接（如果变压器中性点直接接地时则接地）。

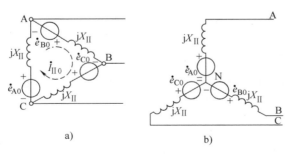

图 7-7 零序电流的说明

a）三角形联结 b）Y 联结

（4）在 Y 联结的绕组中即使有零序电动势，假设在三相绕组中产生零序感应电流，但因其中性点不接地，所以根据基尔霍夫电流定律，对中性点 n 列方程有：这三个电流的相量和等于 0，但这三个电流同大小、同相位，所以只能是零序感应电流等于零，如图 7-7b 所示，所以 Y 形联结的绕组中的零序电流等于 0。

根据以上四点并设变压器至少有一个中性点直接接地，则变压器零序等效电路与外电路的连接可以用图 7-8 所示的电路来表示。

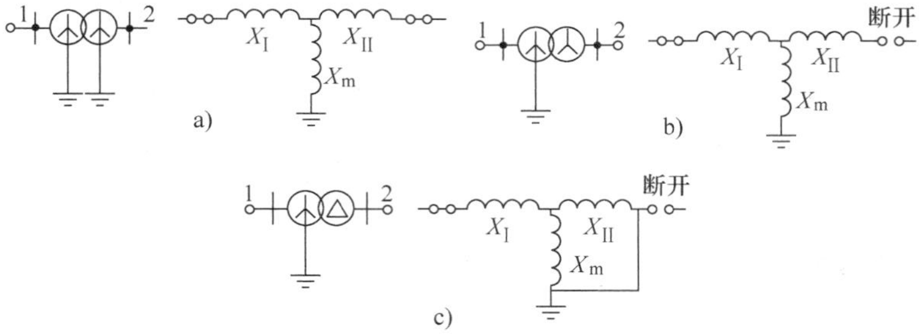

图 7-8　双绕组变压器零序等效电路与外电路的连接

a）Y_n/Y_n　b）Y_n/Y　c）$Y_n/\triangle$

当短路发生在双绕组变压器的 YN 联结绕组一侧，如图 7-8 中的 1 端，则变压器与一端外电路相连接，I 绕组中有零序电流流过，而另一侧如果是星（y）形或三角形（d）联结时，该侧的外电路是断开的。同理，当短路发生在双绕组变压器的星形或三角形联结绕组一侧，如图 7-8b、图 7-8c 中的 2 侧，则变压器与外电路断开，变压器内没有零序电流流过。

上述各点及与外电路的连接方法也完全适用于三绕组变压器。实际的三绕组变压器，为了消除谐波磁通的影响，一般总有一个绕组（二次绕组或三次绕组）是接成三角形的。

中性点直接接地的自耦变压器的零序等效电路与普通变压器相同。

7.3.3　中性点有接地阻抗时变压器的零序等效电路

当变压器的 YN 联结绕组的中性点经阻抗接地时，若有零序电流流过变压器，则中性点接地阻抗中将流过 3 倍的零序电流，并且产生相应的电压降，使中性点与地的电位不相等，因此，在单相的零序等效电路中，应将中性点与地之间的阻抗增大为 3 倍，并同它所接入的该侧绕组的漏电抗相串联。

图 7-9a 所示为 YNyd 联结的三绕组变压器的等效电路，但如果三绕组变压器采用 YNynd 联结时，要注意到实际上变压器的各绕组是通过电磁耦合的，电路上并不相连，所以等效电路一般如图 7-9b 所示，其中各个电抗都是折算到同一电压级（同一侧）的值，同时变压器中性点的电压也要在求出各绕组的零序电流后才能求出，两侧的中性点电压实际可能并不相等。

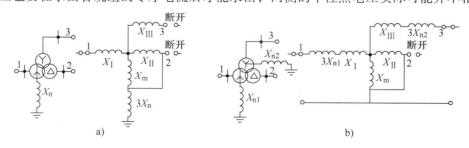

图 7-9　中性点有接地电抗时变压器的零序等效电路

a）YNyd 联结的等效电路　b）YNynd 联结的等效电路

7.4 电力线路的各序参数和等效电路

三相电力线路也是静止元件，其正序和负序参数相等，在作短路分析时，如讨论三相短路时所提到，一般忽略其电阻和导纳，用一电抗表示。

三相电力线路中流过零序电流时，由于零序电流大小相同，且相位也相同，因此零序电流必须与大地、架空地线来构成回路，这样架空输电线路的零序阻抗与电流在大地中的分布有关，精确计算是十分困难的。

实际上，由于输电线路所经过的地段的大地电阻率一般是不均匀的，因此零序电抗通常是通过实测来获得的，在实用计算中，不同类型的架空线路的零序电抗往往用其和正序电抗的比值来表示。在计算中可以按表 7-2 给出的数据取值。

表 7-2 架空电力线路各序电抗的平均值

架空电力线路分类		正、负序电抗 /(Ω/km)	零序电抗 /(Ω/km)	备注
无避雷线	单回路	$x_1 = x_2 = 0.4$	$x_0 = 3.5x_1 = 1.4$	
	双回路		$x_0 = 5.5x_1 = 2.2$	每回路数值
有钢质避雷线	单回路		$x_0 = 3x_1 = 1.2$	
	双回路		$x_0 = 5x_1 = 2$	每回路数值
有良导体避雷线	单回路		$x_0 = 2x_1 = 0.8$	
	双回路		$x_0 = 3x_1 = 1.2$	每回路数值

除了架空电力线路外，常用的输电线路还有电缆，其正、负序电抗要比架空线路小得多，但三芯电力电缆的结构复杂，准确计算相当困难，通常电缆的正序（负序）阻抗由制造厂提供。电缆的零序阻抗还与线路的铺设方式及沿线的大地情况有很大关系。

电缆的铅（铝）保护层在两端的终端盒处都要人工接地，中间的一系列接头盒也与大地有接触，因此在三芯电缆线中通以零序电流时，在大地和铅包（保护层）均成为电流的返回通路，因此，即使已知电缆的正序电抗，电缆的零序电抗准确计算也比较困难，一般要通过实测方法求得。在规划设计和近似计算中，可以取 $r_0 = 10r_1$，$x_0 = (3.5 \sim 4.6)x_1$，r_1、x_1 为电缆的正序电阻和电抗。

7.5 异步电动机和综合负荷各序参数和等效电路

电力系统的负荷主要是工业负荷，大多数工业负荷为异步电动机。在三相短路的实用计算中，对于不同的计算任务制作正序等效电路时，对综合负荷有不同的处理方法。

1）在计算起始次暂态电流 I'' 时，异步电动机或异步电动机性质的综合负荷离短路点电气距离比较远时，综合负荷略去不计；在短路点附近的综合负荷和大型异步电动机，则表示为用次暂态电动势和次暂态电抗串联构成的电压源。

2）在应用运算曲线确定短路后任意时刻的短路电流的周期分量时，因为运算曲线在制订时已计入负荷的影响，所以在等效网络中略去所有的负荷。

3）在上述两种情况以外的短路计算中，综合负荷（如民用负荷等非异步电动机性质的负荷）的正序阻抗近似用恒定阻抗表示。

$$Z_L = \frac{U_L^2}{S_L}(\cos\varphi + j\sin\varphi) \tag{7-6}$$

式中 U_L 和 S_L 分别为综合负荷的电动机的端电压和视在功率。假定短路前综合负荷处于额定运行状态且功率因数 $\cos\varphi = 0.8$，则以额定值为基准的电动机的阻抗标幺值为

$$Z_{L*} = 0.8 + j0.6 \tag{7-7}$$

或为避免复数运算，用等效的电抗标幺值表示综合负荷 $X_{L*} = j1.2$。

分析计算表明，综合负荷分别用以上两种阻抗代表时，所得的计算结果极为接近。

异步电动机是旋转元件，和同步发电机一样，其负序电抗不等于正序阻抗。当电动机端施加基频负序电压时，流入定子绕组的负序电流将在气隙中产生一个与转子转向相反的旋转磁场，它对电动机产生制动性的转矩。若异步电动机转子相对于正序旋转磁场的转差率为 s，则转子相对于负序旋转磁场的转差率为 $2-s$。

系统发生不对称短路时，作用于电动机端的电压可能包含正、负、零序分量，此时正序电压低于正常值，使电动机的驱动转矩减小，而负序电流又产生制动转矩，从而使电动机转速下降，转差率增大。当异步电动机的转差率 s 在 $0 \sim 1$ 之间变化即转子的转速在其最高转速到停转之间变化时，由电机学知，从电动机端看进去的等效阻抗变化却不太大。为了简化计算，实用上常略去电阻，并取 $s = 1$ 时，即以转子静止（或起动瞬间）状态的阻抗的模作为电动机的负序电抗值，也就是认为异步电动机的负序电抗同正序时次暂态电抗相等。

$$X_{2*} = X''_* = \frac{1}{I_{st}} \tag{7-8}$$

如果计及降压变压器及馈电线路的电抗，则以异步电动机为主的综合负荷的负序电抗可取 $X_{2*} = 3.5$，它是以综合负荷的视在功率和负荷接入点的平均额定电压为基准的标幺值。

因为异步电动机通常接成三角形或接成不接地的星形，零序电流不能流通，即

$$X_0 = \infty \tag{7-9}$$

总之，当短路发生时，电动机的各序等效电路如图7-10所示。

图 7-10 电动机端不对称短路的各序等效电路

7.6 电力系统故障运行的等效电路

如前面7.1节所提到的，应用对称分量法分析计算电力系统的不对称故障时，首先就要作出电力系统的各序等效电路。为此，应根据电力系统的接线图，中性点接地情况等原始资料，在故障点分别加上各序的电动势（电压源），从故障点开始，逐步查明各序电流流通的情况，凡是某一序电流能流过的元件，必须包括在该序等效电路图中，并用相应的序参数和

等效电路表示。下面通过举例来说明各序等效电路的制订方法。

例 7-2 如图 7-11 所示的电力系统，在 K 点发生不对称故障，试画出其各序等效电路。

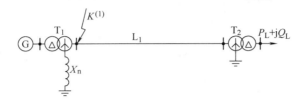

图 7-11 例 7-2 电力系统接线图

解：

（1）正序等效电路 正序等效电路就是前面计算对称短路（三相短路）时所用的等效电路。发电机用短路前的次暂态电动势和次暂态电抗串联构成的电压源表示，变压器的等效电路本来是一个 T 形网络，但近似分析时忽略其电阻和导纳，且因为正序电流三相的相量和等于 0，接地电抗中没有电流流过，所以也不用画。电力线路 L_1 也忽略电阻与导纳，用一个电抗 X_{L1} 表示。负荷 P_L+jQ_L 则用一接地阻抗表示，为计算方便，这里也近似用一个电抗 X_L 表示。

此外，还需要在短路点引入用来代替故障条件的不对称电压中的正序分量，可以用一个理想电压源表示。得到的正序等效电路如图 7-12 所示。

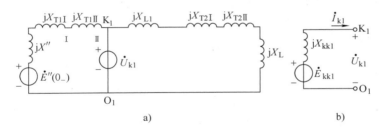

图 7-12 例 7-2 的正序等效电路

对双绕组变压器，还可以用一个电抗 $X_{T1} = X_{T1I}+X_{T1II}$ 来表示，以后双绕组变压器都可以只画一个电抗。

正序等效电路中的短路点用 K_1 表示，零电位点用 O_1 表示。因为我们关心的是 K_1O_1 即故障端口的电压和故障端流出的电流，所以可以根据戴维南定理化简正序等效电路成图 7-12b 所示电路。其中等效电动势即为 K_1O_1 端口的开路端电压

$$\dot{E}_{kk1} = \frac{j(X_{L1}+X_{T2I}+X_{T2II}+X_L)}{j(X''+X_{T1I}+X_{T1II}+X_{L1}+X_{T2I}+X_{T2II}+X_L)}E''(0_-)$$

$$jX_{kk1} = \frac{j(X''+X_{T1I}+X_{T1II}) \times j(X_{L1}+X_{T2I}+X_{T2II}+X_L)}{j(X''+X_{T1I}+X_{T1II}+X_{L1}+X_{T2I}+X_{T2II}+X_L)}$$

（2）负序等效电路 负序等效电路中只有电源（例如发电机，大型电动机等）的等效电路与正序电路不同，因此把正序等效电路中的各元件参数用负序参数代替，并在短路点引入代替故障条件的不对称电压源中的负序分量，便得到负序网络，如图 7-13a 所示。负序等效电路中的短路点用 K_2 表示，零电位点用 O_2 表示，可以把负序等效电路化简成图 7-13b。

其中等效电抗

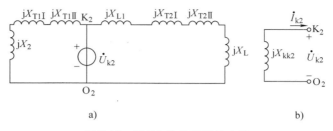

图 7-13　例 7-2 的负序等效电路

$$jX_{kk2} = \frac{j(X_2+X_{T1I}+X_{T1II}) \times j(X_{L1}+X_{T2I}+X_{T2II}+X_L)}{j(X_2+X_{T1I}+X_{T1II}+X_{L1}+X_{T2I}+X_{T2II}+X_L)}$$

（3）零序等效电路　零序等效电路的变化比较大，由于三相零序电流的大小相同、相位相同，所以相应的阻抗值都有所变化，变压器的等效电路结构也不同，还要考虑其联结和有无接地阻抗。电力线要考虑其实际情况，这里取单回路有钢质避雷线，$X_0 = 3X_1$。因为变压器 T_1 采用 Dyn 联结，所以发电机支路中没有零序电流流过，不必画出，同理，变压器 T_2 采用 YNd 联结，所以负荷支路中也没有零序电流流过，也不必画出，最后得到零序网络如图 7-14a 所示。

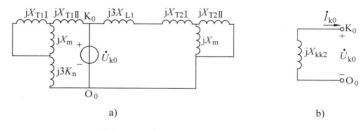

图 7-14　例 7-2 的零序等效电路

零序等效电路中的短路点用 k_0 表示，零电位点用 O_0 表示，可以零负序等效电路化简成图 7-14b。其中等效阻抗

$$jX_{kk0} = \frac{j(3X_n+X_{T1I}//X_m+X_{T1II}) \times j(3X_{L1}+X_{T2I}+X_{T2II}//X_m)}{j(3X_n+X_{T1I}//X_m+X_{T1II}+3X_{L1}+X_{T2I}+X_{T2II}//X_m)}$$

例 7-3　如图 7-15 所示的电力系统，在电力线路 L_1 的中点 K 发生不对称故障，试画出其各序电路，并求出各序的等效参数。

解：

（1）正序等效电路　这里 T_3 变压器后面是空载，画正、负序电路时，空载变压器（忽略励磁支路）、空载线路 L_3 均可以不画。对双绕组变压器，将两侧的电抗串联，只画一个，因为在电力线路 L_1 的中点 K 发生不对称故障，所以用来代替故障条件的不对称电压中的正序分量的正序电压源要加在 L_1 的中点，L_1 的电抗分成两部分，其正序等效电路如图 7-16a 所示。

为求 $\dot{U}_{k1}$，根据戴维南定理，先断开 $\dot{U}_{k1}$ 所在支路，求开路端电压，即得等效电路的电源电动势 $\dot{E}_{kk1}$。

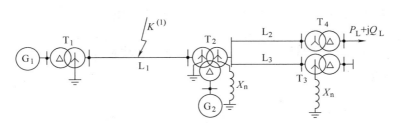

图 7-15　例 7-3 的电力系统接线图

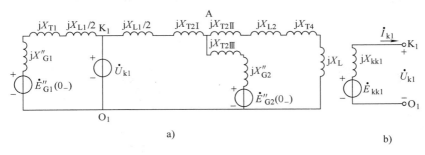

图 7-16　例 7-3 的正序等效电路

设 O_1 点为参考点，用节点电压法先求图中 A 点的电压

$$\dot{U}_A = \frac{\dot{E}''_{G1}(0_-)/j(X''_{G1}+X_{T1}+X_{L1}+X_{T2I}) + \dot{E}''_{G2}(0_-)/j(X''_{G2}+X_{T2III})}{1/j(X''_{G1}+X_{T1}+X_{L1}+X_{T2I}) + 1/j(X''_{G2}+X_{T2III}) + 1/j(X_{T2II}+X_{L2}+X_{T4}+X_L)}$$

则有

$$\dot{E}_{kk1} = \frac{\dot{E}''_{G1}(0_-) - \dot{U}_A}{j(X''_{G1}+X_{T1}+X_{L1}+X_{T2I})}j(X_{L1}/2+X_{T2I}) + \dot{U}_A$$

除源后 K_1O_1 端口的等效阻抗为

$$jX_{kk1} = j(X''_{G1}+X_{T1}+X_{L1}/2)//[j(X_{L1}/2+X_{T2I}) + j(X_{T2III}+X''_{G2})//j(X_{L2}+X_{T2II}+X_{T4}+X_L)]$$

则化简后的正序等效电路如图 7-16b 所示。

（2）负序等效电路　电力系统的负序等效电路如图 7-17 所示，其简化电路 K_2O_2 端口的等效阻抗为

$$jX_{kk2} = j(X_{2G1}+X_{T1}+X_{L1}/2)//[j(X_{L1}/2+X_{T2I}) + j(X_{T2III}+X_{2G2})//j(X_{L2}+X_{2II}+X_{T4}+X_L)]$$

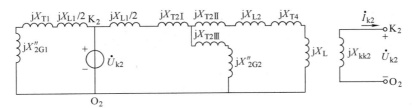

图 7-17　例 7-3 的负序等效电路

（3）零序等效电路　电力系统的零序等效电路如图 7-18 所示，用 X_m 表示，因 T_4 变压器为 Yd 联结，所以 T_4 变压器中没有零序电流流过，电力线路 L_2 中也没有零序电流流过，

而 T_3 变压器因为其短路侧采用了 YN 联结，所以有零序电流流过，从而导致电力线路 L_3 中也有零序电流流过。T_1、T_2、T_3 变压器的励磁电抗设为相同，注意在 T_2 变压器的 II 侧和 T_3 变压器的 I 侧通过相同的电抗接地，则等效电路中要接入接地电抗的 3 倍，电力线路的零序电抗取为正序电抗的 3 倍。另外为求其简化电路 K_0O_0 端口的等效阻抗，先令变压器的等效电抗为

$$jX_{T10} = jX_{T1II} + jX_{T1I}//jX_m, \quad jX_{T30} = jX_{T3I} + jX_{T3II}//jX_m$$

并令 K_0 右侧支路的电抗为

$$jX_{右} = j(3X_{L1}/2 + jX_{T2I}) + jX_{T2III}//jX_m//j(X_{T2II} + 6X_n + 3X_{L3} + X_{T30})$$

则得

$$jX_{kk0} = j(X_{T10} + 3X_{L1}/2)//jX_{右}$$

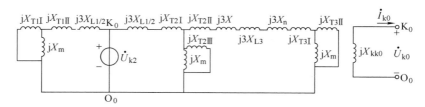

图 7-18　例 7-3 的零序等效电路

例 7-4　如图 7-19 所示的电力系统，在 K 点发生不对称短路，系统各元件参数如下：（为简洁，不加下标 *）

发电机 G：$S_N = 120MV\cdot A$，$U_N = 10.5kV$，次暂态电动势标幺值 1.67，次暂态电抗标幺值 0.9，负序电抗标幺值 0.45

变压器 T_1：$S_N = 60MV\cdot A$，$U_K\% = 10.5$

变压器 T_2：$S_N = 60MV\cdot A$，$U_K\% = 10.5$

线路 $L = 105km$，单位长度电抗 $x_1 = 0.4\Omega/km$，$x_0 = 3x_1$，

负荷 L_1：$S_N = 60MV\cdot A$，$X_1 = 1.2$，$X_2 = 0.35$

负荷 L_2：$S_N = 40MV\cdot A$，$X_1 = 1.2$，$X_2 = 0.35$

取 $S_B = 120MV\cdot A$ 和 U_B 为所在级平均额定电压，试求各元件的各序电抗的标幺值，画出用标幺值表示的各序原始等效电路并化简。

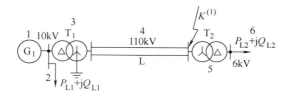

图 7-19　例 7-4 的电力系统接线图

解：

根据前面的讨论，求出各元件的各序电抗标幺值。

发电机：$E_{1*} = 1.67 \dfrac{U_n}{U_B} = 1.67 \times \dfrac{10.5}{10.5} = 1.67$

$$X_{1*} = X'' \frac{U_{\text{Gn}}^2}{S_{\text{Gn}}} \frac{S_\text{B}}{U_\text{B}^2} = 0.9 \times \frac{10.5^2}{120} \times \frac{120}{10.5^2} = 0.9$$

$$X_{12*} = X_2 \frac{U_{\text{Gn}}^2}{S_{\text{Gn}}} \frac{S_\text{B}}{U_\text{B}^2} = 0.45 \times \frac{10.5^2}{120} \times \frac{120}{10.5^2} = 0.45 \qquad （发电机的负序电抗）$$

变压器 T_1：因为题目中没有给出空载电流，所以认为励磁电流忽略不计，即 $X_\text{m} = \infty$

$$X_{3*} = \frac{U_\text{k}\% S_\text{B}}{100 \ S_\text{n}} = \frac{10.5}{100} \times \frac{120}{60} = 0.21$$

变压器 T_2：$X_{5*} = \dfrac{U_\text{k}\% S_\text{B}}{100 \ S_\text{n}} = \dfrac{10.5}{100} \times \dfrac{120}{60} = 0.21$

线路 L：$X_{4*} = \dfrac{1}{2} x_1 L \dfrac{S_\text{B}}{U_\text{B}^2} = \dfrac{1}{2} 0.4 \times 105 \times \dfrac{120}{115^2} = 0.19$

$$X_{40*} = 3X_4 = 0.57$$

负荷 LD_1：$X_{2*} = X_1 \dfrac{S_\text{B}}{S_\text{n}} = 1.2 \dfrac{120}{60} = 2.4$

$$X_{22*} = X_2 \frac{S_\text{B}}{S_\text{n}} = 0.35 \frac{120}{60} = 0.7$$

负荷 LD_2：$X_{6*} = X_1 \dfrac{S_\text{B}}{S_\text{n}} = 1.2 \dfrac{120}{40} = 3.6$

$$X_{62*} = X_2 \frac{S_\text{B}}{S_\text{n}} = 0.35 \frac{120}{40} = 1.05$$

制订出各序等效电路如图 7-20 所示。

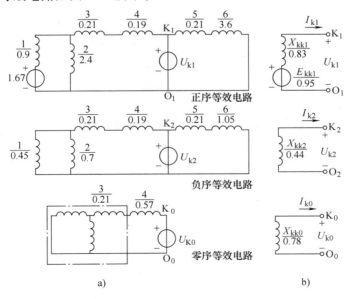

图 7-20 例 7-4 的电力系统各序等效电路

a）原始图 b）化简后

网络化简:

$$E_{kk1*} = \frac{1.67 \times 2.4 // (0.21+0.19+0.21+3.6)}{0.9+2.4 // (0.21+0.19+0.21+3.6)} \times \frac{0.21+3.6}{0.21+0.19+0.21+3.6} = 0.95$$

$$X_{kk1*} = (0.9 // 2.4 + 0.21 + 0.19) // (0.21 + 3.6) = 0.83$$

$$X_{kk2*} = (0.45 // 0.7 + 0.21 + 0.19) // (0.21 + 1.05) = 0.44$$

$$X_{kk0*} = 0.78$$

小　结

除三相短路故障外，电力系统中的绝大部分故障都是不对称故障。

根据电力系统的特点，对电力系统的不对称故障分析采用对称分量法——把任何一组不对称的三个相量（电压或电流）分解成为正序、负序和零序三组（每组三个）相量。对称分量变换矩阵为 $\boldsymbol{T}$。

$$\begin{bmatrix} i_a \\ i_b \\ i_c \end{bmatrix} = \begin{bmatrix} 1 & 1 & 1 \\ a^2 & a & 1 \\ a & a^2 & 1 \end{bmatrix} \begin{bmatrix} i_{a1} \\ i_{a2} \\ i_{a0} \end{bmatrix} = \boldsymbol{T} \begin{bmatrix} i_{a1} \\ i_{a2} \\ i_{a0} \end{bmatrix}$$

根据叠加原理，分别作出电力系统的正序、负序、零序等效电路进行分析求解。

同步发电机的正序等效电路为一个由正序电动势加正序电抗（近似计算时忽略电阻）构成的等效电压源，零序和负序等效电路则由零序和负序电抗分别构成，零序电抗、负序电抗和正序电抗均不相等。

变压器的正序、负序和零序的等效电阻相等。变压器的正序、负序等效电路都是直接与外电路相连接的，但变压器的零序等效电路如何与外电路相连接，却与变压器三相绕组的联结方式以及变压器的中性点是否接地有关。

三相电力线路也是静止元件，其正序和负序参数相等，但零序电抗一般较大，与架空线路接法有关，一般通过实测获得。

在短路点附近的综合负荷和大型异步电动机，可以用次暂态电动势和次暂态电抗串联构成的电压源表示其正序等效电路，否则近似计算时可略去不计。

本章重点掌握三序等效电路的画法。

习　题

7-1　选择题

1. 将三个不对称相量分解为三组对称相量的方法是（　　）。

A. 小干扰法　　　　　　　　　　B. 对称分量法

C. 牛顿-拉夫逊法　　　　　　　　D. 龙格-库塔法

2. 电力系统发生三相短路时，短路电流只包含（　　）。

A. 正序分量   B. 负序分量

C. 零序分量   D. 正序和零序分量

3. 当电力系统的某点出现 a 相直接接地短路时，下式不成立。

A. $\dot{U}_a = 0$ B. $\dot{I}_b = 0$

C. $\dot{I}_a = 0$ D. $\dot{I}_c = 0$

4. 根据对称分量法，任何一组不对称的三个相量可以分解成三组分量，不包含（　　）分量。

A. 正序分量   B. 负序分量

C. 直流分量   D. 零序分量

5. 在故障分析时，以下说法不正确的是（　　）。

A. 发电机中是不存在正序电动势的

B. 发电机中是不存在负序电动势的

C. 发电机中是不存在零序电动势的

D. 同步发电机的负序电抗是不等于其正序电抗的

6. 在故障分析时，对变压器，以下说法不正确的是（　　）。

A. 变压器的正序、负序和零序的等效电阻相等

B. 变压器的正序、负序和零序的等效漏抗也相等

C. 变压器是一种静止元件

D. 变压器的正序、负序、零序等效电路与外电路的连接方式相同

7. 在故障分析时，对电力线路，以下说法正确的是（　　）。

A. 电力线路的正序参数与负序参数不相等

B. 架空电力线路的正序电抗大于电缆的电抗

C. 电力线路的正序参数与零序参数不相等

D. 电力线路的零序电抗一定等于正序电抗的 3 倍

8. 在故障分析时，对负荷的处理，以下说法不正确的是（　　）。

A. 在计算起始次暂态电流 I'' 时，在短路点附近的综合负荷，用次暂态电动势和次暂态电抗串联构成的电压源表示

B. 在应用运算曲线确定短路后任意时刻的短路电流的周期分量时，略去所有的负荷

C. 异步电动机的零序电抗等于 0

D. 异步电动机通常接成三角形或接成不接地的星形，零序电流不能流过

9. 已知 a 相的正序电压为 $\dot{U}_a = 10\angle 30°\text{kV}$，则以下正确的是（　　）。

A. $\dot{U}_b = 10\angle 120°\text{kV}$ B. $\dot{U}_b = 10\angle 150°\text{kV}$

C. $\dot{U}_c = 10\angle 120°\ \text{kV}$ D. $\dot{U}_c = 10\angle 150°\text{kV}$

10. 已知 a 相的负序电压为 $\dot{U}_a = 10\angle 30°\text{kV}$，则以下正确的是（　　）。

A. $\dot{U}_b = 10\angle 120°\text{kV}$ B. $\dot{U}_b = 10\angle 150°\text{kV}$

C. $\dot{U}_c = 10\angle 120°\ \text{kV}$ D. $\dot{U}_c = 10\angle 150°\text{kV}$

7-2 填空题

1. 正序分量是指三个相量模相同，但相位角按（　　　　　　　　）顺序互差（　　　）度。

2. 负序分量是指三个相量模（　　　　），但相位角按（　　　　　）顺序互差120°。

3. 根据对称分量法，任何一组不对称的三个相量（电压或电流）总可以分解成为（　　　　　　　　　　）三组（每组三个）相量。

4. 发电机两端的三相负序电压为（　　　　　　　）。

5. 变压器的零序等效电路是否与外电路相连接，与变压器（　　　　　　　　　　）有关。

6. 当变压器的 YN 联结绕组的中性点经阻抗接地时，若有零序电流流过变压器，则中性点接地阻抗中将流过（　　　　　　　　　　　）。

7. 若电动机的转子相对于正序旋转磁场的转差率为 s，则转子相对于负序旋转磁场的转差率为（　　　　）。

8. （　　　　　）和（　　　　）的负序等效电路与正序等效电路不同。

9. 除（　　　　　　　　）外，电力系统中的绝大部分故障都是不对称故障。

10. 对（　　　　　　　）作故障分析时，可以不必画负序和零序等效电路。

7-3 简答题

1. 什么叫对称分量法？试推导对称分量法的变换公式。

2. 画出双绕组变压器的正序、负序和 YNd 联结时的零序等效电路，并加以说明。

3. 画出大型电动机端发生不对称短路时其各序等效电路并加以说明。

4. 对电力线路，其正序电抗、负序电抗是否相等？零序电抗的大小和什么有关？

5. 电力系统常见的故障有哪些？其中什么属于不对称故障？不对称故障有什么特点？

7-4 计算题

1. 已知电力系统发生 a 相单相短路时有（标幺值）$\dot{I}_a = 1$，$\dot{I}_b = 0$，$\dot{I}_c = 0$，试将它们转换成对称分量。

2. 已知各序电流为 $\dot{I}_{a(1)} = j5$，$\dot{I}_{a(2)} = -j5$，$\dot{I}_{a(0)} = 1$，试求 a、b、c 三相的线电流。

3. 已知各序电压为 $\dot{U}_{b(1)} = 5$，$\dot{U}_{b(2)} = -j5$，$\dot{I}_{b(0)} = j$，试求 a、b、c 三相的线电压。

4. 三相电力系统如图 7-21 所示，图中 K 点发生单相短路，请绘制各序等效电路图。

图 7-21　计算题 7-4.4 图

5. 三相电力系统如图 7-22 所示，各图中 K 点发生单相接地短路，请绘制各序等效电路图。

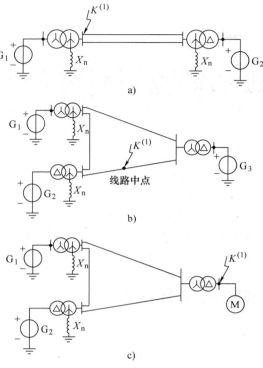

图 7-22　计算题 7-4.5 图

第8章

电力系统不对称故障分析

第7章讨论了应用对称分量法分析不对称故障的基本原理。当电力系统发生简单不对称故障时，无论是单相接地故障、两相短路、两相接地故障或单相断线和两相断线，都可以近似认为只有故障点出现了系统结构不对称，而其他部分仍然是对称的，于是根据叠加原理故障时短路点的相电压和短路电流可以由正序、负序和零序三个部分组成，并可以分别建立各序等效电路，在此基础上就可以对出现不对称故障后的电力系统进行分析。

8.1 简单不对称短路的分析与计算

已知电力系统及其不对称故障点的位置后，就可以画出电力系统的各序等效电路图，并进行化简，最后可以得到正序、负序和零序的等效电路，如图 8-1 所示。

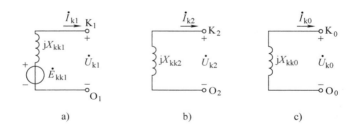

图 8-1 不对称故障点的各序等效电路

a）正序等效电路　b）负序等效电路　c）零序等效电路

从图 8-1 中可以看到各序电流与电压的关系为

$$\begin{cases} \dot{U}_{k1} = \dot{E}_{kk1} - \dot{I}_{k1} jX_{kk1} \\ \dot{U}_{k2} = -\dot{I}_{k2} jX_{kk2} \\ \dot{U}_{k0} = -\dot{I}_{k0} jX_{kk0} \end{cases} \tag{8-1}$$

其中 $\dot{E}_{kk1}$、X_{kk1}、X_{kk2}、X_{kk0} 都可以由电力系统的结构和参数来确定，但根据这三个方程却不能确定各序短路电压和短路电流，因为共有 6 个未知量，根据数学知识，还必须找出 3 个独立方程，才可能唯一地确定各序短路电压和短路电流，这三个独立方程可以根据具体的不对称故障的特点来找到。下面先对简单不对称短路故障进行逐一讨论。

8.1.1 单相接地短路

1. 单相通过电阻接地

接地短路又可以分成金属性接地（或称直接接地）和通过接地电阻 Z_f 接地。设某电力

系统在 K 点出现 a 相通过接地电阻 Z_f 接地短路，即为单相接地

短路 $K^{(1)}$，其故障点部分的电路如图 8-2 所示。因为 b、c 两相

没有接地，所以这两相对地电流为 0，所以可以列出 3 个方程

（常称为边界方程或边界条件）

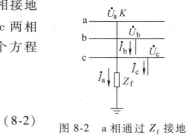

$$\begin{cases} \dot{U}_a = \dot{I}_a Z_f \\ \dot{I}_b = 0 \\ \dot{I}_c = 0 \end{cases} \qquad (8-2)$$

图 8-2 a 相通过 Z_f 接地

选择三相中的特殊相，这里选 a 相作为基准相，运用对称分量法，即令 $\dot{I}_a = \dot{I}_{a1} + \dot{I}_{a2} + \dot{I}_{a0}$，则将这三个边界条件转化为序电压和序电流之间的关系式

$$\begin{bmatrix} \dot{I}_{a1} \\ \dot{I}_{a2} \\ \dot{I}_{a0} \end{bmatrix} = \frac{1}{3} \begin{bmatrix} 1 & a & a^2 \\ 1 & a^2 & a \\ 1 & 1 & 1 \end{bmatrix} \begin{bmatrix} \dot{I}_a \\ \dot{I}_b \\ \dot{I}_c \end{bmatrix} = \frac{1}{3} \begin{bmatrix} 1 & a & a^2 \\ 1 & a^2 & a \\ 1 & 1 & 1 \end{bmatrix} \begin{bmatrix} \dot{I}_a \\ 0 \\ 0 \end{bmatrix} = \frac{1}{3} \begin{bmatrix} \dot{I}_a \\ \dot{I}_a \\ \dot{I}_a \end{bmatrix}$$

$$\dot{I}_{a1} = \dot{I}_{a2} = \dot{I}_{a0} = \frac{1}{3} \dot{I}_a \qquad (8-3)$$

由已知的 a 相短路点对地电压（注意到 a 相为基准相电压）可求出

$$\dot{U}_a = \dot{U}_{a1} + \dot{U}_{a2} + \dot{U}_{a0} = Z_f \dot{I}_a \qquad (8-4)$$

如果已知电力系统的等效参数，联立式（8-1）、式（8-3）、式（8-4），注意式（8-1）

中电压电流的下标 k 表示基准相，下标 k0，k1，k2 分别表示基准相的零序、正序、负序，

在 a 相短路时要选 a 相为基准相，下标 k0，k1，k2 与下标 a0、a1、a2 等价，所以就可以求

出正序电流：

$$\dot{I}_{a1} = \frac{\dot{E}_{kk1}}{jX_{kk1} + jX_{kk2} + jX_{kk0} + 3Z_f} \qquad (8-5)$$

式（8-5）是单相短路计算的关键公式，短路电流的正序分量求出后，就能求出短路点

的电流和电压的各序分量

$$\begin{cases} \dot{I}_{a1} = \dot{I}_{a2} = \dot{I}_{a0} \\ \dot{U}_{a1} = \dot{E}_{kk1} - jX_{kk1} \dot{I}_{a1} = j(X_{kk2} + X_{kk0}) \dot{I}_{a1} \\ \dot{U}_{a2} = -jX_{kk2} \dot{I}_{a2} \\ \dot{U}_{a0} = -jX_{kk0} \dot{I}_{a0} \end{cases} \qquad (8-6)$$

从式（8-6）中可以看到三序电流同大小、同相位，a 相的正序电压 $\dot{U}_{a1}$ 比正序电流 $\dot{I}_{a1}$ 超

前90°，而负序电压$\dot{U}_{a2}$、零序电压$\dot{U}_{a0}$均比正序电流$\dot{I}_{a1}$落后90°。

电压和电流的各序分量还可以用一种很直观的方法来求得，即根据边界条件求得各序分量之间的关系后，按这种关系，把图8-1所示的各序等效电路组合起来，就构成一个复合序网络或复合序电路。例如单相短路时，由式（8-3）得到各序的电流相等，且电路串联时电流相等，所以可以把三个序等效电路串联起来，再由式（8-4）知三个序电压相加等于$3\dot{I}_{a1}Z_f$，因此得到的复合序网络如图8-3所示。从图中可以很直观地得到式（8-5），得到完全相同的计算结果。

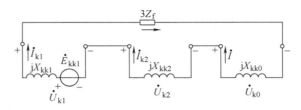

图8-3　单相短路接地时复合序网络

求出各序电压和各序电流后，就可以求出短路点非故障相的对地电压

$$\begin{cases} \dot{U}_b = a^2\dot{U}_{a1}+a\dot{U}_{a2}+\dot{U}_{a0}=\left[j(a^2-a)X_{kk2}+j(a^2-1)X_{kk0}\right]\dot{I}_{a1} \\ \quad = \left[\sqrt{3}X_{kk2}+\left(\dfrac{\sqrt{3}}{2}-j\dfrac{3}{2}\right)X_{kk0}\right]\dot{I}_{a1} \\ \dot{U}_c = a\dot{U}_{a1}+a^2\dot{U}_{a2}+\dot{U}_{a0}=\left[j(a-a^2)X_{kk2}+j(a-1)X_{kk0}\right]\dot{I}_{a1} \\ \quad = \left[-\sqrt{3}X_{kk2}+\left(-\dfrac{\sqrt{3}}{2}-j\dfrac{3}{2}\right)X_{kk0}\right]\dot{I}_{a1} \end{cases} \tag{8-7}$$

由式（8-7）还可以看到，单相接地短路时非故障相电压$\dot{U}_b$和$\dot{U}_c$的绝对值总是相等，其相位的差与比值X_{kk2}/X_{kk0}有关。当$X_{kk0}\rightarrow 0$时，相当于短路发生在直接接地的中性点附近，$\dot{U}_{a0}\approx 0$，$\dot{U}_b$和$\dot{U}_c$正好反相；当$X_{kk0}\rightarrow\infty$时，即为不接地系统，单相短路电流等于0，非故障相电压上升为线电压，$\dot{U}_b$和$\dot{U}_c$的相位差为60°。一般情况则介于这二者之间，短路点的电压相量图如图8-4所示。

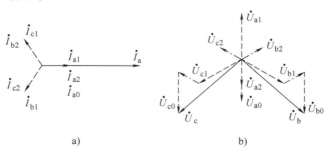

a)　　　　　　　　　　　　　　　b)

图8-4　a相接地短路时短路点电压、电流相量图

a）电流相量图　b）电压相量图

短路电流

$$\dot{I}_a = 3\,\dot{I}_{a1} = \frac{3\,\dot{E}_{kk1}}{j(X_{kk1} + X_{kk2} + X_{kk0}) + 3Z_f} \tag{8-8}$$

2. 单相直接接地

由图 8-3 还可以看到接地电阻 Z_f 与序电流的关系，如果 Z_f 是电抗，上述各式可以直接用标量式来求出。如果 $Z_f = 0$，即直接接地时，对复合序网络稍作修改，就可以得到

$$\dot{I}_{a1} = \frac{\dot{E}_{kk1}}{j(X_{kk1} + X_{kk2} + X_{kk0})} \tag{8-9}$$

或标量式

$$I_{a1} = \frac{E_{kk1}}{(X_{kk1} + X_{kk2} + X_{kk0})} \tag{8-10}$$

例 8-1 某电力系统接线图如图 8-5 所示，系统各元件的参数如下：

发电机：$S_N = 60MV \cdot A$，$U_N = 10.5kV$，$\dot{E}_{G1} = 11.025kV$，$X_{1*} = 0.125$，$X_{2*} = 0.16$。

变压器 T_1：$S_N = 60MV \cdot A$，$U_k\% = 10.5$，变压器主分接头电压比为 $10.5/121kV$。

变压器 T_2：$S_N = 30MV \cdot A$，$U_k\% = 10.5$，变压器主分接头电压比为 $110/11kV$。

为简便起见，两个变压器均忽略励磁电抗（即 $X_m \to \infty$），且 $X_{T0} = X_{T1} = X_{TI} + X_{TII}$（零序电抗与正序电抗相等，且画成 T 型网络时两侧电抗相等）。

线路 L_1：$x_1 = x_2 = 0.4\Omega/km$，$x_0 = 3x_1$。

综合负荷：$S_N = 30MV \cdot A$，等效的电抗标幺值 $X_{L*} = j1.2$。

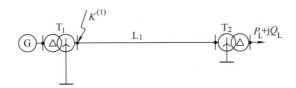

图 8-5 单相接地的电力系统

若在 K 点发生了 a 相直接接地短路，试求短路点各相电压和短路电流。

解：选取基准容量 $S_B = 60MV \cdot A$，基准电压 $U_B = U_{avN}$

（1）计算各序等效电路参数并作出各序等效电路，如图 8-6 所示

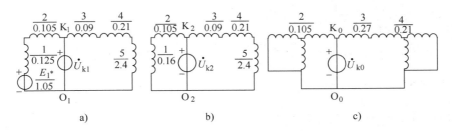

图 8-6 例 8-1 的各序等效电路
a）正序 b）负序 c）零序

发电机参数：$E_{1*} = \dfrac{E_{G1}}{U_B} = \dfrac{11.025}{10.5} = 1.05$

$X_{11*} = 0.125$，$X_{12*} = 0.16$（因为发电机的 $S_N = S_B$）

变压器 T_1：$X_{2*} = \dfrac{U_k\% S_B}{100\, S_N} = \dfrac{10.5}{100} \times \dfrac{60}{60} = 0.105$

变压器 T_2：$X_{4*} = \dfrac{U_k\% S_B}{100\, S_N} = \dfrac{10.5}{100} \times \dfrac{60}{30} = 0.21$

电力线路 L_1：$X_{3*} = x_1 L \dfrac{S_B}{U_B^2} = 0.4 \times 50 \times \dfrac{60}{115^2} = 0.09$

综合负荷：$X_{5*} = 1.2 \dfrac{S_B}{S_N} = 1.2 \times \dfrac{60}{30} = 2.4$

（2）计算两端口等效参数，用标幺值表示：

$E_{kk1*} = \dfrac{1.05 \times (0.09 + 0.21 + 2.4)}{0.125 + 0.105 + 0.09 + 0.21 + 2.4} = 0.968$

$X_{kk1*} = (0.125 + 0.105) // (0.09 + 0.21 + 2.4) = 0.21$

$X_{kk2*} = (0.16 + 0.105) // (0.09 + 0.21 + 2.4) = 0.24$

$X_{kk0*} = 0.105 // (0.27 + 0.21) = 0.086$

（3）计算短路处各序电流和各序电压，设 $\dot{E}_{kk1*} = j0.968$，则得

$$\dot{I}_{a1*} = \dfrac{\dot{E}_{kk1*}}{jX_{kk1*} + jX_{kk2*} + jX_{kk0*}} = \dfrac{j0.968}{j(0.21 + 0.24 + 0.086)} = 1.81$$

$$\dot{U}_{a1*} = \dot{E}_{kk1*} - jX_{kk1*} \dot{I}_{a1*} = j0.968 - j0.21 * 1.81 = j0.59$$

$$\dot{U}_{a2*} = -jX_{kk2*} \dot{I}_{a1*} = -j0.24 * 1.81 = -j0.43$$

$$\dot{U}_{a0*} = -jX_{kk0*} \dot{I}_{a1*} = -j0.086 * 1.81 = -j0.16$$

（4）计算短路点各相电压和短路电流有名值

$\dot{I}_b = \dot{I}_c = 0$

$\dot{I}_a = 3\dot{I}_{a1*} I_B = 3 \times 1.81 \times \dfrac{S_B}{\sqrt{3}\, U_B} = 3 \times 1.81 \times \dfrac{60}{\sqrt{3} \times 115}\,\text{kA} = 1.64\,\text{kA}$

$\dot{U}_a = 0$

$\dot{U}_b = \left[\sqrt{3} X_{kk2} + \left(\dfrac{\sqrt{3}}{2} - j\dfrac{3}{2} \right) X_{kk0} \right] \dot{I}_{a1} U_B$

$\qquad = \left(\sqrt{3} \times 0.24 + \dfrac{\sqrt{3}}{2} 0.086 - j\dfrac{3 \times 0.086}{2} \right) 1.81 \times 115\,\text{kV} = (101.9 - j26.9)\,\text{kV} =$

$105.4 \angle -14.8°\,\text{kV}$

$\dot{U}_c = \left[-\sqrt{3} X_{kk2} + \left(-\dfrac{\sqrt{3}}{2} - j\dfrac{3}{2} \right) X_{kk0} \right] \dot{I}_{a1} U_B$

$\qquad = \left(-\sqrt{3} \times 0.24 - \dfrac{\sqrt{3}}{2} 0.086 - j\dfrac{3 \times 0.086}{2} \right) 1.81 \times 115\,\text{kV} = (-101.9 - j26.9)\,\text{kV} = 105.4 \angle -165.2°\,\text{kV}$

8.1.2　两相短路

1. 两相通过电阻短接

设某电力系统在 K 点出现 a 相、b 相通过电阻 Z_f 短路，即为两相短路 $K^{(2)}$，其故障点部分的电路如图 8-7 所示。

因为 a、b 两相之间短路，按照电流的假设方向，这两相电流反相，可以列出边界条件：

$$\begin{cases} \dot{U}_a - \dot{U}_b = \dot{I}_a Z_f \\ \dot{I}_a = -\dot{I}_b \\ \dot{I}_c = 0 \end{cases} \qquad (8\text{-}11)$$

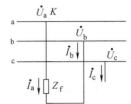

图 8-7　a、b 两相通过电阻 Z_f 短路

选择三相中的特殊相（这里是 c 相）作为基准相运用对称分量法，即令 $\dot{I}_c = \dot{I}_{c1} + \dot{I}_{c2} + \dot{I}_{c0}$，则将这三个边界条件转化为序电压和序电流之间的关系式

$$\begin{bmatrix} \dot{I}_{c1} \\ \dot{I}_{c2} \\ \dot{I}_{c0} \end{bmatrix} = \frac{1}{3} \begin{bmatrix} 1 & a & a^2 \\ 1 & a^2 & a \\ 1 & 1 & 1 \end{bmatrix} \begin{bmatrix} \dot{I}_c \\ \dot{I}_a \\ \dot{I}_b \end{bmatrix} = T^{-1} \begin{bmatrix} 0 \\ \dot{I}_a \\ -\dot{I}_a \end{bmatrix} = \frac{1}{3} \begin{bmatrix} (a - a^2)\dot{I}_a \\ (a^2 - a)\dot{I}_a \\ 0 \end{bmatrix} = \frac{1}{3} \begin{bmatrix} j\sqrt{3}\,\dot{I}_a \\ -j\sqrt{3}\,\dot{I}_a \\ 0 \end{bmatrix} \qquad (8\text{-}12)$$

注意，适当选择基准相可以使求解变得比较容易，三相电流的排列仍要按正序。同样，对电压有

$$\begin{bmatrix} \dot{U}_{c1} \\ \dot{U}_{c2} \\ \dot{U}_{c0} \end{bmatrix} = \frac{1}{3} \begin{bmatrix} 1 & a & a^2 \\ 1 & a^2 & a \\ 1 & 1 & 1 \end{bmatrix} \begin{bmatrix} \dot{U}_c \\ \dot{U}_a \\ \dot{U}_b \end{bmatrix} = \frac{1}{3} \begin{bmatrix} 1 & a & a^2 \\ 1 & a^2 & a \\ 1 & 1 & 1 \end{bmatrix} \begin{bmatrix} \dot{U}_c \\ \dot{I}_a Z_f + \dot{U}_b \\ \dot{U}_b \end{bmatrix} \qquad (8\text{-}13)$$

则得

$$\dot{U}_{c1} = \frac{1}{3} \left[\dot{U}_c + a(\dot{I}_a Z_f + \dot{U}_b) + a^2 U_b \right] \qquad (8\text{-}14)$$

$$\dot{U}_{c2} = \frac{1}{3} \left[\dot{U}_c + a^2(\dot{I}_a Z_f + \dot{U}_b) + a U_b \right] \qquad (8\text{-}15)$$

两式相减并注意到式（8-12），得到

$$\dot{U}_{c1} - \dot{U}_{c2} = \frac{1}{3}(a - a^2) Z_f \dot{I}_a = \dot{I}_{c1} Z_f \qquad (8\text{-}16)$$

结合各序电压和序电流关系式（8-1），就可以求出

$$\begin{cases} \dot{I}_{c1} = \dfrac{\dot{E}_{kk1}}{jX_{kk1} + jX_{kk2} + Z_f} \\ \dot{I}_{c2} = -\dot{I}_{c1},\ \dot{I}_{c0} = 0 \end{cases} \qquad (8\text{-}17)$$

同样可以直观地画出两相短路时序电压与序电流的关系——复合序网络如图 8-8 所示。注意到这里的基准相为 c 相，所以序电压、序电流下标中的 K 要用 c 去取代。

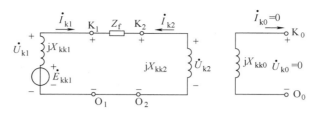

图 8-8 两相短路时复合序网络

$$\begin{cases} \dot{U}_{c1} = \dot{E}_{kk1} - jX_{kk1}\dot{I}_{c1} \\ \dot{U}_{c2} = -jX_{kk2}\dot{I}_{c2} \\ \dot{U}_{c0} = 0 \end{cases} \tag{8-18}$$

再通过 T 变换，就可以求出故障时短路点的电流

$$\begin{bmatrix} \dot{I}_c \\ \dot{I}_a \\ \dot{I}_b \end{bmatrix} = \begin{bmatrix} 1 & 1 & 1 \\ a^2 & a & 1 \\ a & a^2 & 1 \end{bmatrix} \begin{bmatrix} \dot{I}_{c1} \\ \dot{I}_{c2} \\ \dot{I}_{c0} \end{bmatrix} = \begin{bmatrix} 1 & 1 & 1 \\ a^2 & a & 1 \\ a & a^2 & 1 \end{bmatrix} \begin{bmatrix} \dot{I}_{c1} \\ -\dot{I}_{c1} \\ 0 \end{bmatrix} = \begin{bmatrix} 0 \\ -j\sqrt{3}\dot{I}_{c1} \\ j\sqrt{3}\dot{I}_{c1} \end{bmatrix} \tag{8-19}$$

故障点各相对地的电压（其中用到 $a^2+a+1=0$）

$$\begin{bmatrix} \dot{U}_c \\ \dot{U}_a \\ \dot{U}_b \end{bmatrix} = \begin{bmatrix} 1 & 1 & 1 \\ a^2 & a & 1 \\ a & a^2 & 1 \end{bmatrix} \begin{bmatrix} \dot{U}_{c1} \\ \dot{U}_{c2} \\ \dot{U}_{c0} \end{bmatrix} = \begin{bmatrix} 1 & 1 & 1 \\ a^2 & a & 1 \\ a & a^2 & 1 \end{bmatrix} \begin{bmatrix} \dot{U}_{c1} \\ \dot{U}_{c1} - Z_f\dot{I}_{c1} \\ 0 \end{bmatrix} = \begin{bmatrix} 2\dot{U}_{c1} - Z_f\dot{I}_{c1} \\ -\dot{U}_{c1} - aZ_f\dot{I}_{c1} \\ -\dot{U}_{c1} - a^2 Z_f\dot{I}_{c1} \end{bmatrix} \tag{8-20}$$

2. 两相直接短接

如果在 K 点 a、b 相是直接短接，即 $Z_f = 0$，各序的电流关系仍如式（8-17），各序的电压关系则改变为 $\dot{U}_{c1} = \dot{U}_{c2}$，可以直接求出

$$\begin{cases} \dot{I}_{c1} = \dfrac{\dot{E}_{kk1}}{jX_{kk1} + jX_{kk2}} \\ \dot{I}_{c2} = -\dot{I}_{c1} \end{cases} \tag{8-21}$$

序电压为 $\dot{U}_{c1} = \dot{U}_{c2} = jX_{kk2}\dot{I}_{c1}$

其复合序网络只要令图 8-8 中的 $Z_f = 0$ 就可以得到。

故障点各相的电压表达式就比较简单了，由式（8-20）并令 $Z_f = 0$ 得到

$$\begin{bmatrix} \dot{U}_c \\ \dot{U}_a \\ \dot{U}_b \end{bmatrix} = \begin{bmatrix} 1 & 1 & 1 \\ a^2 & a & 1 \\ a & a^2 & 1 \end{bmatrix} \begin{bmatrix} \dot{U}_{c1} \\ \dot{U}_{c1} \\ 0 \end{bmatrix} = \begin{bmatrix} 2\dot{U}_{c1} \\ -\dot{U}_{c1} \\ -\dot{U}_{c1} \end{bmatrix} \tag{8-22}$$

可见两相短接时两个故障相电压大小相等、相位相同，非故障相的电压大小为它们的两倍，相位与它们相反。

选择基准相 c 相的正序电流 $\dot{I}_{c1}$ 为参考相，可以作出两相直接短路时短路点电压和短路电流相量图，如图 8-9 所示。

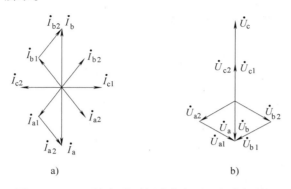

图 8-9　a、b 两相短路时短路点电压、电流相量图

a）电流相量图　b）电压相量图

例 8-2　仍是图 8-5 所示的电力系统，但在 K 点发生 a、b 两相直接短接的故障，试求短路点各相电压和短路电流。

解：电力系统的各序等效电路和参数在例 8-1 中已求出。注意这题应取 c 相为基准相。

（1）短路处各序电流和各序电压的计算，设 $\dot{E}_{kk1*}=j0.968$，则得

$$\dot{I}_{c1*}=\frac{\dot{E}_{kk1*}}{jX_{kk1*}+jX_{kk2*}}=\frac{j0.968}{j0.21+j0.24}=2.15$$

$$\dot{I}_{c2*}=-\dot{I}_{c1*}=-2.15,\dot{I}_{c0*}=0$$

$$\dot{U}_{c1*}=\dot{U}_{c2*}=jX_{kk2*}\dot{I}_{c1*}=j0.516,\dot{U}_{c0}=0$$

（2）计算短路点各相电压和短路电流有名值

$$\dot{I}_{a}=-\dot{I}_{b}=-j\sqrt{3}\,\dot{I}_{c1}I_{B}=-j\sqrt{3}\times2.15\times\frac{S_{B}}{\sqrt{3}\times U_{B}}=\left(-j2.15\times\frac{60}{115}\right)kA=-j1.12kA$$

$$\dot{U}_{c}=2\,\dot{U}_{c1*}U_{B}=(2\times j0.516\times115)kV=j118.68kV$$

$$\dot{U}_{a}=\dot{U}_{b}=-\dot{U}_{c1*}U_{B}=(-j0.516\times115)kV=-j59.34kV$$

8.1.3　两相接地短路

1. 两相通过电阻接地短路

为不失一般性，先设某电力系统在 K 点出现 b 相、c 相通过电阻接地短路，即为两相接地短路用 $K^{(1,1)}$ 表示，其故障点部分的电路如图 8-10 所示。

从图中可以看到，b、c 两相各经阻抗 Z_{f} 短接，并共同经接地阻抗 Z_{g} 接地，a 相未发生故障。根据图 8-10，可以写出两相接地短路的边界条件

$$\begin{cases}\dot{I}_{a}=0\\\dot{U}_{b}=\dot{I}_{b}Z_{f}+(\dot{I}_{b}+\dot{I}_{c})Z_{g}\\\dot{U}_{c}=\dot{I}_{c}Z_{f}+(\dot{I}_{b}+\dot{I}_{c})Z_{g}\end{cases}\tag{8-23}$$

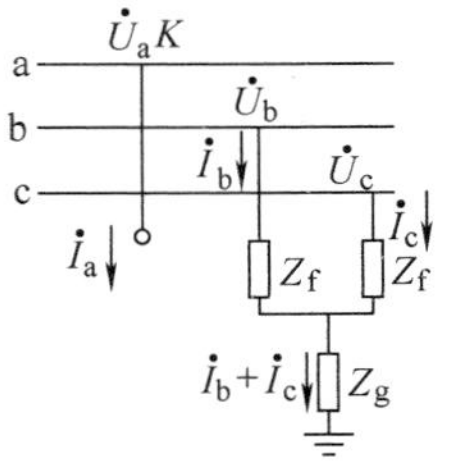

选择三相中的特殊相，这里是 a 相作为基准相运用对称分量法，即令 $\dot{I}_a = \dot{I}_{a1} + \dot{I}_{a2} + \dot{I}_{a0}$，则将这三个边界条件转化为序电压和序电流之间的关系式，由式（8-23）有 $\dot{I}_a = \dot{I}_{a1} + \dot{I}_{a2} + \dot{I}_{a0} = 0$ 相当于三个序电流并联的关系。

图 8-10　b、c 两相通过电阻接地短路

$$\begin{bmatrix} \dot{I}_{a1} \\ \dot{I}_{a2} \\ \dot{I}_{a0} \end{bmatrix} = \frac{1}{3} \begin{bmatrix} 1 & a & a^2 \\ 1 & a^2 & a \\ 1 & 1 & 1 \end{bmatrix} \begin{bmatrix} 0 \\ \dot{I}_b \\ \dot{I}_c \end{bmatrix} = \frac{1}{3} \begin{bmatrix} a\dot{I}_b + a^2\dot{I}_c \\ a^2\dot{I}_b + a\dot{I}_c \\ \dot{I}_b + \dot{I}_c \end{bmatrix}$$

整理得

$$\dot{I}_{a1} - \dot{I}_{a2} = \frac{1}{3}(a - a^2)(\dot{I}_b - \dot{I}_c) = \frac{\sqrt{3}}{3}\mathrm{j}(\dot{I}_b - \dot{I}_c) \tag{8-24}$$

而式（8-23）后两式相减，得两个短路电压之间的关系 $\dot{U}_b - \dot{U}_c = (\dot{I}_b - \dot{I}_c)Z_f$，代入 T^{-1} 变换式，即

$$\begin{bmatrix} \dot{U}_{a1} \\ \dot{U}_{a2} \\ \dot{U}_{a0} \end{bmatrix} = \frac{1}{3} \begin{bmatrix} 1 & a & a^2 \\ 1 & a^2 & a \\ 1 & 1 & 1 \end{bmatrix} \begin{bmatrix} \dot{U}_a \\ \dot{U}_b \\ \dot{U}_c \end{bmatrix} = \frac{1}{3} \begin{bmatrix} \dot{U}_a + a\dot{U}_b + a^2\dot{U}_c \\ \dot{U}_a + a^2\dot{U}_b + a\dot{U}_c \\ \dot{U}_a + \dot{U}_b + \dot{U}_c \end{bmatrix} \tag{8-25}$$

整理一下，得

$$\dot{U}_{a1} - \dot{U}_{a2} = \frac{1}{3}(a - a^2)(\dot{U}_b - \dot{U}_c) = \frac{\sqrt{3}}{3}\mathrm{j}(\dot{I}_b - \dot{I}_c)Z_f = (\dot{I}_{a1} - \dot{I}_{a2})Z_f$$

即

$$\dot{U}_{a1} - \dot{I}_{a1}Z_f = \dot{U}_{a2} - \dot{I}_{a2}Z_f \tag{8-26}$$

$$\dot{U}_{a2} - \dot{U}_{a0} = \frac{1}{3}[(a^2 - 1)\dot{U}_b + (a - 1)(\dot{U}_c)] = \frac{1}{3}[a^2\dot{U}_b + a\dot{U}_c - (\dot{U}_b + \dot{U}_c)]$$

$$= \frac{1}{3}\left[\left(-\mathrm{j}\frac{\sqrt{3}}{2}\right)(\dot{U}_b - \dot{U}_c) + \left(-\frac{3}{2}\right)(\dot{U}_b + \dot{U}_c)\right]$$

$$= \frac{1}{3}\left[-\frac{3}{2}(\dot{I}_{a1} - \dot{I}_{a2})Z_f - \frac{3}{2}(3\dot{I}_{a0}Z_f + 6\dot{I}_{a0}Z_g)\right]$$

$$= -\frac{1}{2}(\dot{I}_{a1} - \dot{I}_{a2} + 3\dot{I}_{a0})Z_f - 3\dot{I}_{a0}Z_g$$

$$= \dot{I}_{a2}Z_f - \dot{I}_{a0}Z_f - 3\dot{I}_{a0}Z_g$$

即有

$$\dot{U}_{a2} - \dot{I}_{a2}Z_f = \dot{U}_{a0} - \dot{I}_{a0}(Z_f + 3Z_g) \tag{8-27}$$

由式（8-26）、式（8-27）和 $\dot{I}_a = \dot{I}_{a1} + \dot{I}_{a2} + \dot{I}_{a0} = 0$ 就可以画出直观的复合序网络，如图 8-11 所示，并由图 8-11 直接可以求出各序电流。注意这里的基准相为 a 相，即图中的序电压、序电流的下标 k 要用 a 取代。

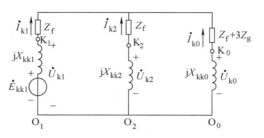

图 8-11　b、c 两相通过电阻接地短路的复合序网络

$$\dot{I}_{a1} = \frac{\dot{E}_{kk1}}{jX_{kk1}+Z_f+(Z_f+jX_{kk2})//(Z_f+3Z_g+jX_{kk0})} \quad (8-28)$$

并同时可以求出负序和零序电流

$$\dot{I}_{a2} = -\frac{Z_f+3Z_g+jX_{kk0}}{Z_f+jX_{kk2}+Z_f+3Z_g+jX_{kk0}}\dot{I}_{a1} \quad (8-29)$$

$$\dot{I}_{a0} = -\frac{Z_f+jX_{kk2}}{Z_f+jX_{kk2}+Z_f+3Z_g+jX_{kk0}}\dot{I}_{a1} \quad (8-30)$$

再通过对称分量法中的 $\boldsymbol{T}$ 变换，就可以求出故障时短路点的电流

$$\begin{cases}\dot{I}_b = a^2\dot{I}_{a1}+a\dot{I}_{a2}+\dot{I}_{a0} \\ \dot{I}_c = a\dot{I}_{a1}+a^2\dot{I}_{a2}+\dot{I}_{a0}\end{cases} \quad (8-31)$$

故障点的各序电压仍由式（8-1）求出，故障点的短路电压就可以用各序电流求出

$$\begin{cases}\dot{U}_a = \dot{U}_{a1}+\dot{U}_{a2}+\dot{U}_{a0} = \dot{E}_{kk1}-jX_{kk1}\dot{I}_{a1}-jX_{kk2}\dot{I}_{a2}-jX_{kk0}\dot{I}_{a0} \\ \dot{U}_b = a^2\dot{U}_{a1}+a\dot{U}_{a2}+\dot{U}_{a0} = a^2(\dot{E}_{kk1}-jX_{kk1}\dot{I}_{a1})-ajX_{kk2}\dot{I}_{a2}-jX_{kk0}\dot{I}_{a0} \\ \dot{U}_c = a\dot{U}_{a1}+a^2\dot{U}_{a2}+\dot{U}_{a0} = a(\dot{E}_{kk1}-jX_{kk1}\dot{I}_{a1})-a^2jX_{kk2}\dot{I}_{a2}-jX_{kk0}\dot{I}_{a0}\end{cases} \quad (8-32)$$

2. 两相直接接地短路

现在讨论一种更简单的情况，设 b、c 两相直接接地，即图 8-11 中的阻抗 Z_f 和 Z_g 都等于 0，仍取特殊相 a 相为基准相，则各序的电流仍为：$\dot{I}_a = \dot{I}_{a1}+\dot{I}_{a2}+\dot{I}_{a0}=0$，但从复合序网络上可见各序的电压相等（见图 8-12），即 $\dot{U}_{a1}=\dot{U}_{a2}=\dot{U}_{a0}$。

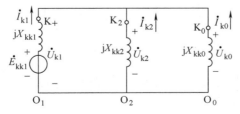

图 8-12　b、c 两相直接接地短路的复合序网络

方程的推导变得十分简单，式（8-25）～式（8-27）的推导都可以略去，读者可以自己试着推导一下。

各序的电流为

$$\begin{cases} \dot{I}_{a1} = \dfrac{\dot{E}_{kk1}}{jX_{kk1}+jX_{kk2}/\!/jX_{kk0}} \\[3mm] \dot{I}_{a2} = -\dfrac{jX_{kk0}}{jX_{kk2}+jX_{kk0}}\dot{I}_{a1} \\[3mm] \dot{I}_{a0} = -\dfrac{jX_{kk2}}{jX_{kk2}+jX_{kk0}}\dot{I}_{a1} \end{cases} \tag{8-33}$$

短路电流和短路电压的计算公式仍用式（8-30）和式（8-31）。

$$\begin{cases} \dot{I}_b = a^2\dot{I}_{a1}+a\dot{I}_{a2}+\dot{I}_{a0} = \left(a^2 - \dfrac{aX_{kk0}+X_{kk2}}{X_{kk2}+X_{kk0}}\right)\dot{I}_{a1} \\[3mm] \quad = \dfrac{(a^2-1)X_{kk2}+(a^2-a)X_{kk0}}{X_{kk2}+X_{kk0}}\dot{I}_{a1} \\[3mm] \quad = \dfrac{\left(-\dfrac{3}{2}-j\dfrac{\sqrt{3}}{2}\right)X_{kk2}-j\sqrt{3}X_{kk0}}{X_{kk2}+X_{kk0}}\dot{I}_{a1} \\[5mm] \dot{I}_c = a\dot{I}_{a1}+a^2\dot{I}_{a2}+\dot{I}_{a0} = \left(a - \dfrac{a^2X_{kk0}+X_{kk2}}{X_{kk2}+X_{kk0}}\right)\dot{I}_{a1} \\[3mm] \quad = \dfrac{(a-1)X_{kk2}+(a-a^2)X_{kk0}}{X_{kk2}+X_{kk0}}\dot{I}_{a1} \\[3mm] \quad = \dfrac{\left(-\dfrac{3}{2}+j\dfrac{\sqrt{3}}{2}\right)X_{kk2}+j\sqrt{3}X_{kk0}}{X_{kk2}+X_{kk0}}\dot{I}_{a1} \end{cases} \tag{8-34}$$

由式（8-34）也可以看到两相接地短路时两故障相短路电流的模相等，其相位的差与比值 X_{kk2}/X_{kk0} 有关。当 $X_{kk0}\to 0$ 时，$\dot{I}_b$ 和 $\dot{I}_c$ 的相位差为 $60°$；当 $X_{kk0}\to\infty$ 时，$\dot{I}_b$ 和 $\dot{I}_c$ 反相。一般情况则介于这二者之间。

由 $\dot{U}_{a1} = \dot{U}_{a2} = \dot{U}_{a0}$，得短路点相电压为

$$\begin{cases} \dot{U}_a = \dot{U}_{a1}+\dot{U}_{a2}+\dot{U}_{a0} = 3\dot{U}_{a1} \\[2mm] \dot{U}_b = a^2\dot{U}_{a1}+a\dot{U}_{a2}+\dot{U}_{a0} = 0 \\[2mm] \dot{U}_c = a\dot{U}_{a1}+a^2\dot{U}_{a2}+\dot{U}_{a0} = 0 \end{cases} \tag{8-35}$$

取 $\dot{I}_{a1}$ 为参考相量，可以作出这种情况下的短路点相电压和短路电流的相量图，如图8-13所示。

例 8-3 仍是图8-5所示的电力系统，但在 K 点发生 b、c 两相直接接地短路的故障，试求短路点各相电压和短路电流。

解：电力系统的各序等效电路和参数在例8-1中已求出。

（1）短路处各序电流和各序电压的计算，设 $\dot{E}_{kk1*} = j0.968$，则得

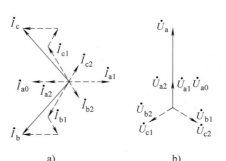

图 8-13　b、c 两相接地短路时短路点电压、电流相量图

a）电流相量图　b）电压相量图

$$\dot{I}_{\mathrm{a1}*} = \frac{\dot{E}_{\mathrm{kk1}*}}{\mathrm{j}X_{\mathrm{kk1}*} + \mathrm{j}X_{\mathrm{kk2}*}//\mathrm{j}X_{\mathrm{kk0}*}} = \frac{\mathrm{j}0.968}{\mathrm{j}\left(0.21 + \dfrac{0.24 \times 0.086}{0.24 + 0.086}\right)} = 3.54$$

$$\dot{I}_{\mathrm{a2}*} = -\frac{\mathrm{j}X_{\mathrm{kk0}*}}{\mathrm{j}X_{\mathrm{kk2}*} + \mathrm{j}X_{\mathrm{kk0}*}}\dot{I}_{\mathrm{a1}} = -\frac{0.086}{0.24 + 0.086}3.54 = -0.93$$

$$\dot{I}_{\mathrm{a0}*} = -\frac{\mathrm{j}X_{\mathrm{kk2}*}}{\mathrm{j}X_{\mathrm{kk2}*} + \mathrm{j}X_{\mathrm{kk0}*}}\dot{I}_{\mathrm{a1}} = -\frac{0.24}{0.24 + 0.086}3.54 = -2.61$$

$$\dot{U}_{\mathrm{a1}*} = \dot{U}_{\mathrm{a2}*} = \dot{U}_{\mathrm{a0}*} = -\mathrm{j}X_{\mathrm{kk0}*}\dot{I}_{\mathrm{a0}*} = -\mathrm{j}0.086 \times (-2.61) = \mathrm{j}0.224$$

（2）计算短路点各相电压和短路电流有名值

$$\dot{I}_{\mathrm{b}} = \frac{\left(-\dfrac{3}{2} - \mathrm{j}\dfrac{\sqrt{3}}{2}\right)X_{\mathrm{kk2}*} - \mathrm{j}\sqrt{3}X_{\mathrm{kk0}*}}{X_{\mathrm{kk2}*} + X_{\mathrm{kk0}*}}\dot{I}_{\mathrm{a1}*}I_{\mathrm{B}}$$

$$= \frac{\left(-\dfrac{3}{2} - \mathrm{j}\dfrac{\sqrt{3}}{2}\right)0.24 - \mathrm{j}\sqrt{3} \times 0.086}{0.24 + 0.086} \times 3.54 \times \frac{60}{\sqrt{3} \times 115}\mathrm{kA} = -1.17 - \mathrm{j}1.17\mathrm{kA}$$

$$\dot{I}_{\mathrm{c}} = \frac{\left(-\dfrac{3}{2} + \mathrm{j}\dfrac{\sqrt{3}}{2}\right)X_{\mathrm{kk2}*} + \mathrm{j}\sqrt{3}X_{\mathrm{kk0}*}}{X_{\mathrm{kk2}*} + X_{\mathrm{kk0}*}}\dot{I}_{\mathrm{a1}*}I_{\mathrm{B}} = -1.17 + \mathrm{j}1.17\mathrm{kA}$$

$$\dot{U}_{\mathrm{a}} = 3\dot{U}_{\mathrm{a1}*}U_{\mathrm{B}} = 3 \times (-\mathrm{j}0.224) \times 115\mathrm{kV} = -\mathrm{j}77.28\mathrm{kV}$$

$$\dot{I}_{\mathrm{a}} = 0, \dot{U}_{\mathrm{b}} = \dot{U}_{\mathrm{c}} = 0$$

8.1.4　正序等效定则

根据对上面三种不对称短路故障的讨论，可以得到一个结论，简单不对称短路电流的分析计算过程，是先针对电力系统接线图画出正、负序和零序图，并求出系统对短路点的正序、负序和零序电抗；再根据不对称短路的特点列出边界条件，并根据边界条件推导出序电流和序电压的关系，画出直观的复合序网络图；然后求出短路点的正序电流。

在前面的讨论还看到，以上三种不对称短路时通常选短路时的特殊相作为基准相，则其短路点基准相的正序电流表达式可以写成一个通用表达式

$$\dot{I}_{k1} = \frac{\dot{E}_{kk1}}{jX_{kk1} + Z_A} \tag{8-36}$$

式中 Z_A 称为附加阻抗，对于不同类型的不对称短路，Z_A 有不同的值。当经阻抗（Z_f、Z_g）短路时，附加阻抗的值与这些阻抗有关。表 8-1 列出了前面讨论的各种情况中的附加阻抗。

表 8-1　各种不对称短路时的附加阻抗 Z_A

短路类型	符号	直接短接	经阻抗短接
单相短路	$K^{(1)}$	$jX_{kk2} + jX_{kk0}$	$jX_{kk2} + jX_{kk0} + 3Z_f$
两相短接	$K^{(2)}$	jX_{kk2}	$jX_{kk2} + Z_f$
两相接地短路	$K^{(1.1)}$	$jX_{kk2} // jX_{kk0}$	$Z_f + (Z_f + jX_{kk2}) // (Z_f + 3Z_g + jX_{kk0})$

与第 7 章讨论的三相短路时短路电流的表达式作对照，式（8-36）表达了一个十分重要的概念——在简单不对称短路故障的情况中，短路点基准相的电流的正序分量，与在短路点的每一相中加入附加阻抗 Z_A 而发生三相短路时的电流相等。这个概念被称为正序等效定则。

因此针对不同类型的短路，只要求出其附加阻抗，就可以运用前面三相短路的概念进行讨论，求出短路瞬间的各相短路电流。

此外，还可以从前面三种不对称短路情况中短路电流的计算式中看到，短路点非基准相电压的模相等，且基准相短路电流的绝对值与它的正序分量的绝对值成正比。其关系见表 8-2。

表 8-2　各种不对称短路时短路电流与正序分量之比值

短路类型	符号	直接短接	经阻抗短接
单相短路	$K^{(1)}$	3	3
两相短接	$K^{(2)}$	$\sqrt{3}$	$\sqrt{3}$
两相接地短路	$K^{(1.1)}$	$\sqrt{3}\sqrt{1 - \dfrac{X_{kk2}X_{kk0}}{(X_{kk2} + X_{kk0})^2}}$	略

运用正效等效定则计算不对称短路的步骤可以归纳为：

（1）画出电力系统各序等效电路求出元件各序参数。其中求 $\dot{E}_{kk1}$ 要分几种情况：

1）如果各电源的次暂态电动势 $\dot{E}''$ 没有直接给出，则要分析正常运行情况，求出短路前的 $\dot{E}''$，然后根据戴维南定理化简求得 $\dot{E}_{kk1}$。

2）如果已知短路点在短路前的电压值（$\dot{U}_k(0_-)$），则正序等效电路只要分析其故障分量的等效电路，令 $\dot{E}_{kk1} = \dot{U}_k(0_-)$。

3）如果采用近似计算，则可以认为在故障前短路点的电压等于其平均额定电压，即令 $\dot{U}_k(0_-)$ 的标幺值为 1。

（2）化简各序等效电路求出各序等效阻抗。

（3）根据短路的类别求出表 8-1 中的附加阻抗 Z_A。

（4）选特殊相为基准相，求出该相的正序电流。

（5）根据各序电压和序电流关系求出各序电压和序电流。

（6）由对称分量法作 **T** 变换，求出短路点的各相电压和各相短路电流。

例 8-4 图 8-14 所示的电力系统，在母线 3 发生不对称短路，已知短路前母线 3 处的电压为 115kV，且设已知两台发电机的中性点均不接地，两台发电机的负序电抗参数 X_2 都近似等于其正序电抗参数 X''，T_1、T_2 变压器都采用了 YNd 联接，发电机侧为 Δ 联接，其励磁阻抗 X_m 为无穷大，YN 侧中性点直接接地，线路的零序电抗 $X_0 = 3X_1$，其他参数如图 8-14 所示。试计算 a 相直接接地短路，b、c 两相直接短接和 b、c 两相直接接地三种故障情况下的短路电流。

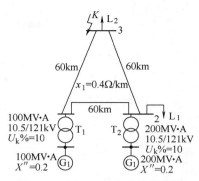

图 8-14 例 8-4 电力系统接线图

解：取 $S_B = 200\text{MV} \cdot \text{A}$，取电压的基准值 $U_B = U_{avN}$（平均额定电压），

（1）画出电力系统各序等效电路，求出元件的各序参数标幺值

此题已知短路前短路点的电压 $\dot{U}_k(0_-) = 115\text{kV}$，正序等效电路只要分析其故障分量的等效电路，在第 6 章例 6-8 中已求出了正序参数，因为此题中设已知发电机的负序参数 X_2 近似等于 X''，故负序电路中电抗参数与正序电路相同，零序等效电路，线路零序电抗为 $3X_1$，因为采用 YNd 联结，所以其变压器的简化等效电抗也与正、负序相同，发电机 G_1，G_2 则断开，不计等效电抗，画出三序故障分量等效电路如图 8-15 所示。

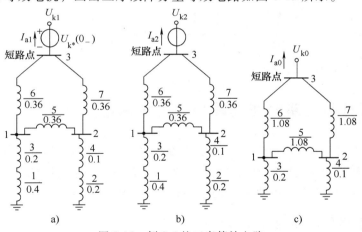

图 8-15 例 8-4 的三序等效电路

a）正序等效电路 b）负序等效电路 c）零序等效电路

（2）化简各序等效电路，求出各序等效阻抗标幺值（与例 6-8 相同，这里略）。

正序等效电路：$X_{kk1*} = 0.385$，$E_{kk1*} = \dfrac{\dot{U}_k(0_-)}{U_B} = 1$

负序等效电路：$X_{kk2*} = 0.385$

零序等效电路：$X_{kk0*} = 0.547$

（3）求各种情况下的附加阻抗，并取 a 相为基准相求出正序电流，令 $\dot{E}_{kk1*} = j1$，也可以直接用公式求正序电流标幺值。

a 相直接接地：$\dot{I}_{a1*} = \dfrac{\dot{E}_{kk1*}}{jX_{kk1*}+jX_{kk2*}+jX_{kk0*}} = \dfrac{j1}{j\,(0.385+0.385+0.547)} = 0.76$

b、c 相直接短接：$\dot{I}_{a1*} = \dfrac{\dot{E}_{kk1*}}{jX_{kk1*}+jX_{kk2*}} = \dfrac{j1}{j0.385+j0.385} = 1.299$

b、c 直接接地短路：$\dot{I}_{a1*} = \dfrac{\dot{E}_{kk1*}}{jX_{kk1*}+jX_{kk2*}//jX_{kk0*}} = \dfrac{j1}{j\,\left(0.385+\dfrac{0.385*0.547}{0.385+0.547}\right)} = 1.64$

（4）求各种情况下的短路电流，先求出电流的基准量。

$$I_B = \frac{S_B}{\sqrt{3}\,U_B} = \frac{200}{\sqrt{3}\times 115}\text{kA} = 1.004\text{kA}$$

a 相直接接地时短路电流 $\dot{I}_a = 3\dot{I}_{a1*} I_B = 3\times 0.76\times 1.004\text{kA} = 2.29\text{kA}$

b、c 相直接短接时短路电流 $\dot{I}_b = -\dot{I}_c = -j\sqrt{3}\,\dot{I}_{a1*} I_B = -j\sqrt{3}\times 1.299\times 1.004\text{kA} = -j2.26\text{kA}$

b、c 直接接地短路时，有

$$\dot{I}_b = \frac{\left(-\dfrac{3}{2}-j\dfrac{\sqrt{3}}{2}\right)X_{kk2*} -j\sqrt{3}\,X_{kk0*}}{X_{kk2*}+X_{kk0*}}\dot{I}_{a1*} I_B$$

$$= \frac{\left(-\dfrac{3}{2}-j\dfrac{\sqrt{3}}{2}\right)0.385 -j\sqrt{3}\times 0.547}{0.385+0.547}\times 1.64*1.004\text{kA} = (-1.02-j2.26)\,\text{kA}$$

$$\dot{I}_c = (-1.02-j2.26)\,\text{kA}$$

8.2 简单不对称短路时非故障处的电压和电流计算

当电路出现不对称短路时，除了要知道故障点的短路电流和电压外，往往还要知道网络中各节点的电压和其他支路的电流。这时，要先求出各序网络中的序电压和序电流分布，然后再合成，要注意的是各序电压和各序电流经过变压器时其相位有可能要发生变化。

8.2.1 计算序电压和序电流的分布

对于正序网络，根据叠加原理可将其分解成稳态运行分量和故障分量，稳态运行时网络各支路电流和各节点电压已通过稳态分析求出结果，这里只要讨论故障等效电路中各节点的故障电压分量和故障电流分量。

对于负序和零序等效电路，则可直接根据等效电路求出各节点的序电压和各支路的序电流。

以最简单的电力系统网络发生不对称故障为例，由图 8-16 可以看到：电源点的正序电压最高，越靠近短路故障点，正序电压越低，直到在短路点等于短路点的正序电压。负序和零序电压则在短路故障点最高，电源点的负序电压为 0，而零序电压则随变压器的联结而定。

如图 8-16a 所示的简单电力系统在 K 点发生不对称故障，求出各序短路电流后就可以得到等效电路中任意节点 i 处特殊相电压的各序分量为

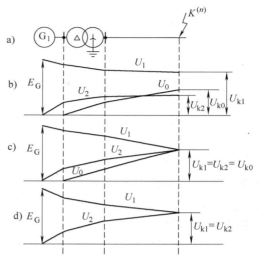

$$\dot{U}_{i1} = \dot{U}_{i(0)} - \mathrm{j}X_{ik1}\dot{I}_{k1}$$

$$\dot{U}_{i2} = -\mathrm{j}X_{ik2}\dot{I}_{k2}$$

$$\dot{U}_{i0} = -\mathrm{j}X_{ik0}\dot{I}_{k0}$$

图 8-16b 给出单相短路时特殊相各序电压有效值的分布情况，在直接接地的故障点 K 有

$$\dot{U}_{k1} = \dot{U}_{k(0)} = -\dot{U}_{k2} - \dot{U}_{k0},$$

图 8-16c 给出两相直接短路接地时各序电压有效值的分布情况，在接地的故障点 K 有

图 8-16 不对称短路时各序电压（有效值）分布

$$\dot{U}_{k1} = \dot{U}_{k2} = \dot{U}_{k0}$$

在故障点特殊相的三个序电压相等。

图 8-16d 给出两相短接时各序电压有效值的分布情况，在故障点 K 有

$$\dot{U}_{k1} = \dot{U}_{k2}$$

零序电压为 0，零序电流也为 0。

求出特殊相的序电压后，就可以按各序电压的特点，求出另两相的各序对称分量，但在变压器联系的两段电路中，正序、负序电压对称分量经变压器后相位上还可能发生变化。

8.2.2 序电压和序电流经变压器后的相位变换

电压、电流序分量经过变压器后，其大小和相位可能要发生变化，从变压器的结构可以知道，各相一次绕组的相电压与二次绕组的相电压是同相位的，但一次绕组的线电压与二次绕组的线电压是不是同相位，取决于变压器绕组的联结方式。

若一次绕组与二次绕组采用相同的联结，例如：Yyn、Yy、Dd 等，则两侧的正序电压相位相同，两侧的负序电压相位也相同。

若一次绕组与二次绕组采用不同的联接，例如：YNd 联结，则两侧的正序、负序电压相位都不相同。电力系统中的三相变压器有多种联结，这里以常用的 YNd11（一种 YNd 联结）为例加以说明。

如图 8-17 所示，设在 YNd 联结的变压器的 YN 侧加上一组正序电压分量时，则在该侧的相电压分量为

$$\dot{U}_{an1} = \dot{U}_{a1}\frac{1}{\sqrt{3}}\mathrm{e}^{-\mathrm{j}30°}$$（Y 联结时，线电压是相应相电压的 $\sqrt{3}$ 倍，相位超前 30°。（注意这里线电压指的是 U_{ab} 与 U_{an} 的关系）

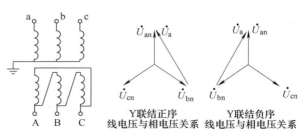

图 8-17 YNd11 变压器两侧序电压相位关系

在变压器的 d 侧，正序分量相电压为

$\dot{U}_{AN1} = K\dot{U}_{an1}$（其中 K 为一、二次绕组的匝数比）

注意到图中 U_{AC} 与 U_{an} 绕在同一铁心上，且正序分量的线电压为：$\dot{U}_{AC} = \dot{U}_{AN1}$，从相量图可知，$\dot{U}_{A1} = \dot{U}_{AB}$ 比 $\dot{U}_{AC}$ 超前 60 度，所以

此时变压器的电压比为一复数：$\dot{K}_1 = \dfrac{\dot{U}_{A1}}{\dot{U}_{a1}} = \dfrac{1}{\sqrt{3}}Ke^{j30°}$

其中下标 1 表示为正序时的电压比，该式表明变压器的 d 侧正序电压比其 YN 侧正序电压超前 30°。这种变压器的联结常记作 YNd11。

注意在电力系统中三相变压器的联结有很多种，有 YNd1，Yd3，Yd11 等，其相位的关系用时钟法来记忆，YNd1 就是变压器一次绕组是星型（中线接地）联结，相位为 12 点方向，二次绕组是三角型联结，相位 1 点钟方向，其正序相位关系也可以用下式表示

$$\dot{K}_1 = \frac{\dot{U}_{A1}}{\dot{U}_{a1}} = \frac{1}{\sqrt{3}}Ke^{-j30°\times1} = \frac{1}{\sqrt{3}}Ke^{-j30}$$

即在变压器的 d 侧正序电压比其 YN 侧正序电压落后 30°。另要说明的是 YNd1（Y 侧中线接地）与 Yd1 联结（Y 侧中线不接地）对正负序电压的相位关系没有影响。

YNd11 则表示变压器一次绕组是星型（中线接地）联结，相位为 12 点方向，二次绕组是三角型联结，相位 11 点钟方向。

$$\dot{K}_1 = \frac{\dot{U}_{A1}}{\dot{U}_{a1}} = \frac{1}{\sqrt{3}}Ke^{-j30°\times11} = \frac{1}{\sqrt{3}}Ke^{j30}$$

即 d 侧正序电压比其 YN 侧正序电压超前 30°。

同理，若在 YNd11 联结的变压器的 YN 侧加上一组负序电压分量时，如图 8-17 所示，在变压器的 d 侧负序电压比其 YN 侧负序电压落后 30°。

还可以用同样的方法推导得到，在不计变压器损耗和磁滞影响前提下，YNd11 联结的变压器的 d 侧正序电流比其 YN 侧正序电流超前 30°，而变压器的 d 侧负序电流比其 YN 侧负序电流落后 30°。

对于 YNd 联结的变压器，零序电流若加在 YN 侧，零序电流在变压器 d 侧形成环流，在 d 侧引出的三相电路中仍无零序分量的电压和电流。

8.2.3 非故障点电压和电流计算举例

当电力系统出现不对称故障时，非故障点电压和电流的计算步骤为：

1）分别作出三序等效电路图，并结合边界条件求出短路点的各序电流、序电压。

2）在各序等效电路中分别求出各节点（非故障点）的序电压和各条支路中的序电流。

3）当正序和负序电压对称分量经变压器时，要根据变压器联结方式考虑是否需要移相。

4）用对称分量法，将某一节点的各序电压合成该节点的三相电压或将流过某一支路的

各序电流合成该支路的三相电流。

例 8-5 某电力系统的接线图如图 8-18 所示，变压器为 YNd11 联结，试求当 K 点发生 b、c 两相直接接地短路故障（$Z_f = 0$，$Z_g = 0$）时，变压器高压母线端 3 和低压母线端 2 两节点处的三相电压。设短路前空载，且已知电力系统各元件参数如下：

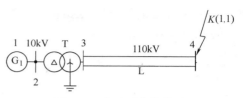

图 8-18 电力系统接线图

发电机 G：$S_N = 120 \text{MV} \cdot \text{A}$，$U_N = 10.5 \text{kV}$，次暂态电动势标幺值 1.67，次暂态电抗标幺值 0.9，负序电抗标幺值 0.45。

变压器 T_1：$S_N = 60 \text{MV} \cdot \text{A}$，$U_k\% = 10.5$。

线路 L = 105km，单位长度电抗 $x_1 = 0.4 \Omega/\text{km}$，$x_0 = 2.75 x_1$。

解：

（1）取 $S_B = 120 \text{MV} \cdot \text{A}$ 和 U_B 为各级平均额定电压，画出故障等效电路的各序原始等效电路，并求出各元件的各序电抗的标幺值（计算过程略）标在电路中。得到各序等效电路如图 8-19 所示。

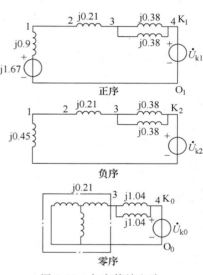

图 8-19 各序等效电路

各序的电抗合并得

$$X_{kk1} = j0.9 + j0.21 + j0.38 // j0.38 = j1.3$$

$$X_{kk2} = j0.45 + j0.21 + j0.38 // j0.38 = j0.85$$

$$X_{kk0} = j0.21 + j1.04 // j1.04 = j0.73$$

（2）计算在 K 点发生两相接地短路时，短路电流和 K 点的各序电压。b、c 两相直接接地短路，特殊相为 a 相，所以取 a 相为基准相，从复合序网络（见图 8-12）可知 $\dot{U}_{a1} = \dot{U}_{a2} = \dot{U}_{a0}$，由式（8-32）可求出故障点 K 处基准相 a 相的各序电流为

$$\dot{I}_{a1} = \frac{\dot{E}_{kk1}}{jX_{kk1} + jX_{kk2} // jX_{kk0}} = \frac{j1.67}{j1.3 + j0.85 // j0.73} = 0.99$$

$$\dot{I}_{a2} = -\frac{jX_{kk0}}{jX_{kk2} + jX_{kk0}} \dot{I}_{a1} = -\frac{j0.73}{j0.85 + j0.73} 0.99 = -0.46$$

$$\dot{I}_{a0} = -\frac{jX_{kk2}}{jX_{kk2} + jX_{kk0}} \dot{I}_{a1} = -\frac{j0.85}{j0.85 + j0.73} 0.99 = -0.53$$

则短路点对地的各序电压为：

$$\dot{U}_{a1} = \dot{U}_{a2} = \dot{U}_{a0} = -\dot{I}_{a2} jX_{kk2} = -(-0.46) \times j0.85 = j0.39$$

短路点的 a 相电压

$$\dot{U}_a = \dot{U}_{a1} + \dot{U}_{a2} + \dot{U}_{a0} = 3\dot{U}_{a1} = j1.17$$

$$\dot{U}_b = \dot{U}_c = 0$$

短路点的 a 相电流

$$\dot{I}_a = \dot{I}_{a1} + \dot{I}_{a2} + \dot{I}_{a0} = 0$$

（3）变压器高压母线端（3点）的电压。

先求基准相（a相）序电压

$$\dot{U}_{31} = \dot{U}_{a1} + jX_{3k1}\dot{I}_{k1} = j0.39 + j0.19 \times 0.99 = j0.578$$

$$\dot{U}_{32} = \dot{U}_{a2} + jX_{3k2}\dot{I}_{k2} = j0.39 + j0.19 \times (-0.46) = j0.301$$

$$\dot{U}_{30} = \dot{U}_{a0} + jX_{3k0}\dot{I}_{k0} = j0.39 + j0.57 \times (-0.52) = j0.094$$

节点3处的相电压可由T变换求得：

$$\dot{U}_{3a} = \dot{U}_{31} + \dot{U}_{32} + \dot{U}_{30} = j0.578 + j0.301 + j0.094 = j0.973$$

$$\dot{U}_{3b} = a^2\dot{U}_{31} + a\dot{U}_{32} + \dot{U}_{30} = 0.240 - j0.346$$

$$\dot{U}_{3c} = a\dot{U}_{31} + a^2\dot{U}_{32} + \dot{U}_{30} = -0.240 - j0.346$$

（4）变压器低压母线端（2点）的电压（要经过YNd11联结的变压器）。

先求基准相（a相）序电压：

正序，低压绕组（d联结）比高压绕组（YN联结）超前30°。

$$\dot{U}_{21} = (\dot{U}_{31} + jX_{T1}\dot{I}_{k1})e^{j30°} = [j0.578 + (j0.21 \times 0.99)](0.866 + j0.5) = -0.393 + j0.681$$

负序：低压绕组（d联结）比高压绕组（YN联结）落后30°：

$$\dot{U}_{22} = (U_{32} - jX_{T2}\dot{I}_{k2})e^{-j30°} = (j0.301 - j0.21 \times 0.46)(0.866 - j0.5) = 0.102 + j0.177$$

零序：$\dot{U}_{20} = 0$

节点2的相电压为：

$$\dot{U}_{2a} = \dot{U}_{21} + \dot{U}_{22} + \dot{U}_{20} = -0.393 + j0.681 + 0.102 + j0.177 = -0.291 + j0.858$$

$$\dot{U}_{2b} = a^2\dot{U}_{21} + a\dot{U}_{22} + \dot{U}_{20} = 0.582$$

$$\dot{U}_{2c} = a\dot{U}_{21} + a^2\dot{U}_{22} + \dot{U}_{20} = -0.291 - j0.858$$

8.3　电力系统非全相运行的分析

电力系统非全相运行包括单相断线和两相断线两种情况，如图8-20所示，造成非全相运行的原因很多，常见的有某一线路单相接地短路后故障相开关跳闸，分相检修线路或开关设备及开关合闸过程中三相触头不同时接通等。

非全相运行时，系统的结构只在断口处出现了纵向三相不对称，其他部分的结构三相仍然是对称的，故也称为纵向不对称故障。对纵向不对称故障，仍可采用对称分量法进行分析，将故障处的线路电流与断口电压分解成正序、负序和零

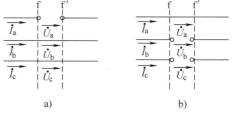

图8-20　电力系统非全相运行

a）断一相　b）断两相

序三个分量，利用叠加原理，分别作出各序的等效电路图，并根据具体的边界条件列方程求解。

8.3.1 单相断线故障

设电力系统某处（f 点）出现单相（设为 a 相）断线故障，如图 8-20a 所示，则在故障处的断口电压和流过断口的电流是不对称的，电力系统的其他部分仍是三相对称的，所以用对称分量法可以把基准相（特殊相，这里为 a 相）分解为

$$\dot{U}_a = \dot{U}_{a1} + \dot{U}_{a2} + \dot{U}_{a0}$$

与不对称短路分析时一样，可以列出各序等效电路的序电压方程式

$$\begin{cases} \dot{U}_{a1} = \dot{U}_{a(0)} - jX_{ff1}\dot{I}_{a1} \\ \dot{U}_{a2} = -jX_{ff2}\dot{I}_{a2} \\ \dot{U}_{a0} = -jX_{ff0}\dot{I}_{a0} \end{cases} \tag{8-37}$$

如图 8-21 所示，正序等效电路包含发电机，是有源一端口网络，可根据戴维南定理用等效电动势 $\dot{U}_{a(0)}$ 和等效电抗 jX_{ff1} 表示，jX_{ff2}、jX_{ff0} 分别为负序、零序等效电路从断线点 f 端口看进去两端的等效电抗（这里为简化计算，忽略了电阻）。

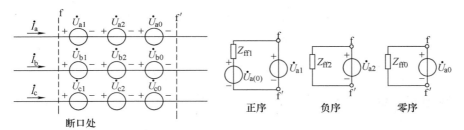

图 8-21　各序等效电路

对单相断线，可以列出断线故障处的边界条件：

$$\dot{I}_a = 0 \tag{8-38}$$

$$\dot{U}_b = \dot{U}_c = 0 \tag{8-39}$$

可以看到与前面讨论的两相直接接地短路故障（$Z_f = Z_g = 0$）的边界条件形式上完全相同，故障分析人工计算时通常忽略电阻，则复阻抗 Z 可以用电抗 X 表示。用相同的推导可以求出：

各序的电流为

$$\begin{cases} \dot{I}_{a1} = \dfrac{\dot{U}_{a(0)}}{jX_{ff1} + jX_{ff2}//jX_{ff0}} \\[3mm] \dot{I}_{a2} = -\dfrac{jX_{ff0}}{jX_{ff2} + jX_{ff0}}\dot{I}_{a1} \\[3mm] \dot{I}_{a0} = -\dfrac{jX_{ff2}}{jX_{ff2} + jX_{ff0}}\dot{I}_{a1} \end{cases} \tag{8-40}$$

断口处流过电流（b、c 两相没有断，仍有电流）为

$$\left\{ \begin{aligned} \dot{I}_{\mathrm{b}} &= a^2 \dot{I}_{\mathrm{a1}} + a \dot{I}_{\mathrm{a2}} + \dot{I}_{\mathrm{a0}} = \left(a^2 - \frac{a X_{\mathrm{ff0}} + X_{\mathrm{ff2}}}{X_{\mathrm{ff2}} + X_{\mathrm{ff0}}} \right) \dot{I}_{\mathrm{a1}} \\ &= \frac{(a^2-1) X_{\mathrm{ff2}} + (a^2-a) X_{\mathrm{ff0}}}{X_{\mathrm{ff2}} + X_{\mathrm{ff0}}} \dot{I}_{\mathrm{a1}} \\ &= \frac{\left(-\dfrac{3}{2} - \mathrm{j}\dfrac{\sqrt{3}}{2} \right) X_{\mathrm{ff2}} - \mathrm{j}\sqrt{3}\, X_{\mathrm{ff0}}}{X_{\mathrm{ff2}} + X_{\mathrm{ff0}}} \dot{I}_{\mathrm{a1}} \\ \dot{I}_{\mathrm{c}} &= a \dot{I}_{\mathrm{a1}} + a^2 \dot{I}_{\mathrm{a2}} + \dot{I}_{\mathrm{a0}} = \left(a - \frac{a^2 X_{\mathrm{ff0}} + X_{\mathrm{ff2}}}{X_{\mathrm{ff2}} + X_{\mathrm{ff0}}} \right) \dot{I}_{\mathrm{a1}} \\ &= \frac{(a-1) X_{\mathrm{ff2}} + (a-a^2) X_{\mathrm{ff0}}}{X_{\mathrm{ff2}} + X_{\mathrm{ff0}}} \dot{I}_{\mathrm{a1}} \\ &= \frac{\left(-\dfrac{3}{2} + \mathrm{j}\dfrac{\sqrt{3}}{2} \right) X_{\mathrm{ff2}} + \mathrm{j}\sqrt{3}\, X_{\mathrm{ff0}}}{X_{\mathrm{ff2}} + X_{\mathrm{ff0}}} \dot{I}_{\mathrm{a1}} \end{aligned} \right. \tag{8-41}$$

$$\left\{ \begin{aligned} \dot{U}_{\mathrm{a}} &= \dot{U}_{\mathrm{a1}} + \dot{U}_{\mathrm{a2}} + \dot{U}_{\mathrm{a0}} = 3 \dot{U}_{\mathrm{a1}} \\ \dot{U}_{\mathrm{b}} &= a^2 \dot{U}_{\mathrm{a1}} + a \dot{U}_{\mathrm{a2}} + \dot{U}_{\mathrm{a0}} = 0 \\ \dot{U}_{\mathrm{c}} &= a \dot{U}_{\mathrm{a1}} + a^2 \dot{U}_{\mathrm{a2}} + \dot{U}_{\mathrm{a0}} = 0 \end{aligned} \right. \tag{8-42}$$

8.3.2　两相断线故障

设电力系统某处（f 点）出现两相（设为 b、c 两相）断线故障如图 8-20a 所示，则选择特殊相（这里为 a 相）作为基准相进行分解，分解方法仍如图 8-21 所示，只是边界条件变成：

$$\dot{I}_{\mathrm{b}} = \dot{I}_{\mathrm{c}} = 0 \tag{8-43}$$

$$\dot{U}_{\mathrm{a}} = 0 \tag{8-44}$$

可以看到与前面讨论的单相（a 相）直接接地的边界条件完全相同，所以作同样的推导，复阻抗 Z 仍用电抗 X 表示，可以得到：

序电流

$$\dot{I}_{\mathrm{a1}} = \dot{I}_{\mathrm{a2}} = \dot{I}_{\mathrm{a0}} = \frac{\dot{U}_{\mathrm{a}(0)}}{\mathrm{j} X_{\mathrm{ff1}} + \mathrm{j} X_{\mathrm{ff2}} + \mathrm{j} X_{\mathrm{ff0}}} \tag{8-45}$$

由式（8-37）求出各序电压，然后就可以求出断线处的端口电压

$$\left\{ \begin{aligned} \dot{U}_{\mathrm{b}} &= a^2 \dot{U}_{\mathrm{a1}} + a \dot{U}_{\mathrm{a2}} + \dot{U}_{\mathrm{a0}} = \left[\mathrm{j}(a^2-a) X_{\mathrm{ff2}} + \mathrm{j}(a^2-1) X_{\mathrm{ff0}} \right] \dot{I}_{\mathrm{a1}} \\ &= \left[\sqrt{3}\, X_{\mathrm{ff2}} + \left(\frac{\sqrt{3}}{2} - \mathrm{j}\,\frac{3}{2} \right) X_{\mathrm{ff0}} \right] \dot{I}_{\mathrm{a1}} \\ \dot{U}_{\mathrm{c}} &= a \dot{U}_{\mathrm{a1}} + a^2 \dot{U}_{\mathrm{a2}} + \dot{U}_{\mathrm{a0}} = \left[\mathrm{j}(a-a^2) X_{\mathrm{ff2}} + \mathrm{j}(a-1) X_{\mathrm{ff0}} \right] \dot{I}_{\mathrm{a1}} \\ &= \left[-\sqrt{3}\, X_{\mathrm{ff2}} + \left(-\frac{\sqrt{3}}{2} - \mathrm{j}\,\frac{3}{2} \right) X_{\mathrm{ff0}} \right] \dot{I}_{\mathrm{a1}} \end{aligned} \right. \tag{8-46}$$

断口处流过电流（a 相没有断，仍有电流）

$$\dot{I}_{a} = 3\dot{I}_{a1} = 3\frac{\dot{U}_{a(0)}}{\mathrm{j}(X_{ff1}+X_{ff2}+X_{ff0})} \tag{8-47}$$

8.4 不对称短路时运算曲线的应用

根据正序等效定则，不对称短路时短路点的正序电流值等于在短路点每相接入附加阻抗 Z_{A} 而发生三相短路时的短路电流值。在实用计算中，还可以认为，在短路过程中任意时刻正序等效定则都适用，即认为不对称短路时正序电流的变化规律也与在短路点每相接附加阻抗以后发生三相短路时的短路电流周期分量的变化规律相同。因此，三相短路的运算曲线还可以用来确定发生不对称短路过程中任意时刻的正序电流。

应用运算曲线计算不对称短路电流时，还是按照前面的假设，各元件的各序电阻都略去不计，接地导纳也忽略（精确计算则要借助计算机），各序电抗的标幺值用平均额定电压近似计算，作出各序等效电路，化简并求出各序等效电抗，然后根据短路的不同类型求出其附加电抗。

这样不对称短路问题便转化为在短路点每相接入附加阻抗以后发生三相短路的问题。按照同样的方法先求出电路的计算电抗，然后查三相短路的运算曲线，得到不对称短路过程中某个时刻的正序电流，进而计算同样时刻的负序、零序电流，再根据故障点短路电流与序电流的关系求出该时刻故障相的短路电流。

如果还要求计算该时刻短路点附近的支路电流和非故障节点的电压，则可以根据边界条件或复合序网，求出短路点各序电压和零序、负序电流，然后用 8.2 节所讨论的方法进行计算。

8.5 不对称短路计算机辅助分析

在前面的讨论中可以看到，电力系统出现不对称故障时的分析工作量是相当大的。为了简化，一般忽略所有的电阻和导纳，所以得到的解为近似解，而且实际的电力系统网络是相当大的，电路也比较复杂，这时手工计算就不能满足要求了。

复杂电力系统的不对称短路分析一般要用计算机进行计算。本节介绍采用节点导纳矩阵的计算方法，计算的主要步骤如下：

（1）先对复杂的电力系统进行潮流计算，即求出稳态运行时各节点的电压。在实际的电力系统中潮流计算是必须求的。如果为举例作简化计算时，可以假设各节点的稳态运行电压，最简单的假设就是各节点的电压均为其平均额定电压，即其标幺值均为 1。

（2）形成各序网络的节点导纳矩阵。

正序网络的节点导纳矩阵与计算三相短路故障分析时所采用的导纳矩阵相同，其模型已在第 6 章中讨论。

负序网络的节点导纳矩阵则需要在正序网络的节点导纳矩阵上稍作修改，主要是与发电机和大型综合负荷相连接的节点，因为负序网络中发电机和大型综合负荷是用其负序电抗表示的。

零序网络的结构与正、负序网络的结构差别比较大，参数也不一样，它的节点导纳矩阵要单独形成。

另外要注意的是：如果短路发生在电力线路中间的某点时，要把该短路点作为一个新增的节点，把线路的阻抗分成两部分。

（3）求各序网络短路点的自阻抗 Z_{kk1}、Z_{kk2}、Z_{kk0} 与互阻抗（可以用计算机帮助求）。

（4）求短路点的各序电流。

在故障等效电路中，对短路点有：$\Delta \dot{U}_k = -\dot{U}_{k(0)}$，即有正序电流

$$\dot{I}_{k1} = \frac{\dot{U}_{k(0)}}{Z_{kk1} + Z_A} \tag{8-48}$$

式中 Z_A 为附加阻抗，由具体不对称短路的边界条件决定，与 Z_{kk2}、Z_{kk0} 有关，且与接地阻抗有关，参见表8-1。

根据不对称故障的边界条件可以求出负序电流与零序电流。

（5）计算各节点的正序电压与各支路的正序电流。先求出各节点的正序电压故障分量，其方法与三相短路时的电压故障分量的计算方法相同，即在正序等效电路短路点 K 注入一个 $-\dot{I}_{k1}$，其他节点从接地点注入的故障电流等于0（因为其他节点没有发生短路）。则根据式（6-33）得

$$\Delta \dot{U}_{i1} = -Z_{ik1}\dot{I}_{k1} \qquad (i = 1, 2, \cdots n) \tag{8-49}$$

式中 Z_{ik1} 为正序阻抗矩阵中行号为 i，列号为 K（即短路点处）的互阻抗元素。求出各节点的正序电压后就可以求出其他任一支路，例如节点 i 与节点 j 的 i-j 支路中故障电流正序分量为

$$\dot{I}_{ij1} = \frac{\dot{U}_{i1} - \dot{U}_{j1}}{Z_{ij1}} \tag{8-50}$$

式中 Z_{ij1} 为 i-j 支路的正序互阻抗。

（6）计算各节点负序电压与各支路负序电流。在负序等效电路短路点 K 注入一个 $-\dot{I}_{k2}$，其他节点从接地点注入的故障电流等于0（因为其他节点没有发生短路）。则得

$$\Delta \dot{U}_{i2} = -Z_{ik2}\dot{I}_{k2} \qquad (i = 1, 2, \cdots n) \tag{8-51}$$

式中 Z_{ik2} 为负序阻抗矩阵中行号为 i，列号为 K 的互阻抗元素。求出各节点的负序电压后就可以求出其他任一支路，例如节点 i 与节点 j 的 i-j 支路中故障电流负序分量为

$$\dot{I}_{ij2} = \frac{\dot{U}_{i2} - \dot{U}_{j2}}{Z_{ij2}} \tag{8-52}$$

式中 Z_{ij2} 为 i-j 支路的负序互阻抗。

（7）计算各节点零序电压与各支路零序电流。在零序等效电路短路点注入一个 $-\dot{I}_{k0}$，其他节点从接地点注入的故障电流等于0（因为其他节点没有发生短路）。则得

$$\Delta \dot{U}_{i0} = -Z_{ik0}\dot{I}_{k0} \qquad (i = 1, 2, \cdots n) \tag{8-53}$$

式中 Z_{ik0} 为零序阻抗矩阵中行号为 i，列号为 K 的互阻抗元素。求出各节点的零序电压后就可以求出其他任一支路，例如节点 i 与节点 j 的 i-j 支路中故障电流零序分量为

$$\dot{I}_{ij0} = \frac{\dot{U}_{i0} - \dot{U}_{j0}}{Z_{ij0}} \tag{8-54}$$

式中 Z_{ij0} 为 $i\text{-}j$ 支路的零序互阻抗。

（8）计算各节点三相电压和各支路的三相电流。通过叠加求出各节点的三相线电压各支路的三相线电流。当经过变压器时，要计及正、负序电压和正、负序电流的相位变化。

小　　结

电力系统出现简单不对称故障时，可以在故障点用对称分量法对故障电压和电流进行分解，列出与正序、负序和零序等效电路相应的 KVL 方程，并根据故障时不同的边界条件列出边界方程，联立求解，得出故障点电压和电流的各序分量。

简单不对称故障分析还可以根据故障点序电压与序电流之间的关系组成复合序网络，从中先直接求故障电流的正序分量。

正序等效定则指出在简单不对称短路故障的情况中，短路点电流的正序分量，与在短路点的每一相中加入附加阻抗 Z_A 而发生三相短路时的电流相等。这个概念还可以扩展到利用运算曲线求不对称短路故障发生后任意时刻故障电流的正序分量。

简单不对称短路时非故障处的电压和电流计算是先求出各网络中的序电压和序电流分布，然后再合成；要注意的是正序和负序分量经过 YNd/△ 联结的变压器时要分别转过不同的相位。

电力系统断线故障为纵向不对称故障，分析方法与不对称短路分析方法类似，要注意的是在故障点电压和电流的定义、各序等效电路画法是不同的。

对复杂的电力系统故障分析一般采用计算机方法。

习　　题

8-1　选择题

1. 当电力系统中发生 a 相直接接地短路时，故障处的 a 相电压为（　　　）。

A. $\dot{U}_N$ 　　　　　　　　　　　B. $\dot{U}_N/2$

C. $\sqrt{3}\dot{U}_N$ 　　　　　　　　　D. 0

2. 系统发生短路故障后，越靠近短路点，正序电压（　　　）。

A. 越低 　　　　　　　　　　　B. 越高

C. 不变 　　　　　　　　　　　D. 无穷大

3. 中性点接地电力系统发生短路后没有零序电流的不对称短路类型是（　　　）。

A. 单相接地短路 　　　　　　　B. 两相短路

C. 三相短路 　　　　　　　　　D. 两相接地短路

4. 根据正序等效定则，当系统发生三相短路故障，附加阻抗 Z_a 为（　　　）。

A. 0 　　　　　　　　　　　　　B. Z_{kk0}

C. Z_{kk2} 　　　　　　　　　　D. $Z_{kk0} - Z_{kk2}$

5. 当系统中发生 a 相接地短路时，故障处的 b 相短路电流标幺值为 （　　　　）。

A. 0　　　　　　　　　　　　　　B. 0.5

C. 1　　　　　　　　　　　　　　D. 1.732

6. 当电力系统出现 a、b 两相直接短路时，下列边界条件成立的是 （　　　　）。

A. $\dot{U}_a = 0$　　　　　　　　　　B. $\dot{I}_a = \dot{I}_b$

C. $\dot{U}_c = 0$　　　　　　　　　　D. $\dot{I}_a = -\dot{I}_b$

7. 在 YND11 联结三相变压器的 d 侧正序电压与其 YN 侧正序电压的相位关系是（　　　　）。

A. 两侧正序电压同相位　　　B. d 侧正序电压落后 30°

C. d 侧正序电压超前 30°　　D. 以上说法都不正确

8. 以下说法不正确的是 （　　　　）。

A. 负序和零序电压在短路点最高。

B. 故障分析时各序等效电路中的元件电阻都等于 0，所以只考虑电抗。

C. 两相短接时零序电流为 0。

D. 若变压器原绕组与副绕组采用 Yyn 联结，则两侧的正序电压相位相同。

9. 电力系统单相断线时，其边界条件形式上与 （　　　　） 相同。

A. 单相直接接地短路　　　　B. 两相短路

C. 两相直接接地短路　　　　D. 三相短路

10. 对于 a 相通过 Z_f 接地短路，以下 （　　　　） 成立。

A. $\dot{U}_a = 0$　　　　　　　　　　B. $\dot{I}_a = 0$

C. $\dot{I}_{a1} = \dot{I}_{a2} = \dot{I}_{a0}$　　　　　　　D. $\dot{I}_{b1} = \dot{I}_{b2} = \dot{I}_{b0}$

8-2　填空题

1. 电力系统中发生单相接地短路时，故障相短路电流的大小为其零序电流分量的 （　　　　　　　　　） 倍。

2. 短路电流最大可能的瞬时值称为 （　　　　　　　　　　）。

3. 根据叠加原理出现不对称故障时短路点的相电压和短路电流可以由 （　　　　　　　　　） 三个部分组成，并可以分别建立各序等效电路。

4. 画出正序等效电路并化简后，可以得到正序电压与正序电流的关系为 （　　　　　　）。

5. 分析不对称短路时，一般选特殊相作为基准相，例如 a、b 两相短路故障时，选 （　　） 相为基准相，则对基准相可以列出相电压与各序电压的关系为 （　　　　　　　　　　　）。

6. 不对称短路时其短路点的正序电流表达式可以写成一个通用表达式 （　　　　　　　　　），这个概念被称为正序等效定则。

7. 非故障点的电压计算时要先求出 （　　　　　　　　　　　　　），然后再合成。

8. 实用计算中可近似认为不对称短路时正序电流的变化规律也与在短路点每相接附加阻抗以后发生 （　　　　） 短路时的 （　　　　　　　） 的变化规律相同。

9. 简单不对称故障分析还可以根据故障点 （　　　　　　　　　　　　　） 之间的关系组成复合序网络，从中先直接求故障电流的正序分量。

10. 如果求出 a 相的各序电压，则 b 相的电压表达式为（   ）。

8-3 简答题

1. 试写出系统发生 a、b 两相直接短路时的边界条件，并转化为用短路点的各序分量表示的边界条件。

2. 两相接地短路的符号是什么？设两相直接短接并通过 Z_g 接地，试写出其边界条件。

3. 什么是正序等效定则？

4. 对于 Dy 联结的变压器，两侧正序、负序线电流的相位关系分别是什么？

5. 电力系统非全相运行时，各序等效电路是如何形成的？

8-4 计算题

1. 如图 8-22 所示的某电力系统，系统各元件的参数如下：

发电机：$S_N = 60 MV \cdot A$，$U_N = 10.5 kV$，$\dot{E}_{G1} = 11.025 kV$，$X_{1*} = 0.125$，$X_{2*} = 0.16$；

变压器 T_1：$S_N = 60 MV \cdot A$，$U_k\% = 10.5$（且 $X_{T2} = X_{T1} = X_{TI} + X_{TII}$），（励磁电抗 X_m 趋于无穷大）变压器主分接头电压比为 10.5/121kV；

线路 L_1：$x_1 = 0.4 \Omega/km$，$L_1 = 50 km$，$x_0 = 3x_1$。

1）若在 K 点发生单相（设为 a 相）直接接地短路，试求短路点的短路电流。

图 8-22 习题 8-4.1 图

2）若在 K 点发生两相直接接地短路，试画出复合相序图并求短路点的各相短路电流。

3）如果是 K 点发生两相直接短接，试画出复合相序图并求短路点各相短路电流。

2. 三相电力系统如图 8-23 所示，已知 $S_B = 100 MV \cdot A$，$U_B = 115 kV$，各元件参数的标幺值如下：

发电机：$\dot{E}_{G*} = 1$，$X''_{G1*} = 0.66$，$X''_{G2*} = X''_{G0*} = 0.27$

电动机：$\dot{E}_{M*} = 0.9$，$X''_{M1*} = 0.2$，$X_{M2*} = 0.2$，$X_{M0*} \to \infty$

变压器：$X_{T1*} = X_{T2*} = X_{T0*} = 0.21$，励磁电纳忽略不计（即励磁电抗 X_m 趋于无穷大）。$X_{n*} = 0.1$

电力线路：$X_{1*} = X_{2*} = 0.19$，$X_{0*} = 3X_{1*}$

若在 K 点发生两相直接接地短路，试画出复合相序图并求短路点各相电压和短路电流。

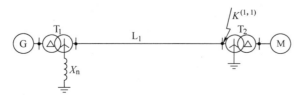

图 8-23 习题 8-4.2 图

3. 三相电力系统如图 8-24 所示，T_2 变压器末端空载，已知 $S_B = 100 MV \cdot A$，$U_B =$

230kV，各元件参数的标幺值如下：

发电机：$\dot{E}_{G*} = 1$，$X''_{G1*} = 0.66$，$X''_{G2*} = X''_{G0*} = 0.27$

T_1、T_2 变压器：$X_{T1*} = X_{T2*} = X_{T0*} = 0.4$，励磁电纳忽略不计（即励磁电抗 X_m 趋于无穷大）。$X_{n*} = 0.1$

电力线路：$X_{1*} = X_{2*} = 0.4$，$X_{0*} = 3X_{1*}$

试画出三序图，并求当在电力线路的中点（K 点）发生 a 相通过电抗（$X_* = 0.2$）接地时短路点各相电压和短路电流。

图 8-24 习题 8-4.3 图

4. 试推导

1）当电力线路 D 点出现 a 相断线时，推导用对称分量表示的边界条件。（即各序电流关系和各序电压关系）

2）当电力线路 D 点出现 a、b 两相断线时，推导用对称分量表示的边界条件（即各序电流关系和各序电压关系）

5. 三相电力系统如图 8-25 所示，已知 $S_b = 100MV \cdot A$，$U_b = 115kV$，各元件参数的标幺值如下：

发电机 1：$\dot{E}_{G*} = j1$，$X''_{G1*} = 0.66$，$X''_{G2*} = X''_{G0*} = 0.27$

发电机 2：$\dot{E}_{G*} = j1.1$，$X''_{G1*} = 0.12$，$X''_{G2*} = X''_{G0*} = 0.1$

两个变压器：$X_{T1*} = X_{T2*} = X_{T0*} = 0.21$，励磁电纳忽略不计（即励磁电抗 X_m 趋于无穷大）。$X_{n*} = 0.1$

电力线路：$X_{1*} = X_{2*} = 0.19$，$X_{0*} = 3X_{1*}$

在 K 点发生 a 相断线故障，写出边界条件，并求出断口两端的电压和断口处流过的 $\dot{I}_b$、$\dot{I}_c$（假设电流的方向为从左向右）。

图 8-25 习题 8-4.5 图

第9章

电力系统稳定性分析

9.1 电力系统稳定性概述

随着电力系统的发展，开始出现电力系统的稳定性问题，主要是电力系统中各同步发电机间并列运行的稳定性问题。只有当各同步发电机运行在同步状态下电力系统才处于稳定运行状态。反之，如果因为某些扰动（负荷或电源变化）引起功率不平衡时，各发电机间就不能保持同步，这时电力系统发电机送出的功率以及在系统中各节点的电压及运行的功率潮流都出现波动（暂态过程），若不能使各发电机很快恢复同步运行，电力系统很快恢复稳定，则电力系统可能出现崩溃（称为解列），导致电力设备损坏和大面积停电等灾难性的事故，给社会带来巨大的损失。

电力系统稳定性分析是研究电力系统在受到扰动后，凭借系统本身应有的能力和控制设备的作用，是否能够回复到原始稳态运行方式，或者达到新的稳态运行方式。

电力系统稳定性主要包括功角稳定、频率稳定和电压稳定三个方面。

（1）功角稳定性 功角稳定性是指电力系统中同步发电机在受到干扰后，发电机组的机械输入功率与发电机输出的电功率之间在短时间内不能平衡，经过一段时间后重新达到稳定的能力。

2001年我国电网运行与控制标准化技术委员会提出的《电力系统安全稳定导则》把同步发电机转子的功角稳定性分为三类：

1）静态稳定是指电力系统受到小的干扰（这里的小干扰一般指正常的负荷和参数变动，例如少量电动机的接入或断开，少量负荷的增减，架空线路因风吹摆动、环境温度等引起的参数变化等）后，不发生非周期的失步，自动恢复到起始运行状态的能力。

2）暂态稳定是指电力系统受到大的干扰（这里的大扰动如短路故障、突然断线或发电机突然断开、大量负荷的增减等）后，各同步发电机保持同步运行，并过渡到新的稳态运行方式或恢复到原来稳态运行方式的能力。

3）动态稳定是指电力系统受到小的或大的干扰后，在自动调节和控制装置作用下，保持长过程运行稳定性的能力。（即不发生因振幅不断增大的振荡而失步）。

（2）频率稳定性 电力系统稳态运行时全网保持一个频率，如果电力系统的有功功率不能平衡，出现较大的有功功率缺口时，电力系统的频率会大幅度地下降，超出归定的范围。如果超出三次调频的可调范围，则引起发电机的功角稳定性被破坏，造成发电机不能同步运行，导致电力网的崩溃。

（3）电压稳定性 电压稳定性是指电力系统在稳态运行时所有节点的电压值均保持在额定电压附近，在电压波动的允许范围内。

当电力系统受到干扰后电压就不再保持稳定，引起电压不稳定的主要因数是电力系统无功功率不平衡。电力系统电压稳定性涉及发电、输电和配电、电压控制、无功补偿、转子角度（同步）等，继电保护及控制中心的操作都会影响电压稳定性。

9.2 电力系统的静态稳定

电力系统静态稳定分析的任务是：校验电力系统在某一运行方式下是不是静态稳定的，求出静态稳定性的判据，并判断电力系统在哪些可能的运行方式下是静态稳定的，当电力系统出现小干扰后对电力系统静态稳定性有什么影响。

9.2.1 静态稳定的基本概念

电力系统静态稳定性可以先用力学上的一个例子来说明，如图 9-1 所示。一个小球在原始状态处于力平衡状态，小球受到的合力（或合力矩）等于零，如图 9-1a、b 中的 M 点，则该小球处于平衡状态保持不动。有些平衡状态是不稳定的，如图 9-1a 中的小球，只要受到小的干扰稍偏离 M 点后就再也不能自己回到 M 点了。有些平衡状态则是稳定的，如图 9-1b 中的小球，即使推它一下使它偏离平衡点 M，经过来回振荡它能回到 M 点。这种受扰动后仍能回原始的平衡点，称为静态平衡。

同理，原处于稳态（平衡状态）的电力系统，若受到一些小干扰，当干扰消失后，系统能回复到原始运行状态，则认为该电力系统是静态稳定的。

现以一简单的电力系统为例说明电力系统静态稳定的基本条件。图 9-2a 中一台发电机 G 通过升压变压器 T_1，输电线路 L，再经过变压器 T_2，接入到相当于电力系统的无限大容量电源的母线上。若忽略接地电容和励磁电流，并为简单起见不计元件的电阻，则得到它的等效电路如图 9-2b 所示。

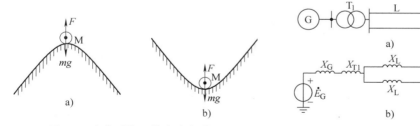

图 9-1 力的平衡—静态稳定说明   图 9-2 简单电力系统

因为设电力系统为无限大容量电源（相对这一台发电机来说，其输入功率远小于电力系统的容量，不足以影响电力系统的电压）所以相当于一个理想电压源 $\dot{U}$，发电机运行时输给电力系统的有功功率为 $P_E = UI\cos\varphi$，其中 I 为输入电流，$\cos\varphi$ 为输入端的功率因数角。对发电机而言，在不考虑自动调速系统时，发电机 G 的电动势 $\dot{E}_G$ 也是恒定不变的，所以可以画出发电机运行时电力系统的相量图，如图 9-3 所示。

由相量图可以得到

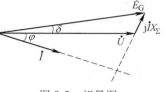

$$\dot{E}_G - j\dot{I}X_\Sigma = \dot{U} \qquad (9-1)$$

标量关系有

$$E_G\sin\delta = IX_\Sigma\cos\varphi \qquad (9-2)$$

式中，δ 为发电机的 $\dot{E}_G$ 与 $\dot{U}$ 之间的相位角，称为功率角。

图 9-3 相量图

由图 9-2 可知

$$X_\Sigma = X_G + X_{T1} + X_L/2 + X_{T2} \qquad (9-3)$$

发电机的输出功率方程式为

$$P_E = UI\cos\varphi = \frac{E_G U}{X_\Sigma}\sin\delta \qquad (9-4)$$

在 $\dot{E}_G$ 与 $\dot{U}$ 均为定值时，发电机功率 P_E 与功率角 δ 之间的关系——功角特性曲线如图 9-4 所示。

在正常工作时，原动机（例如汽轮机或水轮机）输送给发电机的机械功率为 P_T，与发电机电功率 P_E 平衡，运行点在图 9-4 中的 a 点，相应的功率角为 δ_a。

当系统中出现某一微小的干扰，使功率角有一微小的增加（$\Delta\delta$）时，移到 a_1 点，发电机输出的电功率将相应需要增加 ΔP_E。由于原动机输入功率 P_T 不变，则发电机的功率不平衡，因此发电机的转子减速，δ 减小直到发电机的输出电功率等于原动机输入的机械功率，运行点回到原平衡点 a。

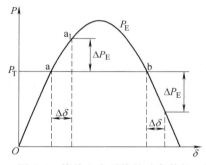

图 9-4 简单电力系统的功角特性

同样，当系统中出现某一微小的干扰，使功率角有一微小的减少（$\Delta\delta$）时，发电机输出的电功率将相应减小。由于原动机输入功率 P_T 不变，则输入功率大于发电机的输出功率，因此发电机的转子加速，δ 增加直到发电机的输出电功率等于原动机输入的机械功率，运行点也回到原平衡点 a。

由此可见，在 a 点，当系统受到微小干扰时都能自行恢复到原始的平衡状态，所以系统是静态稳定的。

设电力系统运行在图 9-4 所示曲线的 b 点（相应的功率角为 $\delta_b = 180° - \delta_a$），则情况就很不一样了，假如没有干扰时原动机输入的机械功率 P_T 与发电机输出的电功率也是平衡的，但只要有一个小的干扰，设功率角增加 $\Delta\delta$，则电功率却相应减小，这时发电机的输入机械功率大于其输出电功率，使发电机转子加速，δ 继续增加，以致发电机失步，即系统不再稳定。反之，如果小干扰使功率角减少 $\Delta\delta$，则电功率却相应增大，输入机械功率小于电功率，使发电机转子减速，δ 继续减小，其结果是使运行点向 a 点趋近，达到新的平衡。总之，在 b 点，电力系统是处于不稳定的平衡，是静态不稳定的。

由上述分析可知，所谓电力系统静态稳定性，是指电力系统在运行中受到微小的干扰后可以自行恢复到原来运行状态的能力。从图 9-4 中可以看到对于这种简单的电力系统，静态稳定的条件是：$\dfrac{\mathrm{d}P_E}{\mathrm{d}\delta} > 0$

当不断增大原动机输入的机械功率时，平衡点的功率角 δ 将不断增加，直到 $\delta = 90°$ 处，电功率达到极限值 P_{Emax}，称为静态稳定功率极限。

9.2.2 静态稳定实用判据

在前一节的分析中，得出在单发电机-无穷大功率电力系统中如果发电机电势 E 恒定不变，则这个简单系统处于静态稳定的条件是

$$\frac{\mathrm{d}P_{\text{E}}}{\mathrm{d}\delta} > 0 \tag{9-5}$$

研究表明，对实际的各种发电机，无论是隐极式发电机，还是凸极式发电机，虽然其功角特性曲线稍有些变化，但式（9-5）仍可作为判断系统是否处于静态稳定的实用判据。

对系统的功率方程式（9-4）求导得

$$\frac{\mathrm{d}P_{\text{E}}}{\mathrm{d}\delta} = \frac{EU}{X_{\Sigma}}\cos\delta \tag{9-6}$$

某一运行状态（$\delta = \delta_a$）下，若 $\dfrac{\mathrm{d}P_{\text{E}}}{\mathrm{d}\delta}$ 越大，则静态稳定性程度越高，当 $\dfrac{\mathrm{d}P_{\text{E}}}{\mathrm{d}\delta} = 0$ 时，系统达到稳定的临界点 c（对应的功角为 δ_c），对此进行以下讨论：

1）实际上这一点是不能正常运行的，因为当受到一个极小的干扰时功率角 δ 就会发生变化，不能回复到原状态。

2）对于简单电力系统，$\delta_c = 90°$，对于各种实际的发电机，这个角度在 90° 附近。

3）这个角度称为静态稳定极限角，它正好是功率达到极限值时所对应的角度，又称为功率极限角。

4）为了保证电力系统安全可靠运行，要求留有一定的静态稳定储备。通常用静态稳定功率储备系数 K_{P} 来表示，K_{P} 可以由下式决定。

$$K_{\text{P}} = \frac{P_{\text{Emax}} - P_{\text{E}}}{P_{\text{E}}} \times 100\% \tag{9-7}$$

式中 P_{Emax} 为静态稳定功率极限；P_{E} 为某一运行方式下输出的功率。

根据我国现行的《电力系统安全稳定导则》规定，系统正常运行时，K_{P} 应不小于 15%~20%，事故后的运行方式下 K_{P} 不应小于 10%。

电力系统保持静态稳定，是电力系统正常运行的必要条件。电力系统处于静态稳定的实用判据是电力系统必须要满足的，且要留有一定的静态稳定储备。

例 9-1 对图 9-5 所示的简单电力系统，以发电机的额定功率、额定电压为基准，其发电机的同步电抗标幺值 $X_{\text{G}*} = 1.0$，变压器电抗标幺值 $X_{\text{T}*} = 0.1$ 和线路的电抗标幺值 $X_{\text{L}*} = 0.4$，无限大系统母线电压为 $1\angle 0°$，如果在发电机机端电压为 1.05 时发电机向系统输送功率标幺值为 0.8，试计算此时系统的静态稳定储备系数。

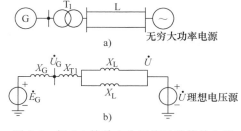

图 9-5 例 9-1 简单电力系统及其等效电路

解：

1）注意到本题给出正常运行时机端电压保持不变，先求出 U_{G*} 的相位角，由电磁功率的表达式

$$P_E = U_* I_* \cos\varphi = \frac{U_{G*} \cdot U_*}{X_{T*} + X_{L*}/2} \sin\delta_G = \frac{1.05 \times 1}{0.3} \times \sin\delta_G = 0.8$$

求出 $\delta_G = 13.21°$

2）计算电流

$$\dot{I}_* = \frac{\dot{U}_{G*} - \dot{U}_*}{j(X_{T*} + X_{L*}/2)} = \frac{1.05\angle 13.21° - 1}{j0.3} = 0.803\angle -5.29°$$

3）发电机的空载电动势

$$\dot{E}_{G*} = \dot{U}_* + j\dot{I}_* X_{\Sigma*} = 1 + 0.803\angle -5.29° \times 1.3\angle 90° = 1.51\angle 43.5°$$

4）当 $\delta_C = 90°$ 时，输出电磁功率极大，由电磁功率表达式求出极限功率标幺值

$$P_{Emax*} = \frac{E_{G*}}{X_{\Sigma*}} U_* \sin 90° = \frac{1.51}{1.3} \times 1 \times 1 = 1.16$$

5）静态稳定功率储备系数 K_P

$$K_P = \frac{P_{max} - P_E}{P_E} \times 100\% = \frac{1.16 - 0.8}{0.8} \times 100\% = 45\%$$

例 9-2 如图 9-6 所示，一台发电机向电力系统送电，已知升压变压器高压母线处的电压标幺值 $U_{T*} = 1.0$，送出功率为 $P_* = 1.0$，$\cos\varphi = 0.85$，各元件电抗标幺值如图 9-6 所示，求 U_S、P_{max*}、K_P。

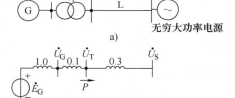

图 9-6 例 9-2 简单电力系统及其等效电路

解： 令 $\dot{U}_{T*} = 1.0\angle 0°$，由 $P_* = 1.0$，$\cos\varphi = 0.85$

1）$Q_* = P_* \tan\varphi = 1 \times \tan(\arccos 0.85) = 0.62$

并注意到这里忽略电阻，则可求出 $\dot{U}_S$

$$\dot{U}_{S*} = \dot{U}_{T*} - (\Delta U_* + j\delta U_*) = 1 - \frac{Q_* X_*}{1} - j\frac{P_* X_*}{1}$$

$$= 1 - \frac{0.62 \times 0.3}{1} - j\frac{1 \times 0.3}{1} = 0.814 - j0.3 = 0.868\angle -20.33°$$

忽略电阻后，线路的有功功率损耗为 0，在 S 点输出的有功功率标幺值仍为 P_*。

2）同理可求出发电机的空载电动势

$$\dot{E}_{G*} = \dot{U}_{T*} + (\Delta U_* + j\delta U_*) = 1 + \frac{Q_* X_{\Sigma*}}{1} + j\frac{P_* X_{\Sigma*}}{1}$$

$$= 1 + \frac{0.62 \times 1.1}{1} + j\frac{1 \times 1.1}{1} = 1.682 + j1.1 = 2.01\angle 33.18°$$

3）当 $\delta_C = 90°$ 时，输出电磁功率极大，由电磁功率表达式求出在 S 点输出的极限功率标幺值

$$P_{\mathrm{Tmax}*} = \frac{E_{\mathrm{G}*}}{X_{\Sigma*}} U_{\mathrm{T}*} \sin 90° = \frac{2.01}{1.4} \times 0.868 = 1.246$$

4）静态稳定功率储备系数 K_{P}

$$K_{\mathrm{P}} = \frac{P_{\max} - P_0}{P_0} \times 100\% = \frac{1.246 - 1}{1} \times 100\% = 24.6\%$$

9.2.3 励磁调节对静态稳定性的影响

上一节分析时没有考虑发电机的励磁调节对静态稳定性的影响，实际上现在电力系统中的发电机都装有各种各样的自动励磁调节器，它可以在运行情况变化时增加或减少发电机的励磁电流，以稳定发电机的机端电压。

1. 无调节励磁时发电机机端电压的变化

仍以图 9-2 所示的简单电力系统为例，设发电机的空载电动势 E_{G} 大小保持不变，如果无励磁调节系统，则随着发电机输出功率的缓慢增加，功角 δ 也在增加，发电机的机端电压 U_{G} 便要减小。

图 9-7 所示的相量图说明了这一点，以电力系统的电压为基准相量，且 E_{G} 为常数，则可以看到在 a、b 两点运行时发电机的端电压是不同的。

在给定运行条件下，发电机端电压与 $\dot{E}_{\mathrm{G}}$ 之间的关系为

$$\frac{\dot{U}_{\mathrm{G}} - \dot{U}}{\dot{E}_{\mathrm{G}} - \dot{U}} = \frac{\mathrm{j}\dot{I}(X_{\Sigma} - X_{\mathrm{G}})}{\mathrm{j}\dot{I} X_{\Sigma}} = \frac{(X_{\Sigma} - X_{\mathrm{G}})}{X_{\Sigma}} \tag{9-8}$$

即发电机端电压的端点位于电压降 $\mathrm{j}\dot{I} X_{\Sigma}$ 上，位置按阻抗的比

图 9-7 相量图

值确定。因为 E_{G} 是常数，所以随着 $\dot{E}_{\mathrm{G}}$ 向功角 δ 增大的方向转动，$\dot{U}_{\mathrm{G}}$ 也随着转动，且其模（数值）U_{G} 变小。

2. 自动励磁调节对功率特性的影响

发电机装设自动调节器后，当功角增大、U_{G} 下降时，自动励磁调节器将增大励磁电流，使发电机电势 E_{G} 增大，直到端电压恢复（或接近）原设定的值。由发电机的电磁功率方程式（9-4）

$$P_{\mathrm{E}} = \frac{E_{\mathrm{G}} U}{X_{\Sigma}} \sin \delta$$

可以看出励磁调节使 E_{G} 随着 δ 增大而增大，P_{E} 与 δ 之间不再是简单的正弦关系了。为了定性分析励磁调节对功率特性的影响，作出不同的 E_{G} 情况下的一组正弦功角特性曲线族，如图 9-8 所示。

当发电机从某一初始稳定状态（对应于 P_0、δ_0、U_0、E_{G0}、U_{G0} 等）开始增加输送功率时，若调节器能保持 $U_{\mathrm{G}} = U_{\mathrm{G0}} = $ 常数，则随着 δ 增大

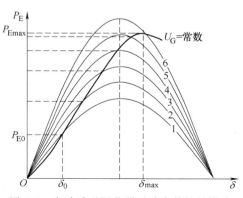

图 9-8 自动励磁调节器对功率特性的影响

E_G 增大，发电机的工作曲线将从 E_G 较小的曲线过渡到 E_G 较大的曲线，如图 9-8 所示。于是可以得到一条保持 $U_G = U_{G0} =$ 常数的功角特性曲线。从图中可看到，甚至在 $\delta > 90°$ 的某一范围内，U_G 仍然具有上升的性质。这是因为在 $\delta > 90°$ 的附近，当 δ 增大时，E_G 的增大超过了 $\sin\delta$ 的减小，同时，保持 $U_G = U_{G0} =$ 常数时的功率极限也比无励磁调节器时的功率极限值大得多。功率极限对应的角度也大于 $90°$。

反之，当发电机从给定的初始条件减小输送功率时，随着功角的减小，为了保持发电机机端电压 $U_G = U_{G0} =$ 常数，调节器将减小 E_G，因而发电机的工作点将向 E_G 较小的正弦曲线过渡。

实际上，一般的励磁调节器并不能保持 U_G 不变，因而 U_G 将随功率 P_E 和功角 δ 的增大而略有减小，但 E_G 则将随着 δ 的增大而增大。

对于有 3 台以上发电机的电力系统，一般不能得到稳定性判据的关系式，只能求得特征方程各根的数值解，用以判断该运行方式是否静态稳定。

9.2.4 静态稳定的分析方法

理论上在研究复杂电力系统并考虑所用的各种调节装置的静态稳定问题时，应列出描述电力系统各种有关元件动态过程的状态方程式并联立求解。

研究电力系统的静态稳定性问题，一般采用小干扰法（或称小扰动法），其基本原理是：任何一个可以用含有一系列参数的状态方程 $\varphi\ (x_1,\ x_2,\ \cdots)$ 表示的系统，当因某种微小的扰动使其参数发生变化时，系统状态发生相应的变化 $\varphi'\ (x_1 + \Delta x_1,\ x_2 + \Delta x_2,\ \cdots)$，若其所有参数的微小增量能趋于零，则认为该系统是稳定的。分析时由于干扰是微小的，所以状态方程式可以线性化，例如用级数展开并略去高次项等。

判断静态稳定的方法是对这些线性方程组联立求解，求出其特征根，根据自动控制原理，如果其中有一个（及更多的）特征根的实部是正值，则系统就是静态不稳定的。

复杂电力系统的稳定性分析一般要借助计算机进行分析，有相应的软件，这里不再讨论。

9.3 电力系统的暂态稳定

9.3.1 暂态稳定的基本概念

同样先用力学上的例子来说明。图 9-9a 中原处于凹面底部的小球受到较大的外力干扰，使其偏离平衡位置 1，达到位置 2，当外力干扰消除后，小球仍能回到原来的位置 1，所以小球的原始位置 1 的状态是稳定平衡。再看图 9-9b 中，小球受到较大外力干扰偏离平衡位置 1 达到位置 2，外力消除后，最终在位置 1 的附近位置 3 达到一个新的平衡，所以说小球在原始位置 1 的状态也是稳定平衡的。

同理，电力系统在某一运行方式下，受到外界较大的干扰后，经过一个机电暂态过程，系统能过渡到新的稳态运行方式或恢复到原来稳态运行方式，仍保持各发电机间的同步运行，则认为该电力系统是暂态稳定的。

暂态稳定性与干扰的方式有关，常见的干扰有三种基本形式：

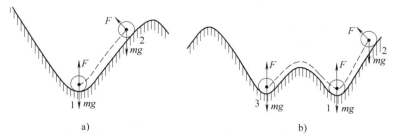

图 9-9　暂态稳定性说明

1）电力系统的结构或参数突然发生变化，最常见的是短路，包括单相短路、两相短路、两相接地短路和三相短路。发生短路后，一般情况下电力系统的保护设备动作，由断路器断开故障的元件，一般装有的重合（重新合闸）装置会进行一次重合动作，如果是瞬时性的故障，重合成功，如果是永久性的故障，则重合不成功，故障线路被永久性切除。另外根据需要断开某一（容量较大的）线路也属于这种干扰。

2）突然增加或突然减少发电机的出力（即输出功率），如增加或切除一台容量较大的发电机。

3）突然间增加或减少大量负荷。

仍以图 9-2 所示的简单电力系统来说明电力系统暂态稳定的基本概念。设一回输电线路由于某种原因在线路两侧断开，则系统的总等效电抗发生突变，图 9-10a 说明这个干扰对这个简单电力系统的功角特性曲线的影响。

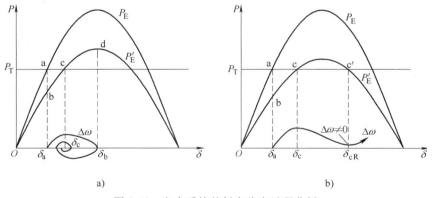

图 9-10　电力系统的暂态稳定过程分析

在正常运行时，原动机输入的机械功率 P_T 与发电机输出的电功率 P_E 是平衡的，系统运行在功角特性曲线 P_E 上的 a 点，切除一回输电线路后，系统的总电抗发生变化

$$X'_\Sigma = X_G + X_{T1} + X_L + X_{T2} \tag{9-9}$$

与式（9-4）比较，$X'_\Sigma > X_\Sigma$ 总电抗增加，相应的电磁功率方程为

$$P'_E = \frac{E_G U}{X'_\Sigma} \sin\delta \tag{9-10}$$

在功角特性曲线图上来看，原功角特性曲线 P_E 被新的功角特性曲线 P'_E 所取代，由于转子具有较大的机械惯性，所以在切除线路后的瞬间，功率角 δ 的值保持不变，发电机输出的

电磁功率突然减小，运行点由 P'_E 曲线上的 b 点确定。

假设在这段时间，原动机的机械功率 P_T 还维持不变，即 $P_T = P_a$，这是因为原动机的调速器是根据转速的改变而起调节作用的，有一定的延时。因此，此时原动机输入的机械功率大于发电机输出的电功率，发电机开始加速，发电机的角速度 ω_G 开始大于原稳态时发电机的角速度 ω_a，功率角 δ 开始增大，发电机的工作点从 b 点沿功角特性曲线 P'_E 向 c 点变动，同时发电机的输出功率也开始增大。

到达 c 点时，原动机输入的机械功率与发电机的输出功率相等，但过程并不到此结束，因为这时发电机转速已高于同步转速 ω_a，由于转子的惯性，功率角将继续增大而越过 c 点。当角度 δ 再增大时，发电机输出功率将大于原动机的机械功率。因此，过剩转矩将变为减速性的，发电机开始减速，相对速度 $\Delta\omega$ 也在逐渐减小并在点 d 达到零值，即 $\omega = \omega_a$。$\Delta\omega$ 的变化见图 9-10a 中 $\Delta\omega$ 曲线，当曲线在 δ 轴上部表示 $\Delta\omega > 0$。

但是在 d 点（$\delta_d = \delta_{max}$），发电机的输出功率仍大于原动机的输入功率，发电机仍继续减速，于是发电机的转速开始小于同步转速 ω_a，$\Delta\omega < 0$，于是功率角 δ 减小，工作点将从 d 点沿着功角特性曲线 P'_E 向 c 点趋近，并越过 c 点，$\Delta\omega$ 曲线在 δ 轴下部表示 $\Delta\omega < 0$。

这样反复振荡，（这个过程与荡秋千的过程十分类似），并由于系统的阻尼作用，最后到达稳态平衡点 c，如图 9-10a 所示。所以这种情况下电力系统是暂态稳定的。

可能还有另外一种情况，如果电力系统初始运行状态的功率角 δ 较大，输出电功率 P_E 较大，或者 P'_E 的最大值比较小时，如图 9-10b 所示，从 c 点开始发电机转子减速，$\Delta\omega$ 逐渐减小，功率角 δ 增大，如果到达临界角 δ_{cR}（对应于 c′ 点）时，$\Delta\omega$ 还未降到 0，如图 9-10b 所示，于是功率角 δ 将继续增大，这样，发电机的输出功率又要小于原动机的输入功率，转子重新开始加速，$\Delta\omega$ 又开始增大，角度继续增大，使发电机与受端系统失去同步，破坏了电力系统的稳定运行。这种情况下电力系统是暂态不稳定的。

9.3.2 简单电力系统暂态稳定的分析

以图 9-2a 所示的简单电力系统为例，分析它在正常运行、故障瞬间及故障切除后的暂态过程并进行比较。

一台发电机向无穷大功率系统送电的简单电力系统如图 9-2a 所示。

（1）正常运行时其等效电路如图 9-2b 所示，式（9-3）已给出其等效阻抗为

$$X_I = X_G + X_{T1} + X_L/2 + X_{T2}$$

式（9-4）给出发电机的电磁功率方程式为

$$P_I = UI\cos\varphi = \frac{E_G U}{X_I}\sin\delta$$

式中，用下标 I 表示没出现故障时第一种情况，如果在某一瞬间在 T_1 的高压母线附近发生了不对称直接短路，则根据正序等效定则，在简单不对称短路故障的情况中，短路点电流的正序分量，与在短路点的每一相中加入附加阻抗 Z_A 而发生三相短路时的电流相等，这里忽略电阻，有 $Z_A = jX_A$，其等效电路如图 9-11a 所示。

（2）根据戴维南定理可以把它化简成简单电路如图 9-11b 所示，其中

$$X_{等效} = \frac{(X_G + X_{T1})X_A}{X_G + X_{T1} + X_A} \tag{9-11}$$

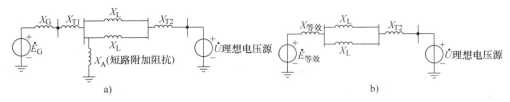

图 9-11 故障瞬间等效电路

$$E_{等效} = \frac{E_G X_A}{X_G + X_{T1} + X_A} \quad (9-12)$$

则发电机此时输出的电磁功率为

$$P_{II} = \frac{E_{等效} U}{X_{等效} + X_L/2 + X_{T2}} \sin\delta \quad (9-13)$$

代入式（9-11）和式（9-12）并化简得

$$P_{II} = \frac{E_G U}{X_{II}} \sin\delta \quad (9-14)$$

其中

$$X_{II} = X_I + \frac{(X_L/2 + X_{T2})(X_G + X_{T1})}{X_A} \quad (9-15)$$

由上式可见，$X_{II} > X_I$，由式（9-15）可见在同样功角 δ 下不对称短路时的发电机的 P_{II} 要小于正常运行的 P_I。如果是三相短路，则 $X_A = 0$（没有附加阻抗），X_{II} 为无穷大，即三相短路时发电机与电力系统完全断开，发电机输出功率为零。

（3）短路发生后，电力系统的保护设备就要动作，切除短路的线路。切除故障线路后的等效电路如图 9-12 所示。

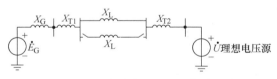

$$X_{III} = X_G + X_{T1} + X_L + X_{T2} \quad (9-16)$$

此时的功率特性为

图 9-12 故障线路切除后的等效电路

$$P_{III} = \frac{E_G U}{X_{III}} \sin\delta \quad (9-17)$$

一般情况下，$X_I < X_{III} < X_{II}$，因此 P_{III} 曲线介于 P_I 与 P_{II} 之间，如图 9-13 所示。

设正常运行点为 a 点，对应于功率曲线 P_I，功角为 δ_a。

故障后假定调速器没有动作则在短路故障发生瞬间，功率曲线从 P_I 突变成 P_{II}，运行点从 a 点跳到 b 点，功角仍为 δ_a，这时，因为原动机输入的机械功率 P_T 大于在 P_{II} 曲线上相应的电磁功率，所以转子加速，δ 角增大，运行点沿 P_{II} 曲线移到 c 点。

设运行点在 c 点这一瞬间故障切除，运行点即从 c 点跳到 P_{III} 曲线上的 d 点。此时在 P_{III} 曲线上

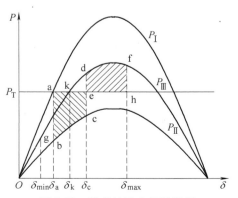

图 9-13 暂态过程分析示意图

相应 d 点的电磁功率大于 P_T，转子开始减速，一直到 f 点，角速度 $\omega = \omega_0$，功角达到最大 $\delta_{\max}$，此时虽然发电机恢复了同步运行，但此时的电磁功率仍小于 P_T，发电机的转速 ω 继续下降，相对速度 $\Delta\omega < 0$，于是功角 δ 开始减小，电力系统运行点沿着 f-d-k-g 进行，一直到 g 点，功角达到最小 $\delta_{\min}$，此后电力系统的运行点以 k 点为中心来回振荡，考虑到阻尼作用的存在，振荡逐渐衰减，最后电力系统在 k 点稳定运行，电力系统达到新的稳定平衡。也就是说系统在短路这个大干扰下保持了暂态稳定。

由以上分析可见，电力系统的初始运行状态，扰动的情况和何时排除扰动都会影响电力系统的暂态稳定性，必须通过定量分析计算确定，下面介绍几种分析计算的方法。

9.3.3　等面积定则

等面积定则是判断简单电力系统稳定性的一种近似方法。

在前面讨论中可以看到，故障发生后，运行点沿功率曲线 P_{II} 从 b 到 c，功角从 δ_a 到 δ_c 的过程中，原动机输入的能量大于发电机输出的能量，多余的能量将使发电机转速升高并转化为转子的动能而储存在转子中。

功角从 δ_a 到 δ_c 的过程中，过剩力矩所作的功为

$$W_1 = \int_{\delta_\mathrm{a}}^{\delta_\mathrm{c}} \frac{(P_\mathrm{T} - P_\mathrm{II})}{\omega}\mathrm{d}\delta \tag{9-18}$$

因发电机转速偏离同步转速很小，近似认为在这个过程中有 $\omega \approx \omega_\mathrm{n}$，采用标幺值表示时取 $\omega_* \approx 1$，代入得

$$W_1 = \int_{\delta_\mathrm{a}}^{\delta_\mathrm{c}} (P_\mathrm{T} - P_\mathrm{II})\mathrm{d}\delta \tag{9-19}$$

数学上来看，上式积分可以表示为 $P\text{-}\delta$ 图中的面积，在图 9-13 所讨论的暂态过程中，如果不计能量损失时，加速期间过剩转矩所作的功，将全部转化为转子的动能。在标幺值计算中，转子在加速过程中获得的动能增量就等于图 9-13 中 abce 四点所围的阴影部分面积 S_1，这块面积称为加速面积。

而故障切除后，运行点沿功率曲线 P_{III} 从 d 点到 f 点，功角从 δ_c 到 $\delta_{\max}$ 的过程中，原动机输入的能量小于发电机输出的能量，不足的部分由发电机转速降低而释放的动能转化为电磁能来补充。

功角从 δ_c 到 $\delta_{\max}$ 的过程中，能量的变化用标幺值表示为

$$W_2 \approx \int_{\delta_\mathrm{c}}^{\delta_{\max}} (P_\mathrm{T} - P_{\mathrm{III}})\mathrm{d}\delta \tag{9-20}$$

注意到 W_2 是负值，表示这部分动能的增量为负值，即动能减少，同理在图 9-13 所讨论的暂态过程中，如果不计能量损失时，转子在减速过程中释放的动能就等于图 9-13 中 dehf 四点所围的阴影部分面积 S_2，这块面积称为减速面积。

当不计能量损失时，根据能量守恒原则，当满足条件

$$W_1 + W_2 = \int_{\delta_\mathrm{a}}^{\delta_\mathrm{c}} (P_\mathrm{T} - P_{\mathrm{II}})\mathrm{d}\delta + \int_{\delta_\mathrm{c}}^{\delta_{\max}} (P_\mathrm{T} - P_{\mathrm{III}})\mathrm{d}\delta = 0 \tag{9-21}$$

动能增量为零，即 $\Delta\omega = 0$，正如前面所分析的，到达 f 点时转子转速等于同步转速。直观地看，式（9-20）可以表示成加速面积与减速面积大小相等，这就是等面积定则。

$$S_1 = S_2 \tag{9-22}$$

从图 9-13 来看，如果已知 P_{I}、P_{II}、P_{III} 曲线，正常运行时的运行点 a（已知功角 δ_{a}），并已知排除故障时间（已知功角 δ_{c}），就可以根据等面积定则判断暂态过程的振荡范围。

9.3.4 极限切除角

根据等面积定则就可以确定系统暂态稳定的临界条件（或称极限条件）。从图 9-14 可以看到，在给定的电力系统条件下，当故障切除角 δ_{c} 一定时，有一个最大可能的减速面积 S（deh 围成的阴影面积）。

如果最大可能减速面积小于加速面积，运行点将沿 P_{III} 曲线越过 h 点（对应的功角为临界角 δ_{cR}），此时，发电机的转速仍高于同步转速，但输出的电磁功率却小于输入的机械功率了，所以发电机又开始加速，将导致发电机失步（失去同步）。

所以最大可能的减速面积大于加速面积是保持暂态稳定的必要条件。从图 9-14 中可以看到，有这样一些因素影响加速面积和减速面积，从而影响发电机的暂态稳定性。

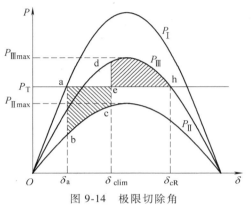

图 9-14 极限切除角

1）三条功角特性曲线 P_{I}、P_{II}、P_{III}，通过对具体电力系统、故障类型及排除故障的方法确定。

2）正常运行时的运行点 a，包括原动机输入的机械功率 P_{T}。

3）故障切除的时间 t，或者故障切除功角 δ_{c}。

若前二个因素确定后，从图 9-14 可以看到，当最大可能的减速面积小于加速面积时如果减小切除角 δ_{c}，即减小了加速面积，又增大了最大可能减速面积，就有可能使原来不能保持暂态稳定的系统变成可能保持暂态稳定了。如果在某一切除角时，最大可能的减速面积与加速面积大小相等，则系统将处于暂态稳定的极限情况，大于这个角度切除故障，系统就一定会失去稳定，这个角度称为极限切除角，用 δ_{clim} 表示。

应用等面积定则可以很方便地确定极限切除角

$$\int_{\delta_{\text{a}}}^{\delta_{\text{clim}}} (P_{\text{T}} - P_{\text{II}}) \mathrm{d}\delta + \int_{\delta_{\text{clim}}}^{\delta_{\text{cR}}} (P_{\text{T}} - P_{\text{III}}) \mathrm{d}\delta = 0 \tag{9-23}$$

在图 9-14 上可以看到，就是使 abce 点所围的阴影面积等于 deh 点所围的阴影面积时对应的 c 点的功角。

对式（9-23）积分，注意到：$P_{\text{II}} = P_{\text{II max}} \sin\delta$，$P_{\text{III}} = P_{\text{III max}} \sin\delta$ 并整理得

$$\delta_{\text{clim}} = \arccos \frac{P_{\text{T}}(\delta_{\text{cR}} - \delta_{\text{a}}) + P_{\text{III max}} \cos\delta_{\text{cR}} - P_{\text{II}} \cos\delta_{\text{a}}}{P_{\text{III max}} - P_{\text{II max}}} \tag{9-24}$$

式中所有的角度都用弧度表示，其中 δ_{cR} 为临界角

$$\delta_{\text{cR}} = \pi - \arcsin \frac{P_{\text{T}}}{P_{\text{III max}}} \tag{9-25}$$

求出故障极限切除角后，就可以求出故障极限切除时间 t_{clim}，为此可以通过求解故障时

发电机转子运动方程来确定功角随时间变化的特性曲线 $\delta(t)$（这里不再讨论，可以通过计算机求出此曲线），在 $\delta(t)$ 上求出对应的故障极限切除时间 t_{clim}。

若继电保护设备的实际切除时间小于故障极限切除时间 t_{clim}，电力系统是暂态稳定的，反之不稳定。

例 9-3 一简单电力系统如图 9-15a 所示，其正序等效电路（用标幺值表示）如图 9-15b 所示，并知其线路的零序等效电抗是正序电抗的 4 倍，设在输电线路的某一回路的始端发生两相接地短路，为保持电力系统暂态稳定，试计算其极限切除角 δ_{clim}。

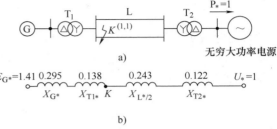

图 9-15　例 9-3 电力系统及其等效电路

解：

1）计算正常运行时的功角特性曲线。

$$X_{1*}=0.295+0.138+0.243+0.122=0.798$$

$$P_{1*}=\frac{E_{G*}\,U_{*}}{X_{1*}}\sin\delta=\frac{1.41}{0.798}\sin\delta=1.81\sin\delta$$

2）在 K 点出现两相接地短路故障，求故障后的功率特性。

根据故障分析方法，先作出电力系统的各序等效电路（用标幺值表示），其正序等效电路如图9-15b所示，负序等效电路如图 9-16a 所示，零序等效电路如图 9-16b 所示。

故障点的负序等效电抗标幺值为

$$X_{2\Sigma*}=\frac{(0.432+0.138)\times(0.243+0.122)}{0.432+0.138+0.243+0.122}=0.222$$

故障点的零负序等效电抗标幺值为

$$X_{0\Sigma*}=\frac{0.138\times(0.972+0.122)}{0.138+0.972+0.122}=0.123$$

由表 8-1 在两相直接接地短路时其附加阻抗为：

$$X_{A*}=X_{2\Sigma}//X_{0\Sigma}=\frac{X_{2\Sigma}X_{0\Sigma}}{X_{2\Sigma}+X_{0\Sigma}}=\frac{0.222\times0.123}{0.222+0.123}=0.079$$

按正序等效定则在正序等效电路的短路点加上附加电阻，得两相接地短路时等效电路如图 9-17a 所示。

图 9-16　短路时系统的负序和零序等效电路

　a）负序等效电路　b）零序等效电路

图 9-17　故障后及排除故障后的等效电路

所以可求出故障后的等效电抗标幺值为

$$X_{\mathrm{II}*} = 0.433 + 0.365 + \frac{0.433 \times 0.365}{0.079} = 2.80$$

功角特性方程为

$$P_{\mathrm{II}*} = \frac{1.4}{2.80} \sin\delta = 0.5 \sin\delta$$

3）排除故障后的等效电路如图 9-17b 所示，等效电抗的标幺值为

$$X_{\mathrm{III}*} = 0.295 + 0.138 + 0.486 + 0.122 = 1.041$$

功角特性方程为

$$P_{\mathrm{III}*} = \frac{E_{\mathrm{G}*} U_*}{X_{\mathrm{III}*}} \sin\delta = \frac{1.4}{1.041} \sin\delta = 1.35 \sin\delta$$

4）由式（9-24）可求出

$$\delta_{\mathrm{cR}} = \pi - \arcsin\frac{P_{\mathrm{T}}}{P_{\mathrm{III}\max}} = 180° - \arcsin\frac{1}{1.35} = 132.2°$$

由式（9-25）可以求出极限切除角

$$\cos\delta_{\mathrm{clim}} = \frac{P_{\mathrm{T}}(\delta_{\mathrm{cR}} - \delta_{\mathrm{a}}) + P_{\mathrm{III}\max}\cos\delta_{\mathrm{cR}} - P_{\mathrm{II}}\cos\delta_{\mathrm{a}}}{P_{\mathrm{III}\max} - P_{\mathrm{II}\max}} = 0.458$$

$$\delta_{\mathrm{clim}} = 62.7°$$

9.4　提高电力系统稳定性的措施

电力系统从设计到运行必须保证其运行的可靠性、合格的电能质量和经济性三项指标。随着电力系统的扩大、大容量发电厂的建立和输电距离的不断增加，如何提高系统的输送容量和如何在任何运行方式下保证系统的静态稳定和暂态稳定，是电力工作者必须研究的一项重要课题。

9.4.1　提高稳定性的一般原则

从电力系统静态稳定分析可知，留有较多的功率储备，具有比较高的功率极限值 $P_{\max}$，一般就有较高的运行稳定性。如果结合发电机的自动励磁调节，则更可以适当的提高电力系统的静态稳定性。从电力系统暂态分析可知，当电力系统受大干扰后，发电机轴上出现的不平衡转矩将使发电机的运行点出现来回振荡，振荡的幅度若能限制在一定的范围内，电力系统可以保持暂态稳定。从这些概念出发，可以得到提高电力系统稳定性的一般原则为

（1）尽可能提高电力系统的功率极限 P_{Emax}。由简单电力系统功率极限的简单表达式

$$P_{\mathrm{Emax}} = \frac{E_{\mathrm{G}}}{X_{\Sigma}} U \tag{9-26}$$

可以看到，要提高电力系统的极限功率，可以从提高发电机的空载电动势、降低系统的电抗和维持系统电压 U 三个方面入手。

（2）抑制电力系统自发振荡的发生。主要可以根据系统的负荷变化情况，适当选择励磁调节系统的类型，整定其参数，用附加装置提高电力系统的稳定性。

（3）尽可能减小发电机相对运动的振荡幅度。减小发电机转轴的不平衡功率，选择适当运行点，合理选择电力系统的接线方式和运行方式，提高系统运行电压和故障切除能力，当系统失去稳定时，能尽快动作使系统恢复同步运行。

根据以上这几条基本原则，电力系统采用了很多措施来提高其稳定性，这些措施可以归成以下两类：

1）改善电力系统的元件特性和参数，如原动机及其调节系统、发电机和励磁系统、变压器、输电线路、开关设备、补偿设备等。

2）改善电力系统结构及其运行条件。

9.4.2 改善电力系统元件的特性和参数

1. 原动机及其调节系统

在暂态稳定分析时提到，电力系统受大干扰后，在暂态稳定的第一个振荡周期内原动机输入功率基本不变，使发电机的转子轴上出现不平衡功率，这是因为原动机的调速系统具有较大的机械惯性和存在失灵区，所以其调节作用有一定的延时。改善原动机的调速系统可以加快调节原动机的输入功率，目前已有根据故障情况来快速调节原动机功率的装置，如在汽轮机上采用快速动作的汽门，能根据发电机功率变化的情况，当电磁功率变小时，快速关闭汽门（汽门动作后可在0.3s内关闭50%以上的功率，可以提高暂态稳定极限约20%~30%），减小输入的机械功率，使发电机轴上不平衡转矩达到最小，加快振荡的衰减。从图9-18可以看到，加快调节原动机的功率，使输出功率 P_T 迅速减小，增加减速面积，使系统在第一个振荡周期保证暂态稳定。如果当功角开始减小时又重新开放汽门，这样可以得到更好的效果。

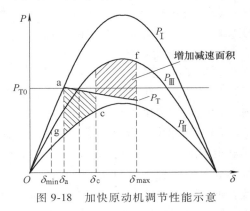

图9-18 加快原动机调节性能示意

2. 发电机及其励磁系统

发电机本身的参数包括电抗、惯性时间常数等，对电力系统的静态、暂态稳定性都有影响，但一般汽轮发电机的制造是标准化的，只有水轮发电机是根据具体水电站定制的，可以提出参数要求。

一般发电机主要是用自动励磁调节器来提高电力系统的功率极限，如图9-18所示。当采用按运行参数的变化率自动调节励磁时，可以维持发电机的机端电压近似为常数，相当于使发电机的电抗趋于零，起到提高电力系统静态稳定性的作用。很多现代的自动调节器还能有效地抑制自发振荡、更好地维持电压。

另外励磁系统对发电机电势的上升速度有决定性作用，因此尽可能采用像晶闸管励磁等这一类快速励磁系统，有助于提高电力系统暂态稳定性。

3. 变压器

（1）尽量减小变压器的电抗 为提高电力系统的稳定性，要尽量减小变压器的电抗，变压器的电抗在系统总电抗中占有相当的比重。特别是采用励磁调节系统后发电机的电抗已比较小，输电线路也已采取措施减小电抗的超高压输电系统，变压器的电抗若能再减小，对提高输电线路的输送能力和系统的静态稳定性，仍有一定的作用。

目前在超高压远距离输电系统中，广泛采用自耦变压器，除了价格便宜和节省材料外，它的电抗比较小，对提高稳定性有良好的作用。当然采用自耦变压器会带来另外一些问题，如增大短路电流和增加继电保护和调压的困难等。

（2）变压器中性点经小阻抗接地　对于中性点直接接地的电力系统，为了提高不对称短路时暂态稳定性，变压器的中性点可改为通过小阻抗接地。由表 8-1 可见，中性点经小阻抗接地时，其短路附加阻抗 Z_Δ（忽略电阻时，约等于 X_Δ）增大，因而导致短路后的等效电抗 X_{II} 减小，电磁功率 P_{II} 的幅值增大，从图 9-14 中可以看到加速面积减小，有利于暂态稳定。

4. 输电线路

输电线路的电抗，在系统总电抗中占相当大的比例，为了提高电力系统的稳定性，设法减小输电线路的电抗也是一种措施。此外，如前面所讨论的，减小输电线路的电抗对降低电力网的损耗，提高输电系统的功率极限也有重要的作用。

（1）提高输电线路的电压　输送功率确定后，输电线路的电抗标幺值与电压的二次方成反比，所以提高输电线路的额定电压，可以提高电磁功率的幅值（功率极限）。

（2）采用分裂导线　在前面已讨论过，采用分裂导线可以减小电抗，所以现在的超高压远距离输电线路，绝大多数采用分裂导线，一般分裂根数不超过 4 根。一种紧凑型的分裂输电导线已在一些国家投入使用，我国也建设了这种线路，这种线路能更大幅度地减少电抗，但线路结构比较复杂。

（3）采用串联电容补偿　在输电线路中串联电容可以减小电抗，但在超高压传输线中串联电容时，选择补偿度时，还应考虑经济性和其他技术问题。近年来一些国家已在应用可控串联补偿装置（TCSC），由电容器与晶闸管控制的电抗器组成，调节晶闸管的导通角可以改变通过电抗器的电流，使补偿装置的等效电抗在一定范围内连续变化，不仅进行参数补偿，还可向系统提供阻尼，抑制振荡，提高系统的静态稳定性和暂态稳定性。

5. 开关等附加设备

（1）输电线路设置开关站　故障后，双回输电线路被切除一回，线路阻抗将增大一倍，使排除故障后的 P_{III} 功率曲线的幅度降低，如果在远距离传输线路上设置一些开关站，如图 9-19 所示，只切除一部分故障的线路，可以使 P_{III} 的幅度下降少一些，提高暂态稳定性。一般每 300～500 km 设一个开关站。

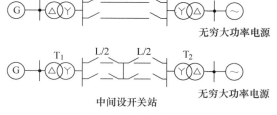

图 9-19　输电线路设置开关站

（2）发电机采用电气制动　如果在系统发生短路故障瞬间，有控制地在加速的发电机端投入电阻负荷，如图 9-20a 所示，同时打开时间控制器，可以增加发电机的电磁功率，产生制动作用，经一段（预先设定的）时间后切除制动电阻从而达到提高暂态稳定的目的。

设在短路发生的瞬间立即投入电气制动，即接入制动电阻，并在切除故障的同时也切除了制动电阻，则其功角特性曲线变化如图 9-20b 所示（分析略），投入电气制动后 P_{II} 曲线改变为 P'_{II} 曲线，减小了加速面积，使系统保持暂态稳定。

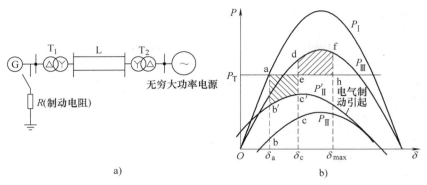

图 9-20 电气制动提高发电机的暂态稳定性

9.4.3 改善电力系统运行条件和参数

（1）合理选择电力网结构 有多种方法可以改善系统的结构，加强系统的联系。例如采用多回路并联或分组接线等方式，将输电线路与途经的中间电力系统连接起来也是有利的。

（2）切除部分发电机及部分负荷 减少发电机轴上的不平衡功率，还可以从减少原动机输入功率方面入手，如果系统备用容量足够，在切除故障线路的同时，连锁切除部分发电机（相当于图 9-18 中向下平移了 P_T）也是一种简单可行的提高暂态稳定性的措施。

（3）采用中间补偿设备 例如在输电线路的中间变电所内装设无功功率补偿装置，可以起到稳定电压的作用，现在用的比较多的是静止补偿器，可以进行双向补偿。

（4）快速切除故障 快速切除故障对提高电力系统的暂态稳定性有决定性的作用，在图 9-21 中可以看到快速切除故障可以减小加速面积，增加减速面积，提高了发电机与电力系统并列运行的稳定性。目前已能做到在短路发生后 0.06s 切除故障，其中 0.02s 为保护装置的动作时间，0.04s 为断路器的动作时间。

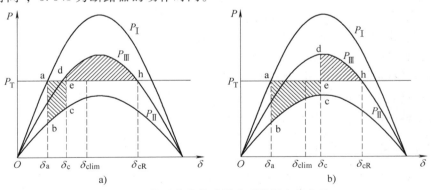

图 9-21 快速切除故障提高系统暂态稳定性
a）快速切除 b）切除太迟

（5）自动重合闸 电力系统中的故障，特别是高压架空输电线路的故障，大多是瞬时性的电弧放电造成的短路故障。自动重合闸装置是指在发生故障的线路上，先断开线路，经过一段时间，约 2~3s 后再自动重新合上断路器，如果故障消失则重合闸成功。如果故障没有消失，就再次断开。

现仍用图 9-2 所示的简单电力系统说明自动重合闸对提高系统暂态稳定性的作用。设电力系统原运行在 a 点，设短路后双回线路中的一回发生短路故障，在 c 点切断故障线路，其加速面积为 abcd 围成的面积，如图 9-22a 所示。从图中看，加速面积有可能大于减速面积，若在功角为 δ_R 时系统自动重合闸成功，则运行点将从 P_{III} 上的 e 点跃到 P_{I} 上的 f 点，减速面积增大，所以保持系统的暂态稳定性。

对于高压电力输电线路，出现最多的是单相接地短路，而且大多数单相接地短路为瞬时性短路，对此可采用自动单相重合闸。这种自动重合闸装置可以自动的确定故障相，切除故障相并自动单相重合闸。这样因切除单相（故障相）引起电力系统的电磁功率变化比较小，其功角特性曲线如图 9-22b 所示。从图中看，单相切断大大减小了加速面积，从而大大提高了电力系统的暂态稳定性。

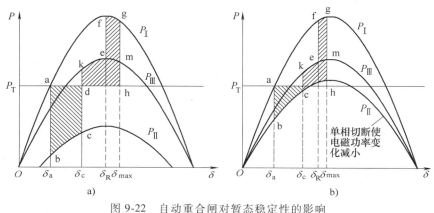

图 9-22 自动重合闸对暂态稳定性的影响

a）自动重合闸 b）单相自动重合闸

采用自动重合闸装置不仅可以提高系统供电的可靠性，而且可以大大提高系统的暂态稳定性。实际中重合闸的成功率是很高的，可达 90% 以上。

（6）采用高压直流输电 高压直流输电作为两大电力系统互联的重要手段，在我国已逐步得到应用。例如从重庆到上海的 ±500kV 的高压直流输电线路把西南电力网与华东电网连接在一起，直流输电是将发送端的交流电经升压整流后，通过超高压远距离直流线路，送到接收端再经逆变成交流电，并入电网。由于直流输电的电压及传输功率与两端系统的频率无关，所以通过直流输电相联系的两大系统间，不存在同步并列运行的稳定性问题。此外还可以利用直流输电的快速调控能力来提高交流系统的稳定性。

9.4.4 防止系统失去稳定的措施

当电力系统出现了超过设计规定的严重干扰或故障时，系统可能会失去稳定性，稳定性的破坏，可能会波及整个电力系统，给国民经济造成不可估量的损失，所以还要事先考虑一些最后的应急措施。

（1）设置解列点 有计划地在电力系统中安置解列点，把电力系统分解成几个可以相对独立的子系统，尽量做到在这些子系统中电源和负荷基本平衡，在解列点设置手动或自动断路器，一旦电力系统的稳定性遭到破坏时，断开解列点，从而使各子系统之间不再保持同步，但各子系统的频率和电压能保持基本正常。这种把系统解列的措施是不得已的临时措施，一旦将各部分的运行参数调整好，就要尽快将各部分重新并列运行。

（2）允许短时间异步运行并采取措施实现再同步　当个别发电机由于励磁系统故障而失磁时，只要故障不危及发电机的继续运行，并且电力系统有足够的无功功率，允许不立即切除失磁的发电机，而让它在系统中作短时间异步运行，待励磁系统故障排除后重新投入励磁，使它恢复同步运行。

小　结

电力系统稳定性分析是研究电力系统在受到扰动后，凭借系统本身具有的能力和控制设备的作用，是否可能回复到原始稳态运行方式，或者达到新的稳态运行方式。

电力系统稳定性主要包括频率稳定、电压稳定和功角稳定三个方面。本章主要讨论功角稳定性。同步发电机转子的功角稳定性分为静态稳定性、暂态稳定性和动态稳定性三类。

（1）电力系统静态稳定性，是指电力系统在运行中受到微小的干扰后可以自行恢复到原来运行状态的能力。

对于简单的电力系统，静态稳定的条件是：$\dfrac{\mathrm{d}P_E}{\mathrm{d}\delta}>0$。

为了保证电力系统安全可靠运行，要求留有一定的静态稳定储备。静态稳定功率储备系数 K_P 一般要大于 15%。

$$K_P = \frac{P_{\max}-P_0}{P_0}\times 100\%$$

（2）暂态稳定是指电力系统受到大的干扰（这里的大扰动如短路故障、突然断线或发电机突然断开）后，各同步发电机保持同步运行，并过渡到新的或恢复到原来稳态运行方式的能力。

最大可能的减速面积大于加速面积是保持暂态稳定的必要条件。

极限切除角是指在这个角切除故障，最大可能的减速面积与加速面积大小相等。

（3）动态稳定是指电力系统受到小的或大的干扰后，在自动调节和控制装置作用下，保持长过程运行稳定性的能力。

提高电力系统稳定性的措施见表9-1。

表 9-1　提高电力系统稳定性的措施

设备	措施	作用	提高静态稳定性	提高暂态稳定性
发电机	原动机及其调节系统	减小加速面积		√
	自动励磁系统	稳定 U_G，提高 P_{Emax}	√	
	采用电气制动	减小加速面积		√
变压器	自耦变压器	减小电抗，提高 P_{Emax}	√	
	中性点经小阻抗接地	减小加速面积		√
线路	升高电压，分裂导线	减小电抗，提高 P_{Emax}	√	
	采用串联电容补偿	参数补偿，抑制振荡	√	√
开关	线路中设置开关站	减少 P_{III} 的幅度下降		√

习 题

9-1 选择题

1. 简单电力系统的静态稳定判据为 （　　　）。

A. $dP_E/d\delta<0$ 　　　　B. $dP_E/d\delta>0$

C. $dP_E/d\omega<0$ 　　　　D. $P_E<0$

2. 电力系统稳定性不包括 （　　　）。

A. 频率稳定　　　　　　　B. 功角稳定

C. 输出功率稳定　　　　　D. 电压稳定

3. 提高电力系统稳定性的一般原则不包括 （　　　）。

A. 尽可能提高电力系统的功率极限 P_{Emax}

B. 尽可能减小发电机相对运动的振荡幅度

C. 尽可能减小输出功率

D. 抑制电力系统自发振荡的发生

4. 应用等面积定则判断简单系统暂态稳定时，系统稳定的条件是 （　　　）。

A. 加速面积大于减速面积　　B. 加速面积小于减速面积

C. 加速面积为无限大　　　　D. 减速面积为0

5. 小干扰法适用于简单电力系统的 （　　　）。

A. 静态稳定分析　　　　　B. 暂态稳定分析

C. 潮流分析　　　　　　　D. 短路故障分析

6. 分析简单系统的暂态稳定性，确定系统的极限切除角依据的原则是 （　　　）。

A. 正序等效定则　　　　　B. 等耗量微增率准则

C. 等力矩原则　　　　　　D. 等面积定则

7. 等面积定则主要用于简单电力系统的 （　　　）。

A. 潮流计算　　　　　　　B. 故障计算

C. 调压计算　　　　　　　D. 暂态稳定性分析

8. 提高电力系统稳定性的措施中不包括 （　　　）。

A. 输电线路设置开关站

B. 输电线路中串联电感

C. 变压器中性点经小阻抗接地

D. 输电线路中串联电容

9. 电力系统出现频率下降的主要原因是系统的 （　　　）。

A. 负荷消耗的无功功率过大　B. 负荷消耗的有功功率过大

C. 电源提供的无功功率过大　D. 电源提供的有功功率过大

10. 励磁调节使发电机电势 E_G 随着 δ 增大而 （　　　）。

A. 增大　　　　　　　　　B. 减小

C. 不变　　　　　　　　　D. 不一定

9-2 填空题

1. 电力系统静态稳定性判据是（　　　　　　　　　　　　　　　　　　　　）。

2. 为了保证电力系统安全可靠运行，要求留有一定的静态稳定储备。静态稳定功率储备系数 K_P 为（　　　　　　　　　　　　　）

3. 电力系统稳定性主要包括了（　　　　　　　　　　　　　）三个方面。

4. 当系统受到微小干扰时都能自行恢复到原始的平衡状态，则系统是（　　　）稳定的。

5. 影响电力系统暂态稳定性的干扰有（　　　　　　　　　　　　　　　　）（任举一种）

6. 自动重合闸措施是指（　　　　　　　　　　　　　　　　）后断路器自动重合闸。

7. （　　　　　　　　　　　　　　　）是保持暂态稳定的必要条件。

8. 为提高电力系统的稳定性，要尽量（　　　）变压器的电抗。

9. 一般发电机主要是用（　　　　　　　　　）来提高电力系统的功率极限。

10. 极限切除角是指在这个角切除故障，有（　　　　　　　　　）面积大小相等。

9-3 简答题

1. 简单电力系统静态稳定性的实用判据是什么？并作简图加以说明。

2. 什么叫等面积法则？什么叫极限切除角？

3. 为什么快速切除故障对提高系统暂态稳定性具有决定性作用？

4. 列出4种提高系统暂态稳定性的措施。

5. 画图并说明当采用自动重合闸装置时，为什么重合闸成功能够提高系统的暂态稳定性？

9-4 计算题

1. 对图 9-23 所示的简单电力系统，以发电机的额定功率、额定电压为基准，其发电机的同步电抗标幺值 $X_{G*} = 1.0$，变压器电抗标幺值 $X_{T*} = 0.1$ 和线路的电抗标幺值 $X_{L*} = 0.4$，无限大系统母线端电压为 $\dot{U}_{S*} = 1\angle 0°$。如果发电机向系统输送功率 P_0 为 1.0，功率因数为 0.9，试计算当发电机端空载电动势 $\dot{E}_{G*}$ 为常数时系统的静态稳定功率极限和静态稳定储备系数。

图 9-23　习题 9-4.1 图

2. 如图 9-24 所示的电力系统，已知参数的标幺值为：发电机的同步电抗标幺值 $X_{G*} = 1.12$，变压器电抗标幺值 $X_{T1*} = 0.15$，$X_{T2*} = 0.4$ 和线路的电抗标幺值 $X_{L*} = 0.4$，$\dot{U}_{C*} = 1\angle 0°$。

1）发电机向系统输送功率 P_S 为 1.0，功率因数为 0.9，试计算：发电机的空载电动势 $\dot{E}_{G*}$ 为常数时，系统的静态功率极限和静态稳定储备系数。

2）发电机端的电压 U_{G*} 为 1.05 时，发电机向系统输送功率 P_0 为 0.8，试计算：系统的静态功率极限和静态稳定储备系数。

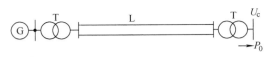

图 9-24 习题 9-4.2 图

3. 某输电线路等效电路及参数如图 9-25 所示，已知 $\dot{U}_{G*} = 1 \angle 0°$，$P = 1$，功率因数为 0.9，试计算此电力系统的静态功率极限和静态稳定储备系数。

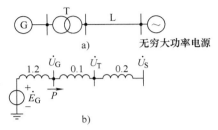

图 9-25 习题 9-4.3 图

4. 某发电机通过传输线向一无穷大母线输送有功功率为 1.0，最大输送有功功率为 1.8，这时发生两相短路接地故障，使发电机最大输送功率降为 0.4，切除故障后，最大输送功率变为 1.3，画出功角特性曲线，标明加速面积和减速面积，并利用等面积定则计算极限切除角（应用式 9-23）。

5. 如图 9-26 所示的简单电力系统，近似有发电机正负序电抗相等，变压器三序电抗相等，设 T_2 母线端 S 处电压标幺值为 1，发电机向电力系统输送功率 $P_* = 1$，当输电线路 K 点（变压器高压母线端）发生 a 相直接接地短路故障，极限切除角为多少？

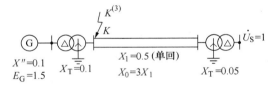

图 9-26 习题 9-4.5 图

附录A

Matlab程序

第四章牛顿-拉夫逊法潮流计算：

```
%牛顿-拉夫逊法潮流计算
y0 = 0.25j;%接地导纳都为此值
z24 = 0.015j;
z12 = 0.04+0.25j;
z23 = 0.08+0.3j;
z13 = 0.1+0.35j;
z35 = 0.03j;
k = 1.05;
%求导纳矩阵
Y11 = y0+1/z13+1/z12;
Y12 = -1/z12;
Y21 = Y12;
Y13 = -1/z13;
Y31 = Y13;
Y14 = 0;
Y41 = 0;
Y15 = 0;
Y51 = 0;
Y22 = y0+1/z12+1/z23+y0+1/z24/k^2;
Y23 = -1/z23;
Y32 = Y23;
Y24 = -1/z24/k;
Y42 = Y24;
Y25 = 0;
Y52 = 0;
Y33 = y0+1/z13+1/z23+1/z35/k^2;
Y35 = -1/z35/k;
Y53 = Y35;
Y34 = 0;
```

```
Y43 = 0;
Y44 = 1/z24;
Y45 = 0;
Y54 = 0;
Y55 = 1/z35;
YY = [Y11,Y12,Y13,Y14,Y15;Y21,Y22,Y23,Y24,Y25;Y31,Y32,Y33,Y34,Y35;Y41,Y42,
Y43,Y44,Y45;Y51,Y52,Y53,Y54,Y55]
%形成B1矩阵(导纳矩阵去掉平衡节点形成)
%B1 = [Y11,Y12,Y13,Y14;Y21,Y22,Y23,Y24;Y31,Y32,Y33,Y34;Y41,Y42,Y43,Y44];
%B11 = imag(B1)
%形成B2矩阵(导纳矩阵去掉平衡节点和PV节点形成)
%B2 = [Y11,Y12,Y13;Y21,Y22,Y23;Y31,Y32,Y33];
%B22 = imag(B2)
G = real(YY);
B = imag(YY);
%赋电压初值
U = [1.0,1.0,1.0,1.05,1.05]';
Dlt = [0,0,0,0,0]';
P = [-1.6,-2,-3.7,5]';
Q = [-0.8,-1,-1.3]';
Ep = 1e-4;        %迭代精度为0.0001
  for k = 1:10
    for ii = 1:4
    aa = 0;
        for jj = 1:5
    aa = aa+U(ii) * U(jj) * (G(ii,jj) * cos(Dlt(ii)-Dlt(jj))+B(ii,jj) * sin(Dlt(ii)-Dlt(jj)));
        end
    dP(ii) = P(ii)-aa;
    end
    for ii = 1:3
    bb = 0;
      for jj = 1:5
    bb = bb+U(ii) * U(jj) * (G(ii,jj) * sin(Dlt(ii)-Dlt(jj))-B(ii,jj) * cos(Dlt(ii)-Dlt(jj)));
        end
    dQ(ii) = Q(ii)-bb;
    end
%求雅可比矩阵
for i = 1:4
    for j = 1:4
        if (j = = i)
```

```
                 bb = 0 ;
             for jj = 1 : 5
                 if ( jj = = i )
                     bb = bb ;
                 else
 bb = bb+U( i ) * U( jj ) * ( G( i,jj ) * sin( Dlt( i )-Dlt( jj ) )-B( i,jj ) * cos( Dlt( i )-Dlt( jj ) ) ) ;
                 end
             end
                 H( i,j ) = bb ;
                 N( i,j ) = -U( i ) * U( j ) * G( i,j )-P( i ) ;
             else
                 H( i,j )= -U( i ) * U( j ) * ( G( i,j ) * sin( Dlt( i )-Dlt( j ) )-B( i,j ) * cos( Dlt( i )-Dlt( j ) ) ) ;
                 N( i,j )= -U( i ) * U( j ) * ( G( i,j ) * cos( Dlt( i )-Dlt( j ) )+B( i,j ) * sin( Dlt( i )-Dlt( j ) ) ) ;
             end
                 J( i,j ) = H( i,j ) ;
             if j< = 3
                     J( i,j+4 ) = N( i,j ) ;
             end
         end
     end
end
     for i = 1 : 3
       for j = 1 : 4
             if j = = i
                 K( i,j ) = U( i ) * U( i ) * G( i,j )-P( i ) ;
                 L( i,j ) = U( i ) * U( i ) * B( i,j )-Q( i ) ;
             else
                 K( i,j ) = -N( i,j ) ;
                 L( i,j ) = H( i,j ) ;
             end
                 J( i+4,j ) = K( i,j ) ;
                 if j< = 3
                     J( i+4,j+4 ) = L( i,j ) ;
                 end
         end
     end
     %解修正方程
XX = inv( J ) * [ dP,dQ ]′;
for i = 1 : 4
dDlt( i ) = XX( i ) ;
```

```
Dlt( i ) = Dlt( i ) −dDlt( i ) ;
if i< = 3
dU( i ) = XX( i+4 ) ∗ U( i ) ;
U( i ) = U( i ) −dU( i ) ;
end
end
k
J ;
dP
dQ
Dlt
U
   C = max( abs( dP ) ) ;
   CC = max( abs( dQ ) ) ;
   if ( C<Ep&&CC<Ep )
       break
   end
end
%求平衡节点的输入功率
Pn = 0 ;
        for jj = 1 ：5
    Pn = Pn+U( 5 ) ∗ U( jj ) ∗ ( G( 5,jj ) ∗ cos( Dlt( 5 ) −Dlt( jj ) )+B( 5,jj ) ∗ sin( Dlt( 5 ) −Dlt( jj ) ) ) ;
        end
Qn = 0 ;
   for jj = 1 ：5
       Qn = Qn+U( 5 ) ∗ U( jj ) ∗ ( G( 5,jj ) ∗ sin( Dlt( 5 ) −Dlt( jj ) ) −B( 5,jj ) ∗ cos( Dlt( 5 ) −Dlt( jj ) ) ) ;
end
   Pn      %输出平衡节点的有功功率
   Qn      %输出平衡节点的无功功率


% PQ 分解法潮流计算
y0 = 0.25j;%接地导纳都为此值
z24 = 0.015j;
z12 = 0.04+0.25j;
z23 = 0.08+0.3j;
z13 = 0.1+0.35j;
z35 = 0.03j;
k = 1.05
```

```
%求导纳矩阵
Y11 = y0+1/z13+1/z12;
Y12 = -1/z12;
Y21 = Y12;
Y13 = -1/z13;
Y31 = Y13;
Y14 = 0;
Y41 = 0;
Y15 = 0;
Y51 = 0;
Y22 = y0+1/z12+1/z23+y0+1/z24/k^2;
Y23 = -1/z23;
Y32 = Y23;
Y24 = -1/z24/k;
Y42 = Y24;
Y25 = 0;
Y52 = 0;
Y33 = y0+1/z13+1/z23+1/z35/k^2;
Y35 = -1/z35/k;
Y53 = Y35;
Y34 = 0;
Y43 = 0;
Y44 = 1/z24;
Y45 = 0;
Y54 = 0;
Y55 = 1/z35;
YY = [Y11,Y12,Y13,Y14,Y15;Y21,Y22,Y23,Y24,Y25;Y31,Y32,Y33,Y34,Y35;Y41,Y42,
Y43,Y44,Y45;Y51,Y52,Y53,Y54,Y55]
%形成 B1 矩阵(导纳矩阵去掉平衡节点形成)
B1 = [Y11,Y12,Y13,Y14;Y21,Y22,Y23,Y24;Y31,Y32,Y33,Y34;Y41,Y42,Y43,Y44];
B11 = imag(B1)
%形成 B2 矩阵(导纳矩阵去掉平衡节点和 PV 节点形成)
B2 = [Y11,Y12,Y13;Y21,Y22,Y23;Y31,Y32,Y33];
B22 = imag(B2)
G = real(YY);
B = imag(YY);
%赋电压初值
U = [1.0,1.0,1.0,1.05,1.05]';
Dlt = [0,0,0,0,0]';
```

```
P = [ -1.6, -2, -3.7, 5 ]';
Q = [ -0.8, -1, -1.3 ]';
Ep = 1e-4        % 迭代精度为 0.0001
for k = 1 : 100
    for ii = 1 : 4
    aa = 0;
        for jj = 1 : 5
    aa = aa+U( ii ) * U( jj ) * ( G( ii,jj ) * cos( Dlt( ii )-Dlt( jj ) )+B( ii,jj ) * sin( Dlt( ii )-Dlt( jj ) ) );
        end
    dP( ii ) = P( ii )-aa;
    end


for ii = 1 : 4
UP( ii ) = dP( ii )/U( ii );
end
dDlt = ( inv( B11 ) ) * UP';
for ii = 1 : 4
dDlt( ii ) = dDlt( ii )/U( ii );            % 求出相位角修正值
Dlt( ii ) = Dlt( ii )-dDlt( ii );
end
for ii = 1 : 3
    bb = 0;
    for jj = 1 : 5
    bb = bb+U( ii ) * U( jj ) * ( G( ii,jj ) * sin( Dlt( ii )-Dlt( jj ) )-B( ii,jj ) * cos( Dlt( ii )-Dlt( jj ) ) );
    end
    dQ( ii ) = Q( ii )-bb;
    end
for ii = 1 : 3
UQ( ii ) = dQ( ii )/U( ii );
end
dU = inv( B22 ) * UQ';
for ii = 1 : 3
U( ii ) = U( ii )-dU( ii );
end
k
dP
dQ
Dlt
```

```
U
C = max( abs( dU ) ) ;
CC = max( abs( dDlt ) ) ;
    if ( C<Ep&&CC<Ep )
         break
    end
end
```

附录B

短路电流运算曲线

短路电流运算曲线见图 B-1～图 B-9。

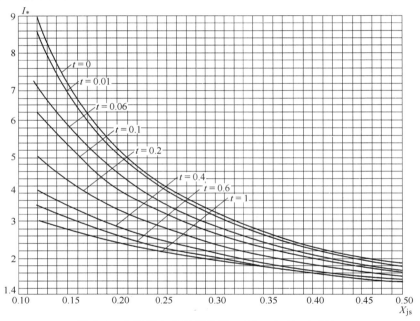

图 B-1　汽轮发电机运算曲线一（$X_{js} = 0.12 \sim 0.50$）

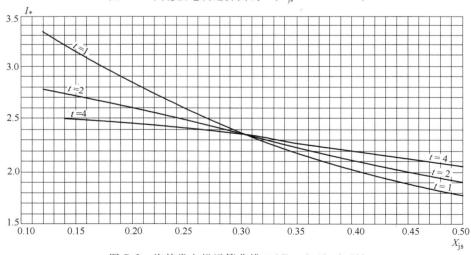

图 B-2　汽轮发电机运算曲线二（$X_{js} = 0.12 \sim 0.50$）

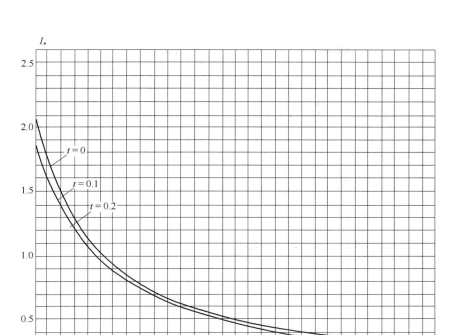

图 B-3　汽轮发电机运算曲线三（$X_{js} = 0.50 \sim 3.45$）

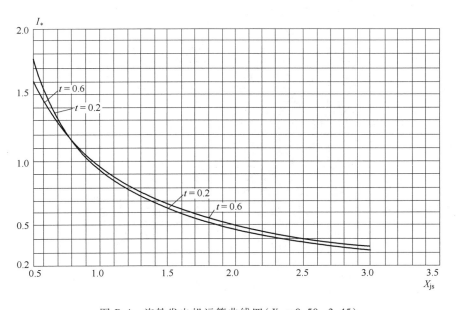

图 B-4　汽轮发电机运算曲线四（$X_{js} = 0.50 \sim 3.45$）

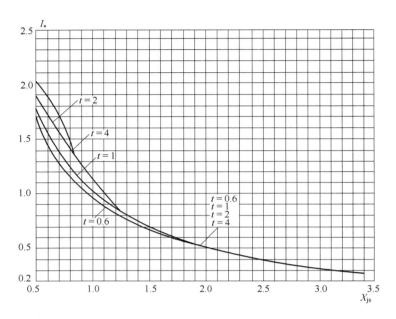

图 B-5　汽轮发电机运算曲线五（$X_{js}=0.50\sim3.45$）

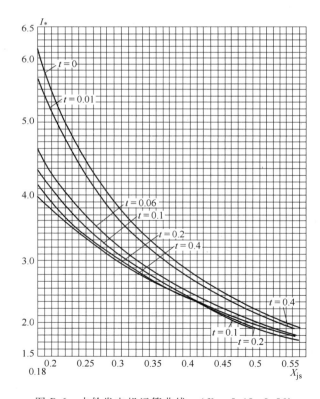

图 B-6　水轮发电机运算曲线一（$X_{js}=0.18\sim0.56$）

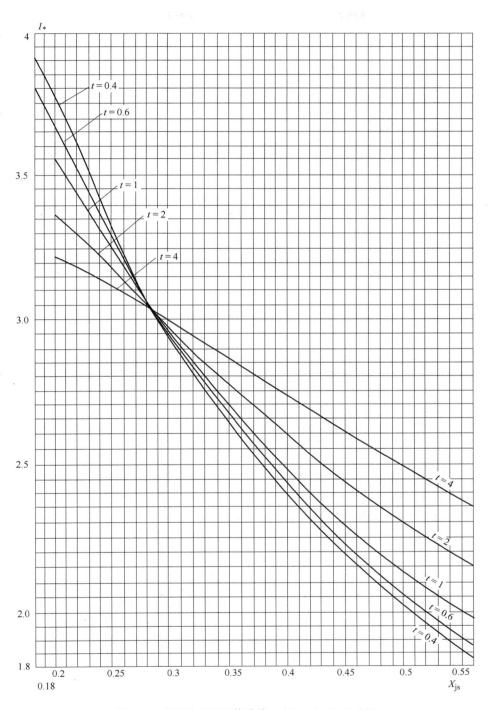

图 B-7　水轮发电机运算曲线二（$X_{js} = 0.18 \sim 0.56$）

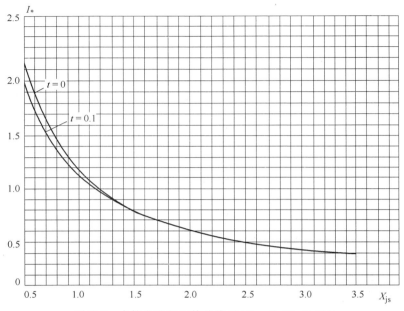

图 B-8　水轮发电机运算曲线三($X_{js} = 0.50 \sim 3.50$)

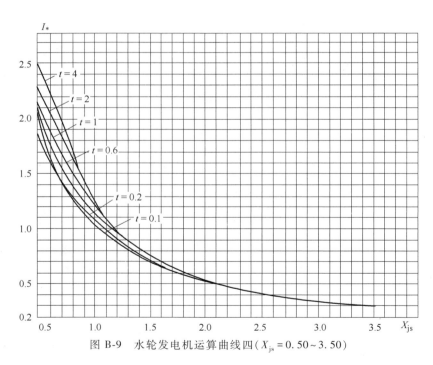

图 B-9　水轮发电机运算曲线四($X_{js} = 0.50 \sim 3.50$)

参 考 文 献

[1] 吴俊勇,徐丽杰,郎兵,等.电力系统基础[M].北京:清华大学出版社,北京交通大学出版社,2008.

[2] 陈怡,蒋平,万秋兰,等.电力系统分析[M].北京:中国电力出版社,2005.

[3] 何仰赞,温增银.电力系统分析[M].武汉:华中科技大学出版社,2002.

[4] 夏道止.电力系统分析[M].北京:中国电力出版社,2004.

[5] 于永源,杨绮雯.电力系统分析[M].北京:中国电力出版社,2007.

[6] 张炜.电力系统分析[M].北京:中国水利水电出版社,1999.

[7] 韩祯祥,电力系统分析[M].杭州:浙江大学出版社,2003.

[8] 亚瑟·阿·伯尔根,威杰·威塔尔.电力系统分析(英文版)[M].北京:机械工业出版社,2005.